코스모스를 넘어

세라 앨런 맥레디 지음
고원석 옮김

코스모스를 넘어

칼 세이건 이후
우주와 인간의 새로운 이야기

A
Brief History
of the
UNIVERSE
(and our place in it)

흐름출판

“우리가 별을 바라보는 이유는,

그곳에 우리의 이야기가 있기 때문이다.”

— 칼 세이건(Carl Sagan)

정체를 알 수 없지만 밤마다 나타나서 반짝이는 별을 바라보던 우리 조상들의 심정은 어땠을까. 답답함과 두려움의 시기를 지나서 별의 정체를 알아내고 우주를 물리적으로 궁리하게 되기까지 어떤 과정이 있었을까. 이 책에는 코페르니쿠스로부터 아인슈타인에 이르기까지 우주를 물리적으로 이해하려고 노력했던 과학자들의 여정이 담겨 있다. 이 책은 인간의 우주 이해의 역사에 대한 역사책이다. 우주라는 스토리텔링을 만든 사람들의 속삭임이다. 이 책의 진짜 미덕은 우주의 역사 이야기에 머무르지 않는다는 것이다. 현대를 살아가는 우리들이 알아야 할 핵심 교양으로서의 우주론에 대한 친절한 설명이 담겼다. 우주라는 시공간을 이해하기 위한 상대성이론부터 양자역학을 거쳐서 다세계 이론까지 현대우주론을 이해하는 데 필요한 지식이 망라되어 있다. 또한 이 시대의 궁극적인 질문인 외계생명체 이야기와 더 나아가서 우리가 마주할 새로운 우주 시대에 대한 비전도 담고 있다. 이 책은 말하자면 새로운 우주 시대를 살아가는 모든 사람을 위한 우주 핵심 교양서다.

— 이명현, 과학책방 갈다 대표

이 이야기는 먼 별빛을 바라보는 듯하다. 수천 광년 거리의 별빛이 지구에 날아오는 동안, 그 별빛은 지난 수천 년 간 인류가 자신을 바라보는 관점이 어떻게 변해왔는지는 지켜봤을 것이다. 별빛이 지구에 닿는 순간, 별빛은 자신이 여행을 처음 시작하던 때와는 전혀 다른 눈빛으로 자신을 바라보는 인간을 만나게 된다. 수천 광년을 가로질러 지구를 향해 날아오는 별빛의 마음을 헤아리고자 한다면 이 이야기를 읽어보라.

— 지웅배, 세종대학교 교수

차례
Contents

우주 생명체를 찾아서

우주에서 마주할 인류의 미래

　　별빛 가득한 밤하늘 아래, 우리 가족은 타닥타닥 타오르는 모닥불 주위에 둘러앉는다. 우리 조상들이 먼 옛날부터 살았던 파키스탄 북부의 마을 망글로르Mangloor는 울창한 초록빛 산맥 깊숙이 숨어 있다. 하늘로 곧게 솟은 소나무와 지평선을 따라 늘어선 눈 덮인 봉우리에 둘러싸인 이곳은 여전히 옛 삶의 자취를 품고 있다. 이곳의 하루는 해가 뜨면 시작돼 해가 지면 끝난다. 삶은 자연의 리듬을 따라 흐르며 우리와 자연은 늘 깊이 맞닿아 있다.

　　도시의 눈부신 불빛과 요란한 소음으로부터 멀리 떨어진 이곳에서는 은하수가 눈부실 만큼 화려하고 선명하게 하늘 가득 길게 펼쳐져 있다. 은하수는 언제나 우리를 숙연하게 한다. 우리는 그 광대함 앞에서 한없이 작은 존재가 된다. 태곳적부터 존재해온 은하수 앞에서 이 행성에서의 우리의 짧은 머무름은 너무나 보잘것없어 보인다. 왜 인류가 언제나 하늘을 올려다보며 의미를 찾으려 했는지는 어렵지 않게 알 수 있다. 우리는 우리가 왜 존재하는지, 우주의 어느 곳에 자리하고 있는지 그리고 우주의 거대한 설계와 어떻게 조화를 이루는지 알기 위해 하늘에 물음을 던져왔다. 그러나 하늘은 침묵으로 응답해왔다. 우리는 그 질문들이 올바른지 알지 못하며, 그 답을 언젠가 얻을 수 있을지조차 알지 못한다. 하지만 우리의 본성 속에는 인간의 나약함을 넘어, 우리의 생명보다 훨씬 오래 지속될, 아니 영원히 지속될 어떤 것과 합일을 이루려는 충동이 깃들어 있다.

우리의 유전자에 새겨진 암호는 우리가 지구 환경의 범위 안에서 살아남고 번성하는 데 최적화돼 있다. 하지만 우리 인간은 자신이 사는 세계와 전혀 다른 세계—머나먼 항성들이 불타는 최후를 맞는 세계에서부터 아원자 차원의 난해하고 복잡한 세계에 이르기까지—를 이해할 수 있는 놀라운 능력 또한 지니고 있다. 생명이 우리에게 허락한 가장 큰 특권 가운데 하나는 우리가 이렇게 장엄하고 신비로운 현실의 일부로 살아갈 수 있다는 것인지도 모른다. 이 책은 우리가 살아가는 세계의 장엄한 경이로움을 받아들이고, 우리가 살아가는 현실의 본질과 온전한 전체로서 우리의 존재를 가능하게 한 우주를 이해하자는 호소다.

머지않아 자연은 우리보다 앞서 간 이들에게 그랬듯 우리의 본질을 해체하고, 우리 몸의 원자들을 거두어 무수한 다른 존재들을 빚어낼 것이다. 하지만 우리 존재 전체가 우주의 존재 전체와 불가분의 관계에 있다는 사실이 어쩌면 위안이 될 수 있을 것이다. 우리는 이 코스모스의 일부이며, 그 이야기 속에 우리의 자리가 있다.

우주에 대한 생각은
어떻게 변해왔는가?

1
고대의 우주

　먼 옛날 우리 조상들은 별들이 빼곡히 박힌 고요한 밤하늘에서 존재의 의미를 찾으려 했다. 먼 우주를 응시하며 그들은 이런 의문을 가졌다. 저 별들의 정체는 무엇일까? 우리와 어떤 관계가 있을까? 그들은 반짝이는 빛의 궤적을 좇으며, 하늘에서 보이는 것들과 그것들이 지상의 삶에 어떤 영향을 미치는지 생각했다. 그렇게 그들은 하늘에 있는 것들과 땅에 있는 것들을 연결하면서, 덧없는 우리의 삶을 우주라는 영원한 무대에 묶어두려 했다.

　밤하늘의 별들은 또한 그들이 먼 곳으로 항해할 수 있도록 길잡이가 되어주었고, 계절의 주기적인 순환에 맞춰 작물의 파종과 수확을 할 수 있도록 도움을 주었다. 하지만 우주는 단지 항해와 시간 측정에 도움을 주는 역할에 그치지 않았다. 그들에게 우주는 신들의 거처였고, 신화로 깊이 물든 공간이었으며, 덧없는 인간사의 장면들이 차례로 오르다 사라지는 영원의 무대였다. 우리와 우주를 가깝게 묶어준 것은 이런 경외감과 호기심이 교차하는 마음이었다.

바빌로니아의 천문학

기원전 7세기 무렵, 티그리스강과 유프라테스강 사이 메소포타미아의 충적 평야에서 바빌로니아인들은 종교적 목적과 실용적 목적 모두로 하늘을 관찰했다. 밤하늘은 신들의 메시지로 가득했고, 신들은 천체의 운행을 통해 의지를 드러내며 인간 세상에 영향력을 미쳤다. 하늘은 이렇게 그들에게 뜻을 전했고, 이 우주의 메시지를 해독하는 일이 사제의 신성한 임무였다. 당시 사제들은 종교 지도자인 동시에 우주의 메시지를 해독하는 최고 수준의 천문학자였다. 밤마다 그들은 하늘을 샅샅이 뒤지면서 별들의 위치와 다양한 천문 현상을 관찰했고, 그 결과를 점토판 위에 쐐기문자로 꼼꼼하게 새겨 넣었다.

기원전 7세기 무렵부터 기원전 1세기까지 지속적으로 작성된 이 '천문 일지Astronomical Diaries'에는 태양, 달, 별의 움직임에 대한 정밀한 기록, 월식과 일식, 혜성의 불타는 꼬리와 유성의 섬광에 대한 묘사 등이 포함돼 있다. 하지만 하늘에서 일어나는 일을 해석하기 위해서는 지상에서 무슨 일이 벌어지는지도 주의 깊게 살펴야 했다. 따라서 이런 천문 기록들 사이사이에는 지상에서 일어나는 일에 대한 기록, 이를테면 날씨, 강물이 불어나고 줄어드는 현상, 주요 곡물의 가격 변동에 관한 기록도 삽입돼 있다.

사제들은 역사적 선례와 연상적 추론associative reasoning에 의존했다. 다시 말해, 어떤 천문 현상이 가뭄이나 기근에 앞서 발생한 적이 있다면, 그 천문 현상이 다시 나타나는 것은 앞으로 닥칠 비슷한 재앙을 예고하는 확실한 징조로 여겨졌다. 또한, 초승달이 예상보다 일찍 나타나는 것도 재앙의 전조로 해석됐다. 모든 일이 너무 이른 시기에 일어나는 것에는 부정적 의미가 담겨 있다고 여겨졌기 때문이다.

당시에는 점성술이 곧 천문학이었다. 하늘에서 관찰한 징조 약 7,000건을 70여 개의 쐐기문자 점토판에 기록한 것만 보아도, 바빌로니아 문화가 천문 현상 해석에 크게 의존했음을 확실하게 알 수 있다. 하늘에서 관찰되는 모든 징조 가운데에서도 가장 강력한 것은 한 천체가 다른 천체를 가리는 장엄하고 정교한 현상이었다. 일식이나 월식은 왕의 몰락을 예고하는 불길한 징조로 해석됐고, 바빌로니아인들은 이 현상에 유독 세심한 주의를 기울였다.

바빌로니아 천문학의 핵심에는 60진법sexagesimal 수 체계가 있었다. 바빌로니아의 필경사는 첨필尖筆, stylus을 세워 점토판에 눌러 1을 표시했고, 납작하게 눌러 10을 표시했으며, 이 두 기호를 조합해 1에서 59까지의 숫자를 표시했다. 60을 나타내는 기호는 1을 나타내는 기호와 같았다. 이 혁신에 힘입어 바빌로니아인들은 크고 복잡한 숫자도 길게 늘어놓지 않고 효율적으로 표시할 수 있었고, 아무리 큰 숫자라도 정확하게 나타낼 수 있었다. 따라서 당시의 천문 관측 결과도 그 이전에는 상상도 할 수 없었던 수준으로 정확하게 기록되기 시작했다.

바빌로니아인들은 이 정교한 체계를 이용해 행성의 이동을 추적했다. 그들은 하늘 전체, 즉 360도를 30도씩 나누어 12개 영역으로 구분하고, 각각에 황도 12궁(별자리) 가운데 하나를 배정했다. 이에 따라 행성들은 황도(지구에서 보기에 태양이 하늘을 따라 이동하는 경로)를 따라 움직이며 각 별자리 구역을 통과했고, 그 덕분에 바빌로니아인들은 행성들의 위치를 정확히 기록할 수 있었다. 하늘을 이런 식으로 구획하고 시간을 시·분·초로 나누어 계산하면서 사제들은 천체들의 위치와 움직임을 훨씬 더 쉽게 계산할 수 있었다. 우리가 지금도 시간과 각도를 60진법으로 정의하는 것은 이 시대가 남긴 오래된 유산이다.

바빌로니아인들은 정확하고 활용 가치가 높은 관측 기록을 점토판에 차곡차곡 새겨 넣으며 인류 역사상 가장 방대한 기록 작업 가운데 하나를 이루어냈다. 이처럼 방대한 천문 기록의 축적과 수백 년에 걸친 꾸준한 관측은 후대에 그리스 천문학자들이 등장하기 전까지는 유례를 찾아볼 수 없는 일이었다.

바빌로니아 천문학의 가장 위대한 유산은 다음 월식을 예측하는 시스템일 것이다. 그들은 사로스 주기Saros cycle를 이용해, 어떤 형태의 월식이 일어나든 거의 정확히 18년 11일 8시간 후에 발생 시각과 지속 시간, 밝기 면에서 그 월식과 거의 동일한 월식이 다시 일어날 것이라고 예측했다. 별과 행성의 움직임이 규칙적이고 반복적인 패턴을 따른다는 이 생각은 실로 혁명적인 것이었다. 오랜 세월에 걸쳐 천체의 움직임을 광범위하게 기록한 덕분에, 바빌로니아인들은 전에 없던 강력한 도구를 갖게 됐다. 그들은 천체의 위치를 그 어느 때보다 정밀하게 예측할 수 있게 됐고, 이 능력은 통치자들에게 권력과 통제의 수단이 됐다.

왕의 운명을 결정짓는 월식을 예측할 수 있게 된 바빌로니아인들은 이제 신의 분노 앞에서 예전처럼 완전히 무력한 존재가 아니었다. 재앙이 임박했다는 것을 예측할 수 있게 됨으로써 그 재앙을 피할 수 있게 된 것이다. 그때부터 통치자의 생명이 위험하다고 여겨지는 시기에는 신의 분노를 왕 대신 받음으로써 왕의 생명을 지키는 역할을 하는 대리 왕stand-in king이 임명됐다. 위험이 지나가면 대리 왕은 왕관과 홀scepter을 비롯한 왕권의 상징물을 박탈당하고, '자신의 운명을 맞이하라'는 말과 함께 처형됐다. 불길한 징조는 이런 식으로 결국 자기 충족적인 예언이 됐다.

천문 현상을 예측하는 바빌로니아인들의 능력은 인류가 우주를 이해하기 위해 체계적인 틀을 세우려 한 최초의 시도였다. 결과적으로 이 시도는 헬레니즘 세계와 중세 이슬람 제국을 거쳐 현대의 서양에 이르기까지, 후대 문명들의 천문학적 탐구에 지대한 영향을 미치게 된다.

고대 그리스

우주에 대한 이런 초기 연구는 훗날 철학적·과학적 탐구 전통이 강했던 고대 그리스에서 우주를 주제로 한 열정적인 지적 토론이 꽃필 수 있는 토대를 마련했다. 이성과 합리적 관찰을 중시했던 고대 그리스인들은 초자연적인 존재에 의존하지 않고 자연현상을 설명하려 했으며, 편견 없이 실증적인 방법으로 자연 세계를 탐구했다. 이 시대는 이후 수천 년 동안 철학과 과학 사상에 결정적인 영향을 미친 위대한 지성들이 등장한 시대였다.

우리가 '코스모스cosmos'라는 단어를 쓰게 된 것도 고대 그리스인들 덕분이다. 이 말은 '질서'와 '장식'을 뜻하는 고대 그리스어에서 유래했다. 그들에게 아름다움은 곧 질서를 의미했고, 별들이 우아하게 조화를 이루며 움직이는 하늘은 그들의 이런 생각을 입증하는 완벽한 예였다. 하늘에서는 모든 것이 정해진 궤도를 따라 움직였고, 벗어나거나 흐트러지는 일이 없었다. 태양은 매일 아침 떠올라 저녁에 지며, 다음 날 아침에도 어김없이 떠오를 것임을 누구도 의심하지 않았다. 이런 예측은 태양뿐만 아니라 모든 천체에 적용할 수 있었다. 하늘의 별자리들은 수많은 세월 동안 늘 그 자리를 지켰다. 인간의 역사 속에서 위대한 왕국들이 흥망하고, 제국들이 일어섰다 무너지고, 인간의 허영과 변덕이 펼쳐지는 동안에도 하늘은 변하지 않았다.

서양 지성사에서 가장 영향력 있는 사상가가 아리스토텔레스

Aristoteles라는 데에는 이견의 여지가 없을 것이다. 기원전 4세기, 위대한 철학자 플라톤**Platon**의 제자였던 그는 자신이 다룬 거의 모든 분야에서 사고의 지형을 바꿔놓았다. 그의 저작은 철학, 논리학, 정치학, 형이상학에 이르기까지 실로 광범위한 분야를 아우르며, 오늘날 기준으로는 두꺼운 책 50권 분량에 달한다. 아리스토텔레스에게 행복이란 존재의 본질과 우리가 사는 세계를 깊이 이해하고자 하는 지적인 삶, '인간의 일과 신의 일에 대한 지식'을 추구하는 삶에서 비롯되는 것이었다. 이렇게 숭고한 추구를 통해 신들을 본받고자 했던 그는 "인간이기에 인간적인 생각을, 필멸의 존재이기에 필멸적인 생각을 해야 한다고 말하는 이들의 충고를 따르지 말고, 오히려 가능한 한 우리 자신을 불멸의 존재로 만들어야 한다"라고 조언했다. 그리고 진정한 의미에서 아리스토텔레스는 그 목표를 이루었다. 아리스토텔레스의 세계관은 이후 수천 년 동안 지속적으로 영향력을 발휘했기 때문이다. 인간 지성의 한계를 초월하려는 그의 열망이 결국 그를 자신이 섬기던 신들보다 더 오래 살아남게 한 것이었다.

아리스토텔레스에게 과학은 단순히 사실들을 모아 목록을 만드는 일이 아니라, 사실들을 질서 있게 배열하고 통합해 세상에 대한 일관된 이해를 구축하는 찬란한 예술이었다. 그는 깊은 철학적 사유에 뿌리를 둔 체계적인 탐구 방식을 통해 조화롭고 통합된 세계관을 확립했으며, 10세기 비잔틴 제국에서 편찬된 한 백과사전 **lexicon**(어휘집)은 그를 '생각이라는 잉크에 펜을 담근 자연의 필경사’로 묘사하기도 했다.

고대 그리스인들은 밤하늘을 올려다보면서, 우주의 중심에 지구가 고정되어 있고, 그 주위를 천상의 돔**celestial dome**(인간의 시점에서 본 하늘의 반구**hemisphere**, 즉 머리 위를 덮은 반원형의 ‘하늘 돔’—옮긴이)이 회전하고 있다고 생각했다. 고대 그리스인들이 보기에는 대부분의 별이 하늘에서 움직이지 않았기 때문에 그들은 그 별들을 ‘붙박이별**fixed star**’이라고 불렀다. 반면, 붙박이별들과 달리 하늘에서 이리저리 움직이는 별들은 ‘플라네테스**planetes**(그리스어로 ‘방랑자’라는 뜻으로, 행성을 뜻하는 영단어 ‘planet’이 여기서 유래했다—옮긴이)’라고 불렀다.

아리스토텔레스는 일식이 일어나는 동안 지구가 달 표면 위에 둥근 그림자를 드리우는 현상에 주목해, 지구가 공 모양일 것이라고 추정했다. 따라서 그의 우주론에서는 공 모양의 지구가 더 큰 공 모양의 우주 한가운데에 놓여 있었다. 지구 바깥에는 달과 태양, 행성들 그리고 붙박이별들이 있었고, 이 모든 천체는 지구를 겹겹이 둘러싸는 공 모양의 껍질들에 각각 붙어 있었다. 이 껍질들과 거기에 붙어 있는 천체들은 불멸의 완벽한 존재였고, 완벽함의 상징인 원 모양의 궤도를 따라 움직였으며, 지상의 네 가지 원소(흙, 물, 공기, 불)와는 전혀 다른, 신성하고 특별한 원소(에테르**aether**)로 구성돼 있었다. 변화와 소멸의 법칙이 지배하는 인간의 세계와 달리, 하늘의 영역은 영원하고 변함없는 것으로 여겨졌다.

아리스토텔레스는 물리적 우주가 광대하긴 하지만 공간적으로 한계가 있다고 생각했다. 그는 우주 전체를 감싸는 공 모양의 껍질, 즉 우주의 경계 바깥에는 그 어떤 것도, 즉 공간도, 시간도, 심지어 허공도 존재하지 않는다고 믿었다. 그는 본질적으로 '그 너머'가 존재하지 않는다고 생각했다. 하지만 그는 시간 자체는 영원하다고 봤다. 우주는 언제나 존재해왔고, 앞으로도 존재할 것이며, 시작도 끝도 없다고 생각했다. 또한, 그는 이 모든 것을 움직이게 하는 궁극적인 원인인 '부동의 원동자不動의 原動者, unmoved mover'가 존재한다고 믿었다. 천체들이 완벽한 구형 껍질 위에서 움직이고, 지상의 모든 존재가 탄생과 소멸을 반복하려면 반드시 그 원인이 있어야 했다. 그는 '부동의 원동자'가 우주 바깥에서 영원히 존재하는 비물질적인 존재로, 공간의 한계나 시간의 제약에 얽매이지 않는다고 생각했다.

우주가 지구를 중심으로 한 구형 구조라는 생각은 이후 오랜 세월 동안 여러 문명에서 인류의 우주관을 규정하는 핵심 개념이 됐다. 아리스토텔레스의 제자였던 마케도니아의 젊은 왕자 알렉산드로스는 훗날 알렉산드로스 대왕이 되어 세계의 상당 부분을 정복했다. 이 과정에서 아리스토텔레스의 세계관은 그리스의 폭넓은 천문학 전통과 더불어 먼 곳까지 퍼져나가며 바빌로니아의 정교하고 발전된 관측 천문학과 만나 융합됐다.

♦ ♦ ♦

서기 150년경, 클라우디오스 프톨레마이오스**Claudios Ptolemaeos**는 지구 중심설(천동설)을 정교한 수학적 모형으로 확장해 천체의 운동을 설명하려 했다. 그는 바빌로니아인들이 오랜 세월 점토판에 새겨온 천문 자료를 일부 참고했다. 이 체계에서 우주의 중심에는 지구가 움직이지 않은 채 고정돼 있고, 태양과 달, 별, 행성들이 복잡한 궤도를 따라 지구 주위를 공전했다. 하지만 이 체계는 행성의 움직임을 설명할 수 없다는 결정적인 문제가 있었다. 행성들은 태양과 같은 방향으로 움직이다가(순행 운동**prograde motion**), 어느 순간 멈춰 반대 방향으로 움직이는 듯 보였다(역행 운동**retrograde motion**). 행성들의 이런 지그재그 운동을 설명하기 위해 그는 행성이 작은 원(주전원周轉圓, **epicycle**)을 따라 움직이며, 그 주전원이 지구를 중심으로 하는 더 큰 원(주원周圓, **deferent**)을 따라 움직인다고 가정했다. 그는 행성이 왜 이런 방식으로 움직이는지는 설명하지 못했지만, 이 체계는 행성의 위치를 수학적으로 일관되게 예측할 수 있는 방법을 제공했다.

프톨레마이오스의 대표작 《알마게스트**Almagest**》는 수 세기에 걸친 천문 관측 결과에 기초해 이 세계관을 체계적으로 정리한 저작이었다('알마게스트'라는 말은 '위대한 책'이라는 뜻의 아랍어 '알 마게이스티**al-mageisti**'를 라틴어화 한 것이다). 이 책은 르네상스에 이르기까지 천문학 교과서의 표준으로 여겨졌다. 라틴어 번역본의 서문에는 이렇게 적혀 있다.

"나는 내가 필멸의 찰나적인 존재임을 안다. 그러나 하늘의 별들이 그려내는 궤적을 마음껏 따라가다 보면 어느새 발이 땅에서 떨어지고, 어느새 제우스의 곁에 서서 암브로시아ambrosia를 실컷 맛보게 된다."

누가 이 문장을 썼는지는 확실하지 않지만, 그 속에 담긴 황홀감은 지금까지도 빛을 잃지 않고 있다. 고대인들은 돔처럼 보이는 하늘을 바라보며 황홀감을 느꼈고, 그 경이로운 순간들은 인간 존재의 한계를 넘어 신적인 영역에 닿게 했으며, 신들과 함께 천상의 식탁에 앉아 교류하며 불멸의 음식을 먹는 듯한 경험을 선사했다. 하늘은 지금도 여전히 우리를 사로잡고 있다.

고대인들이 우주를 어떻게 인식했는지를 알아내는 일은 그들이 남긴 흔적들을 마치 퍼즐 조각처럼 하나씩 맞춰가는 과정과도 비슷하다. 1901년, 그리스 안티키테라 섬 근해에서 해면 채집을 하던 잠수부들이 침몰한 배의 잔해를 발견했다. 그 속에는 수 세기 동안 바닷속에 묻혀 있던 신비한 유물이 숨어 있었다. 훗날 '안티키테라 기계Antikythera mechanism'라는 이름이 붙여진 이 유물은 기원전 1세기 무렵에 제작된 것으로 추정된다. 놀라울 정도로 정교한 이 기계 장치는 천동설에 기반한 태양계 모델로, 손잡이를 돌리면 기어들이 맞물려 돌아가면서 기계 표면에 있는 몇 개의 다이얼과 포인터가 움직인다. 놀랍게도 이 작은 장치는 태양과 달의 위치, 달의 위상 변화 그리고 심지어는 행성들이 황도를 따라 하늘을 가로질러

이동하는 경로까지 추적할 수 있다.

복잡한 계산을 수행해 천체의 위치를 예측하는 과정에서, 그리스인들은 사실상 초기 형태의 '프로그래밍 가능성'을 실험하고 있었던 셈이다. 이 고대의 아날로그 컴퓨터는 경이로울 정도로 정교하게 만들어졌으며, 이와 견줄 만한 기술은 그 이후 1,000년이 넘도록 역사 기록에 등장하지 않는다. 이처럼 고대 그리스인들은 천체의 움직임에 대해 매우 높은 수준의 지식을 가지고 있었으며, 그 지식을 실제 장치로 구현할 수 있는 기술력도 보유하고 있었다.

그리스인들은 축적된 천문학 지식을 정리해 논문 형태로 남겼고, 이는 중세 아랍-이슬람 제국에서 아랍어로 번역되어 널리 퍼져나갔다. 이 과정을 통해 고대의 지식이 보존될 수 있었다. 이렇게 이루어진 문화 간 전파 덕분에 고대 그리스인들의 우주관은 역사의 부침 속에서도 살아남아 후대의 천문학에 뚜렷한 영향을 미쳤다.

이슬람 황금시대

로마 제국이 무너진 뒤 6세기에 이르자 유럽은 중세의 긴 정체기에 접어들며 학문 연구가 점차 쇠퇴하기 시작했다. 이에 반해 8세기부터 13세기에 이르는 시기는 이슬람 제국의 '황금시대'였다. 그 시기 이슬람 제국은 서쪽의 이베리아 반도에서 동쪽의 인더스 강에 이르기까지 세력을 넓혀, 중동 대부분과 중앙아시아의 일부를 포괄했다. 바빌로니아의 발견을 토대로 그리스인들이 발전시킨 천문학적 지식을 이어받은 이들이 바로 그들이었다.

　　이슬람 제국은 정복한 문명들의 과학적 지혜를 흡수하고 이를 보존함으로써 문화를 더욱 발전시켰다. 그 결과, 그들이 아니었다면 역사에서 사라졌을 수많은 고전이 그리스어, 시리아어, 중세 페르시아어, 산스크리트어 등에서 아랍어로 번역돼 필사를 통해 제국 전역으로 보급됐다. '번역 운동Harakat al-Tarjama'이라 불린 이 대규모 사업은 막대한 재정 지원에 힘입어 장기간에 걸쳐 추진됐으며, 다양한 문화적 배경과 종교적 신념을 지닌 번역자들이 참여해 방대한 교육 문헌의 목록을 구축했다. 바그다드의 '지혜의 전당Bayt al-Ḥikmah'은 이런 지적 활동의 중심이자 등불 역할을 했다.

　　이 시기의 이슬람 세계는 지적 활력으로 충만했으며, 그 분위기 속에서 우주에 대한 지식도 비약적으로 늘어났다. 바그다드, 다마스쿠스, 사마르칸트는 문화와 과학의 중심지로서 천문학 연구를 발전시키는 거점이 됐다. 대규모 천문대가 세워진 것도 바로 이 시기의 일이다. 바그다드를 시작으로 오늘날의 이라크와 이란 지역 곳곳에도 대규모 천문대가 설립됐다. 아스트롤라베astrolabe(그리스어로 '별을 붙잡는 것'이라는 뜻이다. '성반星盤'이라고도 부른다) 같은 도구는 천문 관측뿐 아니라 종교 의식, 항해, 시간 측정 등 다양한 분야에서 중요한 역할을 했다. 이 정교한 기구를 제작하는 데 뛰어났던 인물 중에는 바그다드의 유명한 제작자 밑에서 아버지와 함께 도제 생활을 했던 알이즐리야al-'Ijliyyah(오늘날에는 마리암 알아스트룰라비

Mariam al-Astrulabi로 알려짐)도 있었다. 이처럼 휴대 가능한 도구들 외에도 천문학자들은 태양의 고도, 항성과 행성의 움직임을 계산하기 위해 최대 40미터에 달하는 관측용 육분의sextant를 고안했다. 학자들은 이러한 관측 결과를 수학적으로 뒷받침하는 연구도 함께 발전시켰다. 알콰리즈미Al-Khwarizmi는 대수학algebra을 독립된 학문으로 확립하고, 그 연구 체계를 정비했으며, 새로운 개념과 기법을 도입했다. 알바타니Al-Battani는 구면삼각법spherical trigonometry의 표와 공식을 확장해 천구상에서 천체의 위치와 운동을 정밀하게 계산할 수 있도록 했다.

이슬람 학자들은 태양과 달의 운동 모델을 이전보다 훨씬 정밀하게 다듬었다. 그 배경에는 이슬람의 종교 의례가 있었다. 이슬람인들은 신앙의 실천을 위해 하루 다섯 번의 기도 시간을 정확히 알아야 했고, 라마단 기간의 금식을 위해 새벽과 황혼의 시각을 알아야 했으며, 메카를 향한 기도와 순례의 방향 또한 정확히 파악해야 했다. 따라서 아스트롤라베가 더욱 정교해지고, 새로운 달력들이 만들어지고, 천체 관측 방법이 개선될 수밖에 없었다. 놀랍게도 오늘날의 일반적인 인식과는 달리, 인류 역사에서 종교적 신앙과 이성적 탐구가 언제나 서로 대립했던 것은 아니다. 과학과 종교는 모두 인간을 숭고한 경지로 이끌 수 있다. 실제로, 과학과 종교가 단순히 공존이 가능했던 것에 그치지 않고, 오히려 그 공존이 적극적으로 장려됐던 시기들이 여러 번 있었다. 이 시기가 바로 그중 하나였다.

이 시대의 중요한 유산 가운데 하나는 과학적 탐구 자체에 대한 엄격하고 체계적인 접근 방식이다. 이 접근 방식을 주창한 인물은 이븐 알하이삼Ibn al-Haytham(라틴어로는 알하젠Alhazen)이다. 그는 빛과 시각을 과학적으로 다룬 혁신적인 저작《키타브 알마나지르Kitāb al-Manāẓir》('광학Optics'이라는 뜻)에서 체계적인 실험 방식과 기하학적 증명 방법을 제시했으며, 이는 요하네스 케플러Johannes Kepler, 르네 데카르트René Descartes, 크리스티안 하위헌스Christiaan Huygens 같은 17세기의 뛰어난 학자들에게 상당한 영향을 미쳤다. 또한, 그는 11세기에 집필한 후기 저작《슈쿡 알라 바틀라미우스Shukūk ʿalā Baṭlamyūs》('프톨레마이오스에 대한 의문'이라는 뜻)에서 프톨레마이오스의《알마게스트》에서 발견한 여러 모순점을 낱낱이 드러내며, 합리적인 의심에 기초해 기존 이론을 비판해야 한다고 강조했다. 여기에 더해 그는 모든 가설이 논리와 관찰에 의해 뒷받침되어야 하며, 과학 그리고 과학자 자신도 오류로부터 완전히 자유로울 수 없다고 주장했다. 이 주장에 따르면, 학자는 다른 학자들의 해석을 '모든 방향에서 공격해야 하며', 동시에 '자신을 의심하면서' 자신의 편견과 전제를 점검해야 한다. 이처럼 알하이삼은 오늘날 우리가 현대적인 과학적 방법이라 부르는 사고방식의 씨앗을 일찍이 뿌려놓았다. 이 새로운 사고방식을 서서히 발견해나가면서, 인류는 직관과 미신의 한계를 넘어, 더 논리적으로 세계를 이해할 수 있게 됐다. 우리가 오랫동안 우주에 대해 당연하게 여겨왔던 이론들에 도전할 수 있었던 것도 결국 이 합리적 탐구 방식 덕분이다.

   우주에 대한 생각은 어떻게 변해왔는가?

　　이슬람 천문학자들은 프톨레마이오스의 지구 중심 우주 모형을 비판적으로 검토한 끝에, 자신들의 관측 결과와 일치하지 않는 부분들을 발견했다. 그들은 주전원과 주원으로 구성되는 프톨레마이오스의 우주 모형이 지나치게 복잡할 뿐 아니라 천체 현상을 정확히 설명하기에도 부족하다고 판단했다. 이슬람 세계에서는 이미 9세기에 알바타니**Al-Battani**가 이러한 부정확성을 지적하며 태양년의 길이와 일식·월식의 주기를 정밀하게 보정했으며, 이어 13세기에는 알투시**Al-Tusi**가 '투시 커플**Tusi couple**(작은 원이 그 지름의 두 배 크기를 가진 큰 원 안에서 회전하는 수학적 장치다. 두 원의 회전이 결합되면, 작은 원의 둘레 위 한 점이 큰 원의 지름을 따라 앞뒤로 왕복하는 직선 운동을 한다—옮긴이)'이라는 수학적 기법을 고안해, 많은 행성의 운동에서 프톨레마이오스 체계의 문제적 요소였던 '이퀀트**equant**' 가설(행성의 주전원의 중심이 이퀀트[동시심]이라고 부르는 점을 중심으로 일정한 속도로 원운동을 하고 있다는 생각—옮긴이)을 대체했다. 그는 천체의 복잡한 움직임이 이퀀트를 사용하지 않고도 설명될 수 있음을 증명함으로써 지구 중심 모형의 핵심 전제에 도전했다.

　　하지만 이 천문학적 탐구의 황금기는 결국 막을 내리게 된다. 정치적 분열, 경제적 침체, 도서관과 학교를 파괴한 몽골의 침입, 이슬람 세계 내부의 갈등 등 복합적인 요인이 그 원인이었다. 과학적 탐구에 대한 후원이 줄어들고, 합리주의에서 전통과 교조주의로의 흐름이 뚜렷해지면서, 한때 지성과 신앙의 공존을 가능하게 했던 포용적이고 사유의 자유를 중시하던 종교는 본질적으로 변화하기 시작했다.

고대의 지혜를 보존하고 우주에 대한 인간의 사고를 한층 발전시킨 이 황금기의 유산은 점차 유럽으로 흘러들어가 새로운 탐구의 시대를 여는 발판이 됐다. 또한, 이 시기에도 지구 중심적 세계관이 여전히 유지되긴 했지만, 그 틀을 정교하게 다듬고 엄밀히 검증하는 과정에서 균열이 드러나기 시작했다. 그리고 그 균열을 파헤치는 과정이 훗날 결국 그 체계 전체를 무너뜨리게 된다.

2
코페르니쿠스 혁명

　서유럽은 오랜 중세의 어둠에서 벗어나 학문에 대한 새로운 열정으로 다시 깨어나고 있었다. 이 열정은 오랫동안 굳게 자리해온 우주관의 근간을 흔들게 될 것이었다. 14세기에 이탈리아에서 시작돼 16세기까지 이어진 르네상스 시대는 유럽 전역에서 지적·문화적·예술적 전통이 강렬하게 부활하면서 고전 고대classical antiquity(고대 그리스와 로마 시대―옮긴이)의 정신을 되살리려는 열망이 커지던 시기였다. 이 시기에 학자들은 고대 왕국들의 문헌과 철학을 깊이 탐구했고, 바로 이 탐구가 그때까지 굳건히 자리 잡고 있던 기존의 과학 이론을 흔들어 놓게 된다.

◆ ◆ ◆

16세기 초까지도 지배적인 우주 모형은 둥근 하늘을 가로지르며 고요하고 장엄하게 움직이는 별들을 바라보는 인간의 직관적 경험과 맞닿아 있었다. 태양이 매일 하늘을 가로지르고, 달이 밤하늘에서 미끄러지듯 움직이고, 별들이 마치 줄을 지어 행진하는 듯한 광경을 바라보는 사람들에게 지구는 수많은 별들이 움직이고 있는 가운데 혼자만 움직이지 않는 일종의 돛처럼 느껴졌을 것이다. 그러나 1,000년이 넘도록 인류의 사고를 지배해온 이 지구 중심 우주관은 결국 환상에 불과했다.

이 지구 중심 우주관이 처음으로 근본적인 도전에 직면한 것은 1543년이었다. 폴란드 학자 니콜라우스 코페르니쿠스Nicolaus Copernicus가 우주에 대한 혁명적인 새로운 가설을 제시한 해였다. 르네상스 시대의 진정한 박식가였던 코페르니쿠스는 천문학, 의학, 경제학, 심지어 교회법에 이르기까지 폭넓은 분야를 아우르며 지적 탐구를 이어갔다. 그는 의사로 일하는 한편 교회법 학자로 봉직했고, 화폐의 가치에 관한 경제 이론에도 관심을 기울였다. 하지만 그가 남긴 가장 중요한 유산은 천문학 연구에서 비롯됐다. 그의 연구로 인류의 우주관이 완전히 변화했기 때문이다.

코페르니쿠스는 프톨레마이오스의 우주 모형이 안고 있던 여러 가지 문제를 해결하는 가장 우아한 방법이 태양을 우주의 중심에 두는 것이라고 결론지었다. 그는 움직이지 않는 태양 주위를 당시 알려진 행성들이 각기 다른 궤도면을 따라 도는 형태로 배열했으며, 가장 바깥쪽의 궤도면에는 붙박이별들이 자리한다고 봤다.

코페르니쿠스 이전에는, 정지한 지구를 중심으로 우주가 회전하기 때문에 별들이 움직이는 것처럼 보인다고 여겨졌지만, 그는 그것이 지구의 자전 때문이라고 설명했다. 이 혁명적인 모형에서 지구는 더 이상 고정된 존재가 아니었다. 그는 지구가 태양 주위를 1년에 한 바퀴 도는 동시에 기울어진 자전축을 중심으로 하루에 한 번 회전하며, '기울기 운동motion of inclination'을 통해 1년 내내 자전축이 거의 같은 기울기를 유지한다고 생각했다.

행성들이 태양을 중심으로 공전하는 이 모형에서 코페르니쿠스는 프톨레마이오스를 오랫동안 괴롭혀왔던 행성의 지그재그 운동 문제를 우아하게 해결했다. 코페르니쿠스의 태양 중심설(지동설)에서는 행성들이 역행 운동을 하는 것으로 보이는 현상이 실제로는 그 행성들이 방향을 바꾸는 것이 아니라 지구보다 천천히 움직이는 외행성(화성, 목성처럼 지구의 공전 궤도 바깥쪽을 도는 행성)을 지구가 추월할 때 발생하는 시각적 착시로 설명된다.

코페르니쿠스는 지구 중심의 우주 모형을 팔다리와 몸통이 일그러져 괴물처럼 변한 인간의 형상에 비유했다. 반면, 그는 자신의 태양 중심 우주관은 완결성과 조화를 간직한 인간의 형상과 닮아 있다고 봤다.

자연이 드러내는 우아함과 장엄한 단순함은 우리가 세운 우주 이론이 현실에 얼마나 가까운지 가늠하게 해준다. 실제로, 우리는 우아함이 결여된 현상을 마주할 때마다 아직 진실에 닿지 못했다고 결론짓는다. 코페르니쿠스 역시 태양 중심 우주의 수학적 우아함에 이끌렸다.

천동설에 의문을 제기한 것은 코페르니쿠스가 처음이 아니었다. 이미 기원전 3세기 그리스의 사모스 출신 아리스타르코스 **Aristarchus**가 태양 중심 우주론을 제안했으며, 기원전 2세기의 셀레우키아 출신 셀레우코스**Seleucus** 또한 지구가 태양을 중심으로 공전한다고 주장했다. 하지만 이들의 생각은 당시 학자들의 동의를 얻지 못했고, 지배적인 우주론으로 자리 잡지 못했다. 결국 최후의 승자는 아리스토텔레스의 권위가 뒷받침된 지구 중심 우주관이었다. 그러나 시간이 흘러, 코페르니쿠스는 이 전통적 우주관에서 벗어나 태양 중심의 우주를 제시했다. 다만 그는 여전히 행성의 궤도는 원형이고 그 운동은 완전해야 한다는 고전적 생각은 계속 유지했다. 실제로, 모든 천체의 움직임이 완벽한 원운동이라고 생각했던 그는 행성의 불규칙한 움직임을 설명하기 위해 여전히 주전원 개념에 의존했다.

코페르니쿠스가 자신의 이론을 발표한 것은 1510년대였지만, 그것을 완전히 체계화한 것은 1543년, 그가 세상을 떠난 해에 출간된 대표작 《천구의 회전에 관하여**On the Revolutions of the Celestial Spheres**》에서였다. 이 책의 사본은 상당히 널리 유통된 것으로 보이지만, 우리가 흔히 떠올리는 것처럼 즉각적인 논란을 불러일으키지는 않았다. 코페르니쿠스의 생각이 우주에 대한 우리의 인식을 뒤

 우주에 대한 생각은 어떻게 변해왔는가?

흔든 것은 그로부터 훨씬 뒤의 일이었다.

그 배경에는 몇 가지 이유가 있었다. 그의 모델은 우아했지만, 실제로 적용하기가 쉽지 않았다. 게다가 처음에는 프톨레마이오스의 모델보다 더 정확한 예측을 하지도 못했다. 더 결정적인 이유는 실제 관측에 근거한 명확한 증거가 부족했다는 점에 있었다. 수학이 실제 관측을 앞질러 있었던 것이다. "자연의 책은 수학의 언어로 쓰여 있다"라는 말이 진실임은 지금도 입증되고 있지만, 이처럼 적절하게 들어맞는 경우는 드물다. 그러나 그의 이론을 뒷받침할 관측이 부족한 상황에서, 이토록 근본적인 우주관의 전환을 받아들이기는 쉽지 않았다.

코페르니쿠스의 모델은 튀코 브라헤Tycho Brahe 같은 저명한 천문학자들조차 그 수학적 아름다움을 인정하고 일부 요소를 받아들였다. 하지만 여전히 그들은 지구를 우주의 중심에 두는 천동설을 지지했다. 특히 브라헤는 '움직임에 적합하지 않은 거대하고 둔한 천체'인 지구가 에테르로 이루어진 가벼운 별이나 행성처럼 움직인다는 주장에 회의적이었다. 더구나 지구가 '세 가지 종류의 운동'을 동시에 수행한다는 발상은 그에게 한층 더 받아들이기 어려웠다.

♦ ♦ ♦

오늘날에도, 우리가 시속 약 1,600킬로미터로 자전하면서 태양 주위를 시속 거의 11만 킬로미터로 공전하는 행성에 살고 있다고 생각하면 아찔한 느낌이 든다. 지금도 우리의 직관은 우리가 단단하고 움직이지 않는 땅 위에 서 있다고 말한다. 이는 외부 기준점이 없기 때문에 지구가 끊임없이 이어가는 여러 형태의 움직임이 우리에게 감지되지 않기 때문이다. 태양 중심설(지동설)이 받아들여지기까지의 길은 험난할 수밖에 없었다. 결정적인 증거가 부족했고, 오랫동안 지배적이었던 세계관에 반하는 것이었으며, 직관은 물론 성서 해석과도 어긋났기 때문이다. 그럼에도 불구하고 코페르니쿠스 혁명의 불씨는 이미 타오르고 있었다.

17세기 초반, 코페르니쿠스의 우주 이론은 행성 운동의 세 가지 법칙을 발표한 요하네스 케플러를 비롯한 여러 천문학자들의 노력으로 더욱 정교하게 다듬어졌다. 케플러는 수학이야말로 우주를 이해하는 길이라고 확신했다. 그는 기하학을 신의 언어로 봤으며, 천문 현상을 지배하는 수학적 법칙을 기하학 연구를 통해 탐구함으로써 신의 생각을 읽을 수 있다고 생각했다. 프톨레마이오스와 코페르니쿠스의 체계가 천상의 완전함을 상징하는 원형 궤도에 집착했던 반면, 케플러는 행성들의 궤도를 타원으로 설정했다(제1법칙). 이로써 행성의 운동에 대한 설명은 훨씬 단순해졌고, 이전의 모형들을 복잡하게 만들었던 주전원의 개념은 더 이상 필요가 없어졌다.

케플러의 제2법칙은 행성이 태양에 가까울 때는 더 빠르고 멀어질 때는 더 느리게 움직이는 것처럼 보이는, 즉 행성의 속도가 불규칙해 보이는 이유를 하나의 보편적 법칙으로 설명했다. 또한, 그의 제3법칙은 행성이 태양을 한 바퀴 도는 데 걸리는 시간과 그 공전 거리 사이의 관계를 규명했다. 이 세 가지 법칙으로 그는 지구 중심설로는 결코 도달할 수 없었던 정밀함으로 태양 중심설을 입증했다.

이런 노력들을 통해 태양 중심설은 더욱 확고한 이론적 토대 위에 놓이게 됐다. 우주에서의 지구 그리고 더 나아가 우리의 위치가 이렇게 근본적으로 재설정됨으로써 천문학의 패러다임이 극적으로 전환됐을 뿐만 아니라 철학과 종교도 본질적인 변화를 맞이하게 됐다. 그로부터 수 세기 뒤 독일의 작가 요한 볼프강 폰 괴테 **Johann Wolfgang von Goethe**는 이 변화에 대해 이렇게 말했다.

"모든 발견과 사상 중에서 코페르니쿠스의 지동설만큼 인간 정신에 지대한 영향을 미친 것은 없을 것이다. 세상이 둥글고 그 자체로 완전한 세계로 인식되려는 바로 그 순간, 인류는 우주의 중심이라는 거대한 특권을 포기해야 했다."

작은 물결이 거대한 파도로 번져가듯, 그 여파는 천체역학의 영역을 넘어 오랫동안 지구가 우주의 중심이라 믿어온 인류의 인식 깊숙한 곳까지 파고들었다. 오랫동안 우주의 중심 자리를 차지해온 인간은 그 왕좌에서 끌려 내려왔고, 인간이 특별하다는 생각은 근본부터 흔들리기 시작했다. 그 결과, 과학과 종교의 역사에서 가장 유명한 대립 중 하나가 정점에 이르렀다. 태양 중심설이 지배적인 세계관으로 받아들여지기 위해서는 누구도 부정할 수 없는 관측 증거가 필요했다. 그리고 그 증거는 태양계에서 가장 큰 행성을 끈질기게 관찰한 한 이탈리아 천문학자에 의해 제시됐다.

갈릴레오 갈릴레이

1610년, 갈릴레오 갈릴레이는 자신이 직접 만든 망원경으로 실험하고 있었다. 그때까지 망원경은 주로 하늘이 아닌 지상의 물체를 관측하는 데 쓰였다. 갈릴레오의 첫 망원경은 배율이 세 배에 불과한 소박한 기기였지만, 그는 끊임없는 시도 끝에 배율을 여덟 배로, 그리고 마침내 무려 서른 배까지 끌어올리는 데 성공했다. 바로 이 망원경으로 갈릴레오는 인류의 우주관을 영원히 바꿔놓았다.

어느 날 밤, 망원경으로 태양계에서 가장 큰 행성인 목성을 관찰하던 그는 목성 근처에서 세 개의 별이 빛을 내고 있는 것을 발견했다. 그 별들은 움직이지 않는 것처럼 보였다. 하지만 며칠 동안 관측을 이어나가는 동안 그는 이 '별들'이 목성으로부터 아주 멀어지지는 않지만 목성과의 거리가 계속 변화하며, 그중 하나는 목성 뒤로 숨기도 한다는 것을 알게 됐다. '고정돼 있어야 할' 천체들이 벌이는 이 역동적인 숨바꼭질을 관찰하며 갈릴레오는 놀라운 결론을 내렸다. 그 천체들이 별이 아니라 목성을 중심으로 공전하는 달, 다시 말해, 목성의 위성이라는 것이었다. 그는 이어 네 번째 위성을 찾아냈고, 그렇게 지금 우리가 갈릴레이 위성Galilean moons이라 부르는 목성의 가장 큰 위성 네 개, 즉 이오Io, 유로파Europa, 가니메데 Ganymede, 칼리스토Callisto를 모두 발견해냈다. 그 이후에도 목성의 위성은 계속 발견됐고, 현재 확인된 목성의 위성은 무려 95개에 이른다. 이제는 너무 많아 일일이 이름을 붙이지도 않는다. 하지만 갈릴레오의 이 발견은 매우 중요한 의미를 지닌다. 지구가 아닌 다른 천체 주위를 도는 천체가 직접 관찰된 최초의 사례였기 때문이다.

갈릴레오는 다양한 관측 결과를 통해 태양 중심설을 뒷받침했다. 예를 들어, 그는 밤하늘에서 가장 밝게 빛나는 행성인 금성이 지구의 위성인 달처럼 차고 이지러지는 모습을 보이는 현상에 주목했다. 그는 금성이 태양을 중심으로 공전하는 과정에서 태양 빛이 금성을 비추는 각도가 달라지기 때문에 이런 현상이 나타난다고 설명했다.

달을 반복적으로 관측한 끝에 갈릴레오는 그 표면에 밝게 솟은 능선과 어둡게 패인 분지들이 펼쳐져 있다는 사실을 알아냈다. 그는 달의 표면이 '이곳저곳에 산맥과 계곡이 자리한 지구의 표면과 매우 흡사하다'라고 생각했다. 또한, 태양 역시 흑점들로 얼룩져 있다는 사실도 발견했다. 갈릴레오에게 태양과 달은 오랫동안 지배적인 위치를 차지했던 아리스토텔레스의 우주론에서처럼 완전무결한 천체가 아니었다.

이 모든 증거는 기존의 세계관을 무너뜨릴 만큼 강력한 논거를 형성했고, 이 새로운 관점을 더 이상 외면할 수 없게 만들었다.

이어진 것은 격렬한 비판과 논쟁이었다. 당시에 지구 중심 세계관은 워낙 뿌리 깊게 박혀 있었기 때문에 사람들 대부분은 갈릴레오의 발견을 믿으려 하지 않았다. 지구가 수많은 천체 중 하나에 불과하며, 성경의 해석과는 달리 인간이 우주의 중심이 아니며, 하늘이 지구를 중심으로 회전하는 듯 보이는 현상은 단지 시각적 착각에 불과하다는 생각은 인간이 우주와 자신을 바라보는 관점 전체를 근본적으로 뒤흔드는 것이었다. 이 생각은 당시 지배적이던 세계관과 정면으로 충돌하면서, 새롭게 떠오르는 과학과 오랜 세월에 걸쳐 확립된 종교 교리 사이에 잠재해 있던 긴장을 마침내 수면 위로 드러나게 했다.

16세기 말의 정치적 분위기는 특히 어두웠다. 종교개혁은 가톨릭교회에 지울 수 없는 흔적을 남겼고, 교회 지도부는 흔들린 권위를 회복하기 위해 필사적으로 애쓰고 있었다. 토마스 아퀴나스 **Thomas Aquinas**의 온건한 신학과 아리스토텔레스의 자연철학은 대안적 시각이 끼어들 여지가 거의 없는 경직된 정통 교리로 변형됐다. 이 격동의 시기에 교회는 첫 번째 공식 금서 목록을 제정하고, 도서 검열을 감독하기 위한 금서성 **Congregation of the Index**을 설립했다. 가톨릭교회는 이단적이거나 교리에 반하는 책을 쓴 사람들을 공개적으로 비난(정죄)하기 시작했고, 그에 따라 기존의 정통 교리에 의문을 제기하는 일은 극도로 위험한 행위가 됐다. 이런 정치적·종교적 긴장 속에서 과학적 논쟁은 학문적 담론의 영역을 넘어, 더 광범위한 이념적·정치적 갈등과 맞물리게 됐다. 새로운 과학 이론이 어떻게 받아들여졌는지 그리고 갈릴레이 사건을 거치며 교회의 입장이 어떻게 변화했는지 이해하려면 당시의 이런 시대적 상황을 반드시 알아야 한다.

1600년대 초반의 가톨릭교회는 아리스토텔레스의 지구 중심 세계관에 철저히 동조하고 있었다. 따라서 당시의 과학적 세계관은 곧 신학적 세계관이기도 했다. 당시 갈릴레오는《별의 전령The Sidereal Messenger》이라는 소책자를 통해 자신의 망원경 관측 결과를 발표한 후, 명성과 영향력이 확대되고 있었다. 그리고 그로부터 몇 년 뒤 그는 코페르니쿠스의 태양 중심 우주 모형이 과학적으로 타당할 뿐 아니라 성경의 내용과도 모순되지 않는다며 공개적으로 지지 입장을 밝히기 시작했다. 교회의 초기 반응은 신중했지만 점점 적대적으로 변해갔다. 결국 교회는 1616년, 태양 중심 우주론이 성경과 모순되는 '이단적인' 이론이라고 공식 선언했다. 그 결과, 갈릴레오도 태양 중심 우주론을 주장하거나, 가르치거나, 옹호해서는 안 된다는 경고를 받았다. 같은 해, 코페르니쿠스의 대표 저작도 금서로 지정됐고, 태양 중심설을 하나의 가설로만 제시하는 방식으로 수정된 이후에야 재출판이 허가됐다.

갈릴레오가 처음부터 자신의 발견이 종교적 신념과 모순된다고 생각한 것은 아니었다. 그의 관측은 모든 천체가 지구를 중심으로 돌지는 않는다는 구체적인 증거를 제시했을 뿐이기 때문이다. 그는 자신의 발견이 성경 전체를 부정하는 것이 아니라, 몇몇 구절을 다르게 해석해야 한다는 뜻이라고만 생각했다. 실제로 그는 예술의 후원자이자 당시 토스카나 공작의 어머니였던 대공비 크리스

"밤하늘은 인간이 처음으로 읽은 과학의 책이다."

— 갈릴레오 갈릴레이(Galileo Galilei)

티나에게 보낸 유명한 편지에서, 성경이 드러내는 진리와 과학적 탐구를 통해 발견되는 진리는 근본적으로 상충하지 않으며, 자연과 성경은 본질적으로 서로 다른 '언어'로 쓰인 '책'이지만, 그 두 책은 모두 신이 쓴 것이기 때문에 '그 두 진리는 서로 모순될 수 없다'라고 강조했다. 또한, 그는 신학과 과학은 각각 다른 영역의 지식을 다루기 때문에 구분되어야 하며, 영적인 지침을 얻기 위해서는 성경을, 물질세계를 이해하기 위해서는 자연을 탐구해야 한다고 주장했다.

1632년, 갈릴레오는《두 가지 주요 세계관에 관한 대화Dialogue Concerning the Two Chief World Systems》를 출간해 프톨레마이오스의 천동설과 코페르니쿠스의 지동설 양쪽의 논거를 모두 제시했다. 그러나 그 대화는 명백히 후자를 지지하는 방향으로 기울어 있었다. 이는 교회의 교리에 대한 정면 도전으로 받아들여졌고, 1633년 로마 종교재판으로 이어졌다. 그 재판에서 그는 '이단 혐의가 짙다'라는 판결을 받았는데, 이는 완전한 이단 판정보다는 한 단계 낮은 판결이었다. 갈릴레오는 결국 태양 중심설에 대한 지지를 철회해야 했고, 이후 가택 연금 상태로 지내다 1642년에 생을 마쳤다. 1992년, 교황 요한 바오로 2세는 교황청 과학원의 장기간 조사 결과를 바탕으로, 교회가 갈릴레오 사건을 처리하는 과정에서 오류가 있었다는 사실을 공식적으로 인정했다.

한편, 코페르니쿠스는 세상을 떠난 뒤 몇 백 년 동안 세상의 관심 밖에 머물러 있었다. 그는 생전에 참사회원(수도서원을 하고 수도회 규칙에 따라 공동생활을 하는 사제―옮긴이)으로 봉직했던 폴란드 프롬보르크 대성당의 이름 없는 무덤에 묻혔다. 그러다 2004년에 이르러서야 폴란드 고고학자들이 역사 기록과 지하 탐사 레이더를 이용해 그의 유해로 추정되는 뼈를 발굴했다. 하지만 코페르니쿠스의 친척으로부터 채취한 DNA 표본이 없었기 때문에 그 뼈가 그의 것이라고 단정할 수는 없었다. 그러던 중 스웨덴에 보존되어 있던 그의 개인 서재에서 한 권의 책 속에 끼어 있던 머리카락 몇 가닥이 발견됐다. 이어진 DNA 분석 결과, 그중 두 가닥이 발굴된 유해의 DNA와 일치하는 것으로 확인됐다. 그리고 2010년, 그가 세상을 떠난 지 거의 467년 만에 그의 유해는 정식으로 장례 절차를 거쳐 새 무덤에 안치됐다. 그의 검은 화강암 묘비에는 금빛 태양과 그 둘레를 도는 행성들이 새겨졌다. 그가 생각해내고 우리가 이어받은 태양 중심 우주 모형이었다.

이 시대의 유산은 오랫동안 깊은 영향을 미쳤다. 과학은 뿌리 깊은 신념의 잔재를 벗어던지고 경험주의의 빛 속으로 걸어 들어가며 종교와는 점점 다른 길을 개척해나갔다. 우주의 궁극적 진리를 찾으려는 탐구는 인류를 우주의 중심이라는 고귀한 자리에서 끌어내렸다. 그 자리는 오랫동안 종교 교리의 권위로 보증되어온 것이었다. 한때 신의 뜻으로 우리의 자리와 목적이 정당화되던 자리에 이제 우리는 그저 미미한 존재로 남게 됐다. 아마도 사람들이 가장 불안해했던 것은 세계관의 전복 그 자체가 아니라, 그런 전복이 일어날 수 있다는, 즉 우리가 살아가는 세상이 단 한 번의 혁명적 발견으로 완전히 뒤집혀 전혀 다른 세계로 바뀔 수 있다는 깨달음이었을 것이다. 이성적 이해를 향한 탐구는 하늘의 신비를 벗겨냈지만, 동시에 존재에 대한 우리의 물음을 더욱 깊게 만들었다.

3

경계를 넘어

코페르니쿠스 혁명은 인류의 과학적 탐구를 근본적으로 변화시켜, 16세기 중반에 시작돼 17세기 후반까지 이어진 과학혁명의 서막을 열었다. 이 시기는 경험적 증거와 합리적 분석의 가치를 중시하는 체계적인 과학 탐구 방법이 확립되고, 망원경과 현미경 같은 과학 도구가 크게 개선돼 거시 세계와 미시 세계를 더 깊게 들여다볼 수 있게 된 시기였다. 또한, 이 시기에는 영국 왕립학회(1660년), 프랑스 과학한림원(1666년) 등 영향력 있는 과학 단체들이 설립돼, 새롭게 성장하던 과학 공동체에 결정적인 제도적 토대를 제공했다.

이 새로운 탐구의 시대를 살면서 인류의 우주관을 송두리째 바꾼 인물이 있었다. 아이작 뉴턴Isaac Newton이다.

1642년 크리스마스 날, 영국의 한 시골 마을에서 태어난 뉴턴은 몸무게가 2파운드(약 0.9킬로그램)도 채 되지 않았고, '1쿼트(약 1리터)짜리 냄비 안에 들어갈 만큼 작았다'라고 전해진다. 당시에는 유아 사망률이 높았고 산후 관리도 제대로 이루어지지 않았기 때문에, 이렇게 작게 태어난 아기의 생존율은 극도로 낮았다. 어린 아이작이 오래 살아남을 거라 기대한 사람은 거의 없었다. 하지만 그것은 그의 험난한 어린 시절의 시작에 불과했다. 그의 아버지는 그가 태어나기 석 달 전에 세상을 떠났고, 어머니는 그가 세 살 때 재혼해 새 남편과 함께 떠나면서 아들을 조부모에게 맡겼다. 어린 시절 뉴턴은 혼자서 책을 읽으며 상상의 나래를 펼치거나, 풍차와 나무 시계, 복잡한 해시계의 정교한 모형을 만드는 데 몰두하곤 했다. 어머니는 두 번째 남편이 죽은 뒤 집으로 돌아와 뉴턴을 학교에 보냈지만, 그는 곧 학업을 그만두게 된다. 훗날 그가 가문의 재산을 물려받아 관리하길 어머니가 바랐기 때문이었다. 그러나 오래 지나지 않아, 뉴턴의 외삼촌과 학교 교장은 그가 그런 삶에는 전혀 어울리지 않는다고 판단했다. 그들은 망설이는 어머니를 설득해 그를 다시 학교로 돌려보내, 케임브리지 대학 진학을 준비하게 했다.

1661년, 뉴턴은 영국 최고의 명문 대학인 케임브리지 대학교 트리니티 칼리지에 입학했다. 그는 그곳에서도 여전히 혼자만의 시간을 보냈다. 당시 그의 룸메이트에 따르면, 그는 공부에 너무 몰두한 나머지 끼니를 거르거나 밤을 지새우기 일쑤였다. 그가 케임브리지에서 학위를 마치던 해인 1665년, 대역병이 영국 전역을 휩쓸었다. 영국에서 발생한 최후의 대규모 흑사병은 런던 인구의 약 15퍼센트를 앗아갔고, 사회 전반에 공포와 봉쇄를 불러왔다. 흑사병 확산을 막기 위해 케임브리지 대학교도 휴교를 결정했고, 뉴턴은 가족의 시골 저택이 있는 울스소프Woolsthorpe로 돌아갈 수밖에 없었다. 하지만 어쩔 수 없이 돌아가게 된 그곳의 고요하고 안정된 환경 속에서 뉴턴은 훗날 현대 물리학의 토대를 이루게 될 연구를 수행할 수 있었다.

뉴턴은 세상과 떨어져 지낸 이 시기를 훗날 '경이의 해year of wonders'라 불렀다. 학업의 부담과 대학 생활의 번잡함에서 벗어난 그는 영국 시골의 고요한 환경 속에서 자연 세계의 경이로움을 깊이 탐구할 수 있었다. 그렇게 보낸 시간은 그의 생애에서 가장 많은 것을 이루어낸 시기였다.

중력

근대 과학사에서 아마도 가장 널리 알려진 이야기라 할 수 있는 이 일화는 뉴턴이 가족의 농가에서 깊은 사색에 잠겨 있던 어느 날, 과수원의 사과나무에서 사과가 떨어지는 모습을 목격하는 장면으로 시작한다. 바로 그 순간 그는 왜 물체가 언제나 아래로 떨어지는지 그리고 그 힘이 지구를 넘어 달과 다른 천체의 운동에도 영향을 미치는지 의문을 품었다. 이런 생각의 흐름을 따라가던 그는 겉보기에는 서로 무관해 보이는 현상들을 하나로 연결했고, 마침내 만유인력의 법칙을 확립했다. 뉴턴의 혁명적 통찰은 질량을 가진 모든 물체에 하나의 보편적 힘이 작용한다는 것이었다. 사과가 땅으로 떨어지는 현상과 달이 지구 주위를 도는 운동은 모두 이 힘의 결과였다. 뉴턴은 중력이라는 개념을 통해 천체들의 움직임과 지상 물체들의 움직임을 하나의 이론적 틀로 통합했다.

뉴턴의 만유인력 법칙은 우주에 존재하는 모든 물체가 서로를 끌어당긴다고 가정했다. 그 힘의 크기는 두 물체의 질량의 곱에 비례한다. 물체의 질량이 클수록 주변 물체를 끌어당기는 중력이 강해지며, 두 물체 사이의 거리가 멀어질수록 그 세기는 거리의 제곱에 반비례해 약해진다.

뉴턴의 통찰은 실로 혁명적인 것이었다. 그 이전까지 사람들은 지상의 물체가 땅으로 떨어지는 이유가 물체의 원래 자리인 지구의 중심으로 가려고 하기 때문이라는 아리스토텔레스의 설명을 신봉하고 있었다. 이와는 대조적으로, 뉴턴의 중력 이론은 지상 물체들의 움직임과 천체들의 움직임을 동일한 현상으로 설명했다.

당시의 지배적인 우주 모형은 모든 행성이 태양을 공전하며, 지구가 자전한다는 것이었다. 케플러 덕분에 당시 사람들은 행성이 원궤도가 아니라 타원궤도를 따라 공전하며, 태양에 가까울수록 더 빠르게 움직이고 멀어질수록 느려진다는 사실을 알고 있었다. 또한, 행성의 공전 주기와 태양으로부터의 거리 사이에는 일정한 관계가 존재한다는 사실도 알고 있었다. 하지만 당시 사람들은 행성이 어떻게 움직이는지는 잘 알고 있었지만, 왜 그렇게 움직이는지는 알지 못했다. 케플러의 법칙은 그 이면에 어떤 근본적인 원리가 존재함을 암시했다. 하지만 행성이 움직이는 이유를 설명하기 위해서는 뉴턴의 중력 이론이 필요했다. 천체들의 운동을 조율하는 것이 바로 그 중력이기 때문이었다.

뉴턴은 중력이라는 보이지 않는 힘으로 모든 관찰 결과를 깔끔하게 설명할 수 있었다. 하지만 그는 중력의 '원격 작용action at a distance'에 대해서는 매우 불편해했다. 서로 떨어진 물체들이 진공 상태에서 매개 물질 없이 서로에게 힘을 미칠 수 있다는 것이 '매우 불합리한' 현상이라고 생각했던 그는 그 현상을 설명하는 특정한 메커니즘을 제시하지 못했고, 단지 그 현상이 '아직 알려지지 않은 어떤 원인들'에 의해 일어나는 현상이라고만 설명했다.

뉴턴은 자신의 역작《프린키피아Principia》에서 운동의 법칙과 만유인력 이론을 제시했다. 이 책은 근대 과학의 초석이 됐으며, 우주에 대한 우리의 지식을 심화시켰을 뿐 아니라 그 지식을 더 엄밀하고 수학적인 방식으로 탐구하도록 이끌었다. 이러한 접근 방식은 이후 과학적 탐구의 핵심으로 자리 잡았다.

그의 통찰이 혁명적이었음에도 불구하고, 훗날 뉴턴은 한 회고록에서 자신의 평생의 업적에 대해 이렇게 겸손하게 회상했다.

"내가 세상에 어떻게 비칠지는 알 수 없다. 그러나 내게

나는 마치 바닷가에서 놀며, 가끔 더 매끄러운 조약돌이나 더 예쁜 조개껍질을 찾아내 즐거워하는 소년처럼 보일 뿐이다. 그동안 진리의 거대한 바다는 아직 아무에게도 발견되지 않은 채 내 앞에 놓여 있었다.”

뉴턴이 남긴 이 말은 그가 세운 위대한 이론에도 그대로 들어맞게 된다. 훗날 그의 ‘진리의 거대한 바다’에 또 다른 파도가 밀려와 중력에 대한 우리의 이해를 근본적으로 바꿔놓았기 때문이다. 뉴턴의 혁명적 이론은 우주에 감춰진 더 심오한 신비를 밝히는 토대가 됐고, 그 위에서 공간과 시간처럼 고정된 실체라 여겨지던 개념들마저 무너졌다.

뉴턴의 법칙은 이성이 중시되던 시대의 흐름을 확실하게 보여주는 것이기도 했다. 그는 정밀한 수학 법칙에 기초해 자연현상을 설명하는 체계를 세웠고, 이를 통해 새로운 과학이 자연의 이치를 드러낼 수 있다는 가능성을 입증했다. 뉴턴 이후, 자연철학(과학)과 신학은 경계가 희미해지며 서로 영향을 주고받기 시작했다. 특히 영국의 성직자 가운데에는 자연철학자로서 새로운 경험주의적 방법을 통해 신의 존재를 입증하고자 한 이들이 많았다. 그들은 성서의 구절이나 철학적 논변에만 의존하는 대신, 기독교를 미신의 그늘에서 벗어나게 하고, 과학 탐구에 기초한 합리적 세계관 속으로 이끌려 했다. 다시 말해, 이성을 통해 신앙을 더욱 굳건히 하려 한 것이다.

당시 신학자 중에는 뉴턴의 발견을 신이 질서 정연하게 우주를 설계했다는 증거로 보는 이들도 있었다. 이 생각에 따르면 우주는 지적인 설계에 따라 정밀하게 만들어진 조화로운 체계이자, 최고 '입법자lawgiver'가 손수 만든 걸작이었다. 뉴턴 자신도 "태양과 행성, 혜성으로 이루어진 이 가장 아름다운 체계는 지성을 지닌 강력한 존재의 계획과 통제에서 비롯된 것일 수밖에 없다"라고 믿었다. 그는 기하학과 역학에 능통한 신적 존재를 상정한 것이다.

뉴턴의 법칙은 수학 방정식 체계만으로 하늘과 땅, 곧 천체들과 지상의 모든 물체가 어떻게 움직이는지를 설명할 수 있다는 사실을 보여주었다. 사람들은 오랫동안 천체가 지상의 물체와는 전혀 다른 원리로 움직인다고 믿어왔지만, 그것들은 결국 그렇게 특별하거나 분리된 존재가 아니었다. 지구는 더 이상 우주의 중심으로 간주될 수 없게 됐지만, 그때부터 우리는 우주의 작동 원리를 이해하게 됐다. 이러한 과학적 통찰은 인간의 위치가 우주적 규모에서는 극히 미미하다는 점을 인정하게 하면서도, 그 위치가 무의미한 것은 아니라는 인식에 이르게 했다. 프랑스의 수학자이자 물리학자인 블레즈 파스칼Blaise Pascal은 (그의 사후인 1670년에 발표된) 명저《팡세 Pensées》에서 이런 인식을 다음과 같이 표현했다.

"우주라는 공간 안에서 나는 하나의 점에 지나지 않지만, 사유를 통해 그 우주를 이해한다."

더 많은 행성의 발견

뉴턴의 법칙은 우주와 그 근본적 작동 원리를 이해하는 방식을 바꾸었을 뿐 아니라, 우주를 더 깊이 탐구할 수 있는 강력한 도구를 제공함으로써 이후 수많은 경이로운 발견으로 이어지는 길을 열었다.

1682년, 영국의 천문학자 에드먼드 핼리Edmund Halley는 자신이 관측한 혜성의 궤도를 뉴턴의 법칙을 적용해 계산했다. 천문 관측 기록을 살펴보던 그는 1531년과 1607년에 출현한 혜성의 궤도가 매우 유사하다는 점에 주목해, 그 혜성이 일정한 주기로 되돌아오는 혜성일 수 있다는 생각을 하게 됐다. 핼리는 뉴턴의 방정식을 이용해 태양과 행성들이 혜성의 궤도에 미치는 중력의 영향을 계산했고, 그 결과 이 혜성이 1758년에 다시 나타날 것이라고 예측했다. 핼리는 1742년에 세상을 떠나 그 광경을 목격하지 못했지만, 1758년 혜성이 실제로 불타오르며 되돌아온 일은 뉴턴 이론을 결정적으로 입증했을 뿐 아니라 예측 천문학의 수준을 엄청나게 끌어올린 중대한 사건이었다.

1781년, 음악가이자 독학으로 천문학을 익힌 윌리엄 허셜William Herschel은 영국 배스Bath에 있는 자신의 집 정원에서 직접 제작한 망원경으로 하늘을 관측하고 있었다. 하노버에서 태어난 허셜은 젊은 나이에 영국으로 이주해 작곡가이자 오르간 연주자로 활동하며 경력을 쌓았고, 이후 별들에 매료되면서 천문 관측에 몰두하

　　　　우주에 대한 생각은 어떻게 변해왔는가?

게 됐다. 그러던 어느 날 밤, 그는 움직이지 않는 별들 사이에서 한 천체가 움직이는 모습을 관찰했고, 궤적으로 볼 때 그 천체가 새로운 혜성일 수 있다는 생각을 하게 됐다. 당시 그는 왕립학회에 제출한 보고서에 그 천체가 일반적인 혜성보다 훨씬 더 크고 훨씬 어두우며, '수염도 꼬리도 없고, 형태가 매우 선명한 천체'라고 기록했다. 이 천체의 기이한 궤도에 대한 관측과 계산이 축적되면서 이 천체는 혜성이 아니라 새로운 행성이라는 사실이 드러났다. 이 천체는 당시 태양계의 가장 외곽에 존재한다고 생각되던 토성의 궤도 훨씬 바깥에 존재하는 행성이었다. 허셜은 자신의 집 정원에서 망원경 하나로 천왕성을 발견한 것이었다. 당시에 미국 독립 전쟁으로 아메리카의 13개 식민지를 잃은 상황에서 일부 영국인들은 이 발견으로 하늘에서 새로운 영토를 정복했다는 생각을 하면서 위안을 얻기도 했다. 의사이자 강연자였던 매튜 터너Matthew Turner는 이렇게 썼다.

"우리가 아메리카의 13개 식민지라는 확실한 땅terra firma을 잃은 것은 사실이다. 하지만 허셜 박사의 탁월한 능력 덕분에 우리는 그 대신 **구름 속에**(하늘에) 그보다 훨씬 넓게 펼쳐진 미지의 땅terra incognita을 얻었으니 만족해야 한다."

허셜이 자신의 정원에 마련한 관측소에서 천문 관측을 이어가던 동안 그리고 그가 천문학 연구를 이어가던 내내 그의 곁에는 여동생 캐럴라인이 있었다. 이 남매는 수십 년 동안 지칠 줄 모르고 "밤하늘을 바라보고 기록하는 일"에 전념한, 떨어질 수 없는 한 팀이었다. 허셜은 밤새 망원경으로 하늘을 관측했고, 캐럴라인은 그 결과를 그의 옆에서 받아 적은 뒤, 다음 날 아침이면 관측된 천체의 위치를 계산해 목록으로 정리했다. 훗날 그녀는 이렇게 회상했다.

"해가 진 뒤의 시간은 모두 관측에 쓰였다. 흐린 밤이나 달 밝은 밤이 찾아오지 않았다면, 오빠도 나도 잠을 거의 못 잤을 것이다."

허셜이 여동생에게 망원경을 처음 건네준 것은 1783년이었다. 캐럴라인은 훗날 이렇게 적었다.

"나는 그때 내가 천문학자의 조수로 훈련받게 되리라는 것을 알았다. 격려 차원으로 내가 받은 그 망원경은 '훑어보기sweeping'에 맞게 제작된 것이었다. 그 뒤로 나는 혜성들을 훑어보는 일을 맡게 됐다."

그리고 실제로 1786년부터 1797년 사이에 그녀는 여덟 개의 혜성을 발견했다. 그 가운데에는 35P/허셜 – 리고예Herschel–Rigollet처럼 주기 혜성으로 분류되는 것도 있었다. 이 혜성은 2092년에 다시 지구에 근접할 것으로 예측된다.

오빠가 세상을 떠난 뒤, 깊은 상실에 빠진 캐럴라인은 하노버로 돌아갔다. 하지만 그녀는 천문학 연구를 멈추지 않았다. 이번에는 허셜의 아들이자 그녀의 조카인 존 허셜John Herschel과 협력하며 작업을 이어갔다. 존 역시 훗날 저명한 천문학자가 됐다. 캐럴라인은 오빠와 함께 작업하던 2,500개의 성운과 성단 목록을 완성했고, 이를 극거리polar distance(어떤 천체가 자오선 위에 있을 때, 천구의 극으로부터 그 천체까지 잰 각거리를 말한다—옮긴이)의 유사성을 기준으로 나눠 정리했다. 이 작업은 이후 '성운 및 성단에 관한 신판일반목록 **New General Catalogue of Nebulae and Clusters of Stars**'이 만들어지는 토대가 됐고, 이 체계는 오늘날까지도 사용되고 있다. 천문학 발전에 기여한 공로로 캐럴라인 허셜은 영국 왕립천문학회로부터 여성 최초로 금메달을 받았으며, 이후 프로이센 국왕으로부터 과학 부문 금메달을 받는 등 여러 영예를 누렸다. 그녀가 97세의 나이로 세상을 떠나자, 왕립천문학회가 발표한 부고에는 이렇게 적혀 있었다.

지난 세기와 현재 세기의 천문 관측 기록이 보존되는 한, 그녀에 대한 기억은 그녀의 오빠에 대한 기억과 더불어 계속 살아 있을 것이다. 언젠가 천문학자가 여성이라는 이유로 시선을 끌지 않는 시대가 오더라도, 그녀의 명성은 온전히 그 업적에 힘입어 오래도록 이어질 것이다.

윌리엄 허셜의 천왕성 발견은 태양계의 경계를 극적으로 확장시켰다. 이 발견은 단지 새로운 행성이 추가됐다는 의미를 넘어, 태양의 중력권 안에 우리가 알지 못했던 다른 행성들도 존재할 수 있다는 가능성을 제시했다. 천왕성은 태양에서 토성보다 약 두 배나 먼 거리에서 공전하고 있었고, 그 존재는 우리가 알고 있던 태양계의 크기를 사실상 두 배로 늘려놓았다.

새롭게 발견된 천왕성은 이후 수십 년 동안 계속 관측됐고, 이런 지속적인 관측을 통해 예상 밖의 사실이 드러나기도 했다. 뉴턴 역학으로 계산한 궤도와 실제로 관측된 궤도가 일치하지 않는 일이 발생했던 것이다. 이런 식의 궤도 '요동wobbles'은 당시까지 알려진 행성들이 만들어내는 힘만으로는 설명되지 않는 어떤 요소가 천왕성에 작용하고 있음을 시사했다. 실제로, 이 현상을 설명할 수 있는 방법은 당시까지 관측되지 않은 행성의 존재를 가정하는 것밖에 없었다. 멀리 떨어진 위치에서 천왕성에 중력을 미치는 또 다른 행성이 존재해야 이런 관측 결과들 사이의 불일치가 해소될 수 있었다.

1781년에 허셜에 의해 발견된 천왕성이 태양을 거의 한 바퀴 돌았을 시점인 1841년(천왕성의 공전 주기는 84년이다—옮긴이), 천문학자들은 이 가설을 확인할 수 있는 절호의 기회를 갖게 됐다. 프랑스의 위르뱅 르베리에Urbain Le Verrier와 영국의 존 카우치 애덤스John Couch Adams는 서로 독립적으로, 보이지 않는 어떤 행성이 천왕성의 운동에 영향을 미친다고 가정하고, 그 행성이 천왕성에 미칠 중력을 바탕으로 길고 복잡한 계산을 수행한 끝에 그 행성이 있을지도 모르는 위치를 예측해냈다. 르베리에는 '발견되길 기다리고 있는 어떤 행성이 존재할 수도 있는 하늘의 영역'의 좌표를 적어 독일 베를린 천문대의 천문학자 요한 고트프리트 갈레Johann Gottfried Galle에게 우편으로 보냈다. 편지는 닷새 뒤에 갈레에게 도착했고, 1846년 9월의 그날 밤, 그는 실제로 해왕성을 발견했다. 놀랍게도 그 위치는 르베리에가 계산한 지점에서 겨우 1도밖에 벗어나지 않은 곳이었다. 뉴턴의 법칙이 지닌 예측 능력은 해왕성에까지 우리를 정확

 우주에 대한 생각은 어떻게 변해왔는가?

히 이끌었고, 르베리에는 '펜 끝으로 행성을 발견한 인물'이라는 명성을 얻었다. 사실 천왕성은 허셜의 발견보다 훨씬 앞선 1612년에 갈릴레오에 의해 그리고 그 뒤에도 여러 천문학자들에 의해 관측된 바 있는 천체였다. 그러나 천왕성은 별들 사이에서 움직임이 매우 느렸기 때문에, 어느 누구도 그것을 행성이라고는 생각하지 못했다.

새로운 행성들의 발견으로 태양계의 경계는 넓어졌지만, 이런 발견이 이어지던 19세기 중반까지도 인류가 가진 우주관은 여전히 극히 제한적이었다. 당시에는 먼 별까지의 거리를 정확히 측정할 방법이 없었기 때문에 우주의 실제 크기, 성단이나 성운이 얼마나 멀리 떨어져 있는지 알아내는 것은 거의 불가능에 가까웠다. 그럼에도 사람들은 우리 은하가 우주의 전부라고 믿었다. 다시 말해, 우주는 광대하고 수많은 별과 행성, 성운으로 가득 차 있었지만, 결국 하나의 거대한 은하일 뿐이라고 여겼다. 그 시선에서 본 우주는 비록 규모는 엄청났지만 이해 가능한 세계였다. 우리는 그 장엄한 구조의 중심 어딘가에 자리하고 있으며, 우리 은하의 지평선 너머에는 아무것도 존재하지 않는다고 생각했다. 그러나 우리는 곧 또다시 그 자리에서 끌어내려지게 된다.

다른 은하들이 발견되다

1900년대 초, 헨리에타 스완 레빗Henrietta Swan Leavitt은 하버

"별빛은 과거를 현재로 데려오는 시간 여행자다."

— 닐 디그래스 타이슨(Neil deGrasse Tyson)

드 대학교 천문대에서 사진 건판(사진 필름이 발명되기 이전, 천체를 촬영해 인화하는 데 사용되던 유리판)에 담긴 방대한 천문 자료를 분석하기 위해 고용된 여성 천문학자 집단, 이른바 '하버드 계산수들 Harvard computers' 중 한 사람으로 일하고 있었다. 당시 레빗은 세페이드 변광성Cepheid variable stars이라 불리는 특수한 별들을 연구하고 있었다. 이 별들은 일정한 주기로 밝기가 변하는 특징을 갖는다. 그녀는 남쪽 하늘에 희미한 구름처럼 보이는 소마젤란은하(남쪽 하늘에 흐릿하게 번져 있는 구름 같은 성운)에 있는 세페이드 변광성들의 자료를 분석하던 중 놀라운 패턴을 발견했다. 밝고 어두워지는 데 걸리는 시간이 긴 세페이드 변광성일수록 더 밝게 빛난다는 사실이었다. 이는 변광성의 맥동 주기와 실제 밝기 사이에 직접적인 연관성이 존재한다는 뜻이었고, 레빗은 이 두 변수 사이에 분명한 수학적 관계가 존재함을 밝혀냈다. 결국 이 별들은 지구로부터 천체들 사이의 거리를 측정하는 데 매우 적합한 척도로 기능할 수 있다는 사실이 밝혀졌다.

레빗의 이 혁신적인 발견으로 천문학자들은 오랫동안 풀리지 않던 난제, 먼 항성이나 항성계star system(서로의 중력에 묶여 질량중심을 기준으로 공전하는 항성들의 집합―옮긴이)까지의 거리를 추정할 수 있는 확실한 수단을 갖게 됐다.

1910년대에 미국의 천문학자 할로 섀플리Harlow Shapley는 은하수Milky Way(지구에서 관측되는 우리 은하의 모습)가 과연 얼마나 거대한지, 그 안에서 태양계가 어디에 자리하고 있는지를 밝히고자 했다. 그는 우리 은하의 중심을 밀집된 상태로 공전하는 항성들을 관찰해 지도를 그려나가기 시작했다. 레빗의 세페이드 변광성 연구 결과를 바탕으로, 섀플리는 이 항성들로 이루어진 성단들이 지구에서 얼마나 떨어져 있는지 계산했고, 그 결과 그 대부분이 매우 먼 한 지점을 중심으로 공전한다는 사실을 발견했다. 은하수의 중심, 즉 중력이 가장 강하게 작용하는 중심부는 우리 태양 근처가 아니라 훨씬 먼 곳에 있었다. 우리 은하는 생각보다 훨씬 광대했으며, 생명을 지탱하는 태양은 우리 조상들이 신으로 숭배했던 별들로 빽빽한 우주의 중심부가 아니라 우리 은하 가장자리의 조용하고 외딴 변두리에 있었다.

그러나 은하수가 우주의 전부인지는 여전히 풀리지 않은 물음으로 남아 있었다. 1920년 4월 열린 이른바 '대논쟁Great Debate'은 이후 천문학의 방향을 결정지은 분기점이었고, 이 자리에서 천문학계의 두 거장 할로 섀플리와 히버 커티스Heber Curtis가 이 근본적인 질문을 두고 공개적으로 대립했다. 섀플리는 우리 은하가 우주의 전부이며, 끝없는 허공의 바다 위에 떠 있는 별들로 이루어진 외로운 섬이라고 주장했다. 그는 우주의 모든 별을 품을 정도로 은하수가 광대하며, 태양은 그 가장자리에 위치해 있다고 단언했다. 또한, 그는 '나선 성운spiral nebulae(가스와 먼지로 이루어진 우주 구름)', 안드로메다 성운Andromeda Nebula(지구와 가장 가까운 대형 성운)도 모두 이 거대한 은하수의 일부라고 봤다. 하지만 커티스는 이 견해에 이의를 제기하며, 은하수는 우주의 전부가 아니라, 셀 수 없이 많은 은하 중 하나일 뿐이라고 주장했다. 그는 신성nova(폭발하는 별)이 만약 우리 은하 안에 있다면 훨씬 더 밝게 보여야 함에도 지나치게 어둡게 관측된다는 사실을 들어, 그것들이 우리 은하 밖 먼 공간에 존재한다고 주장했다. 또한, 그는 '나선 성운'이 우리 은하 안에 존재하는 가스 구름이 아니라, 우주 곳곳에 존재하는 수많은 '섬 우주island universes', 즉 우리 은하와 같은 독립적인 은하 중 하나라고 주장했다.

하지만 이 대논쟁으로도 미스터리는 풀리지 않았다. 당시 이용할 수 있던 관측 도구만으로는 안드로메다 성운 같은 천체까지의 엄청난 거리를 확실하게 측정하기가 어려웠기 때문이다. 하지만 이 교착상태는 미국 천문학자 에드윈 허블Edwin Hubble의 선구적인 연구로 곧 깨졌다. 1924년, 허블은 캘리포니아의 윌슨 산 천문대Mount Wilson Observatory에 머물며, 당시 가장 강력했던 광학 망원경 중 하나인 후커 망원경Hooker Telescope을 사용할 수 있었다. 그는 구경 100인치의 이 망원경을 안드로메다 성운 쪽으로 향하게 한 뒤, 세페이드 변광성을 신뢰할 수 있는 척도로 삼아 안드로메다 성운에 있는 별들을 관측하고 그 거리까지 계산했다. 계산 결과는 충격적이었다. 그 성운은 은하수의 일부가 되기에는 너무 먼 곳에 있었다. 따라서 안드로메다 성운은 우리 은하와는 전혀 다른 은하일 수밖에 없었다. 허블은 이 사실을 섀플리에게 편지로 알렸다. 그 메모를 읽은 섀플리는 동료에게 이렇게 말했다.

"여기 내 우주를 무너뜨린 편지가 있네."

이 희미한 성운은 수천 년 동안 관측되어 왔다. 안드로메다은하에 대한 최초의 묘사는 964년에 페르시아의 천문학자 알수피Al-Sufi가 쓴 《고정된 별들에 관하여Book of Fixed Stars》에서 찾을 수 있다. 이 책에서 그는 안드로메다은하를 '작은 구름'이라고 묘사했다. 이런 성운들이 실제로는 우리 은하 너머에 존재하는 독립된 은하들이며, 밤하늘을 가로지르는 희뿌연 은빛의 띠, 곧 은하수가 우주의 유일한 은하가 아니라는 사실을 밝혀낸 사람이 바로 허블이다.

허블의 연구는 여기서 멈추지 않았다. 1929년에 이르러 그는 머나먼 은하들이 정지해 있는 것이 아니라, 우리로부터―그리고 서로로부터―엄청난 속도로 멀어지고 있다는 사실을 밝혀냈다. 우주는 팽창하고 있었고, 멀리 있는 은하일수록 우리로부터 더 빠른 속도로 멀어지고 있었다.

한때 우리가 그 중심에 있다고 믿었던 소박한 우주는 상상조차 어려울 만큼 거대한 규모로 펼쳐지고 있었고, 그 안에서 드러난 새로운 역동성은 오랜 세월 변치 않는다고 믿어온 하늘의 질서를 뒤흔들고 있었다. 망원경은 우리가 우주를 '우리의 척도가 아닌, 우주 자체의 척도로 측정하도록' 요구했으며, 인간이라는 존재의 경험만으로는 저 아득히 먼 세계들을 이해할 수 없다는 사실을 인정하게 만들었다.

우주를 탐구하며
알게 된 것들

4
공간과 시간

19세기 말, 인류는 우주에 대한 이해에서 눈부신 도약을 거듭하며 마침내 수많은 자연현상을 놀라울 만큼 정확하게 설명할 수 있는 이론들을 손에 넣게 됐다. 뉴턴 역학은 사과가 나무에서 떨어지는 현상에서 행성의 궤도 운동에 이르기까지, 지상의 물체와 천체의 움직임을 모두 설명할 수 있는 견고한 틀을 제시했다. 뉴턴 이후 인류는 우주가 광대하고 정교하지만 대체적으로 이해와 예측이 가능하다는 기계론적 우주관을 가지게 됐다. 이 우주관에서 공간은 물리적 사건이 일어나는 불변의 3차원 무대였고, 시간은 사건이나 관찰자와는 무관하게 절대적인 규칙성을 지닌 채 흘러가는 독립된 존재였으며, 항성과 행성의 운동은 중력이라는 보이지 않는 힘에 의해 정교하게 조율되고 있었다.

그 무렵 많은 이들은 더 이상의 거대한 전환은 일어나지 않을 것이라 믿기 시작했다. 이런 일시적인 낙관주의는 폴란드계 미국인 물리학자 앨버트 A. 마이컬슨**Albert A. Michelson**이 1894년에 한 다음과 같은 말에서 잘 드러난다.

"거대하고 근본적인 원칙들은 이미 대부분 확고하게 정립된 듯하다. (…) 한 저명한 물리학자는 '앞으로 물리학의 새로운 진리는 소수점 아래 여섯째 자리에서나 발견될 것이다'라고 말했다."

그러나 세기가 바뀐 직후, 일련의 거대한 발견들이 그 착각을 산산이 부수고, 우리가 우주의 근본 원리를 거의 다 밝혀냈다는 생각을 완전히 지워버렸다. 예측 가능하다고 믿었던 우주는 실제로는 전혀 그렇지 않았다. 뉴턴 역학의 결정론적이고 시계 장치 같은 세계는 새로운 현실에 자리를 내주었다. 그곳은 양자 차원에서는 확률과 불확실성이 지배하고, 우주적 차원에서는 시공간이 휘어 있는 곳이었다. 그 결과, 우리는 가장 미시적인 차원에서부터 가장 거대한 차원에 이르기까지, 세계를 바라보는 관점을 근본적으로 바꾸게 됐다. 인류는 20세기의 거대한 혁명들을 거치며, 우주를 아무리 정밀하게 설명하더라도 다음 세대의 실험이 훨씬 더 근본적인 전환을 가져올 가능성을 늘 의식하게 됐다.

19세기의 찬란한 성취를 축하하던 1900년, 당시 열역학 연구로 명성이 높았던 영국의 물리학자 켈빈 경**Lord Kelvin**(윌리엄 톰슨 **William Thomson**)은 영국 왕립연구소에서 '두 개의 구름**Two Clouds**'이라는 주제로 연설을 했다. 이 연설에서 그는 열과 빛에 관한 기존 이론들의 두 가지 문제('구름')를 지적했다. 첫 번째 '구름'은 '빛을 전달하는 에테르luminiferous aether'라 불리던 신비한 물질이었다. 당시 과학자들은 이 물질이 우주 전체를 채우고 있으며, 소리의 파동(음파)이 공기를 통해 전달되듯이 빛이 이 가상의 매질medium을 통해 전파된다고 믿고 있었다. 하지만 아무리 실험을 거듭해도 그 존재는 확인되지 않았다. 켈빈 경은 만약 에테르가 실제로 존재하지 않는다면, 빛이 어떻게 진공 속에서 전파되는 것인지 의문을 제기했다.

그가 제기한 두 번째 '구름'은 열을 받은 시스템(계, 系) 안에서의 에너지 분포에 대한 기존 이론의 문제점이었다. 당시의 예측과 특정 기체들이 실험에서 보인 행동 양상 사이의 불일치는 특정 물질이 당시에 받아들여지고 있던 법칙을 따르지 않는다는 것을 시사했다. 다시 말해, 이는 물질의 본질에 관한 당시의 이해가 어떤 부분에서 근본적으로 잘못돼 있다는 뜻이었다.

켈빈 경은 이 두 개의 '구름'이 머지않은 미래에 걷히리라 낙관했다. 실제로 그의 예견은 틀리지 않았다. 그 '구름'들은 결국 흩어졌다. 그러나 그 전에 그 구름들이 쏟아낸 폭우는 너무나 거세서, 하늘이 다시 개었을 때 우리가 오랫동안 품어온 고전적 세계관 속의 우주는 더 이상 알아볼 수 없을 정도로 변해 있었다. 상대성 이론과 양자역학이라는 두 거대한 혁명은 수세기에 걸쳐 쌓인 지혜를 해체시켰고, 그 결과 그 시점까지 세워졌던 물리학의 전체 구조는 이제 '고전물리학classical physics'이라 불리게 됐다. 상대성 이론과 양자역학의 등장은 인류가 우주를 이해하는 방식을 근본적으로 바꿔놓은, 새로운 시대를 연 패러다임의 전환이었다.

뉴턴의 시대는 시간과 공간의 본질에 관한 의문이 물리학의 핵심 일부로 편입됨과 동시에, 실증적 탐구의 대상이자 철학적 논쟁의 주제로 자리 잡은 시대였다. 뉴턴의 경쟁자였던 독일 철학자 고트프리트 빌헬름 라이프니츠Gottfried Wilhelm Leibniz는 이러한 절대적 관점에 반대하며, 공간과 시간은 서로 독립된 실체가 아니라 사물들 사이의 관계를 표현하기 위해 인간이 설정한 추상적 틀이라고 주장했다. 라이프니츠에게 공간은 사건의 배경이 되는, 이미 존재하고 있는 빈 그릇이 아니라, 사물들 간의 연결 관계를 이해하는 방식이었다. 다시 말해, 그에게 공간은 실제로 어딘가에 빈 공간이 존재한다고 전제하지 않고도 위치들 간의 관계를 보여주는 지도와 같은 것이었다. 또한, 그는 시간 역시 사건들의 순서를 파악하기 위한 수단으로 기능하는 관계적 구성체(관계 속에서만 의미를 갖는 추상적 개념 구조)라고 봤다. 당시 철학계에서는 이 두 관점이 팽팽히 맞서 오랫동안 교착상태가 이어졌다. 하지만 뉴턴 역학이 거둔 압도적인 성공으로 인해, 시간과 공간의 본질에 관한 문제에서는 결국 뉴턴의 관점이 지배적인 관점으로 자리를 잡았다.

　　　　　우주를 탐구하며 알게 된 것들

운동의 상대성

운동의 상대성은 우리가 일상에서 자주 마주하지만 여전히 우리를 혼란스럽게 한다. 예를 들어, 기차가 플랫폼을 떠나는 듯한 느낌이 들어 몸이 뒤로 젖혀지지만, 실제로 움직이고 있는 것은 옆 레일의 기차이지 당신이 탄 기차가 아님을 곧 알아차릴 때가 있다. 시속 수백 킬로미터로 순항 중인 비행기 안에서 전혀 움직임을 느끼지 못할 때도 있다. 역의 플랫폼이나 창밖으로 스쳐 지나가는 풍경 같은 외부 기준점이 없다면, 우리는 자신이 실제로 움직이고 있는지조차 판단하기 어렵다.

운동은 상대적이라는 생각은 수 세기 전부터 존재해왔다. 1632년, 《두 가지 주요 세계관에 관한 대화》에서 갈릴레오는 지구 위에서 수행되는 기계적 실험으로는 지구의 자전을 감지할 수 없다고 주장했다. 그는 지구가 움직이고 있다면 우리는 그 움직임을 느껴야 하며, 높은 곳에서 떨어지는 물체는 그 사이에 지면이 움직였기 때문에 처음 떨어뜨린 바로 그 아래가 아니라 약간 뒤쪽에 떨어져야 한다는 흔한 반론을 반박하려 했다. 지구의 움직임을 우리가 감지하지 못한다는 사실은 갈릴레오가 코페르니쿠스의 태양 중심설을 변호하는 핵심 근거였다.

갈릴레오는 순항 중인 배의 갑판 아래, 창문이 없는 선실에서 외부 풍경을 전혀 보지 못한 채 있는 상황을 상상해보라고 했다. 외부 기준점을 확인할 수 없는 이 고립된 공간에서는 어떤 기계적 실험을 해도 배의 움직임을 감지할 수 없다. 배가 항구에 닻을 내리고 있든 바다 위를 항해하고 있든, 천장에 매달린 병에서 떨어지는 물방울은 곧게 아래로 떨어지고, 나비는 사방으로 자유롭게 날며, 어항 속 물고기는 평소처럼 헤엄친다. 또한, 그 안에서는 위로 뛰었다가 내려와도, 물건을 앞이나 뒤로 던져도 배의 움직임을 느낄 수 없다. 다시 말해 갈릴레오는 이렇게 주장했다. 배가 항구에 정박해 있든 바다 위를 항해하고 있든, 그 안에서 우리가 실제로 움직이고 있음을 증명할 수 있는 실험은 존재하지 않는다. 운동의 법칙은 두 경우 모두에서 똑같이 성립한다.

이 논리에 기초해 그는 '움직임'과 '움직이지 않음'의 구분이 전적으로 상대적인 것이며, 지상에서의 현상만으로는 지구의 움직임을 감지할 수 없다고 주장했다. '갈릴레이 상대성Galilean relativity'이라는 이름으로 흔히 불리는 이 개념은 훗날 스위스 특허청에서 일하던 젊은 알베르트 아인슈타인Albert Einstein이 1905년에 발표한 특수 상대성 이론의 토대가 됐다. 그 해, 스물여섯 살의 아인슈타인은 무려 네 편의 혁명적인 논문을 발표했다. 그 논문들은 인류가 우주를 바라보는 방식을 근본적으로 바꿔놓았고, 학문적 명성이 전무하던 젊은 청년이 어떻게 이런 성취를 이룰 수 있었는가에 대한 끝없는 논의와 추측을 불러일으켰다.

알베르트 아인슈타인

아인슈타인은 어린 시절부터 우주의 작동 원리에 깊은 호기심을 보였던 듯하지만, 천재 소리를 들은 아이는 아니었다. 그는 독일의 경직된 교육 시스템, 즉 권위적인 수업 방식과 비판적 사고보다 암기에 치중한 교육에 반발심을 보였다. 1895년, 열여섯 살이 되던 해에 그는 독일을 떠나 스위스로 이주했고, 자유롭고 개방적인 교육 방식으로 유명한 진보적 학교에 등록했다. 그곳에서 그는 그가 다니던 학교의 교사였던 요스트 빈텔러Jost Winteler의 집에 하숙하며 지냈고, 그 가족과 깊은 유대감을 쌓았다. 빈텔러의 가정은 자유로운 분위기였으며, 저녁 식탁에서는 논쟁적인 주제까지 거리낌 없이 토론이 오갔다. 하지만 그런 환경에서 더 행복해졌음에도 아인슈타인의 성적은 그리 뛰어나지 않았다. 빈텔러가 걱정스러운 마음에 그의 성적표를 아인슈타인의 아버지 헤르만에게 보냈을 때, 아버지는 이렇게 답했다.

"모든 부분이 내 바람과 기대에 부응하는 것은 아니지만, 알베르트의 성적에는 아주 오래전부터 '별로 좋지 않은 점수와 아주 좋은 점수가 섞여 있는' 걸 보아왔기에 별로 실망스럽지는 않습니다."

훗날 아인슈타인은 자신이 열여섯 살이던 무렵, 스위스에서 학교를 다니며 '특수 상대성 이론과 관련된 첫 사고실험'에 몰두하고 있었다고 회상했다. 당시 그는 자신이 한 줄기 빛을 쫓아간다면 어떤 일이 벌어질지 상상했다. 그는 만약 자신이 빛의 속도를 따라

잡아 마치 파도를 타는 서퍼처럼 그 빛 위를 달릴 수 있다면, 물리 법칙에 그 파동은 그의 눈앞에서 같은 자리에 멈춰 있는 것처럼, 즉 움직이지 않는 것처럼 보여야 할 것이라고 생각했다.

열일곱 살이 되던 해, 아인슈타인은 수학과 물리학을 공부하기 위해 스위스 연방 공과대학교(현재의 취리히 연방 공과대학교)에 입학했다. 그는 그곳에서도 정형화된 교육 시스템을 거부했고, 자신이 보기에 중요하지 않거나 재미가 없어 보이는 강의는 외면한 채 독학을 택했다. 그 시절 그는 동급생 마르셀 그로스만Marcel Grossmann과 친해졌다. 그로스만은 아인슈타인에게 미분기하학differential geometry을 공부할 것을 권유했고, 훗날 미분기하학은 아인슈타인이 일반 상대성 이론을 발전시키는 데 핵심적인 역할을 하게 된다. 이곳에서 아인슈타인은 훗날 아내이자 동료 물리학자가 될 밀레바 마리치Mileva Maric를 만나기도 했다. 그녀는 당시 그 학교에 다니던 몇 안 되는 여성 중 한 명이었다.

1900년에 아인슈타인은 학교를 졸업했지만, 학계에서 연구직을 얻는 데 어려움을 겪었다. 그의 비순응적인 태도를 못마땅해 했던 교수들이 추천서를 써주지 않았기 때문이다. 동기들 가운데 유일하게 일자리를 얻지 못한 그는 거의 2년 동안 궁핍한 생활을 이어갔고, 그러다 그로스만 아버지의 도움으로 스위스 특허청에 취직할 수 있었다. 그곳에서 그는 전자기 장치에 관한 특허 신청서를 심사했다. 그 일은 세상을 시각적으로 이해하는 그의 능력을 자극했고, 그의 표현에 따르면 '이론적 개념이 현실에서 어떤 물리적 결과로 이어지는지를 깨닫게 해주었다.' 그의 이 능력은 훗날 그의 과학적 성취의 핵심이 될 개념적 도약의 토대가 된다.

당시 그는 간신히 직장을 구하긴 했지만, 약혼녀(마리치)와 헤어지라는 가족의 압박에 시달리기도 했다. 그는 아버지가 세상을 떠난 뒤인 1903년에야 그녀와 결혼했다. 1년 뒤 아이가 태어나자 특허청 사무원으로서의 초라한 수입으로 어린 가족을 부양해야 하는 경제적 부담이 더해졌다. 미국의 과학철학자 존 스태철John Stachel은 당시의 아인슈타인이 '심오한 지적 문제를 한가롭고 평온하게 사색하던 학자'가 아니라, 직업적 불안과 개인적 불확실성에 맞서야 했던 사람이었다고 묘사했다.

특수 상대성

이렇게 힘든 생활을 하면서도 아인슈타인은 오늘날 '특수 상대성special relativity' 이론 논문이라 부르는 혁신적인 논문을 발표했다. 이 논문에서 그는 갈릴레오 시대부터 이어져온 상대성 개념을 빛의 성질을 비롯한 모든 물리학 개념으로 확장했다. 물체의 운동 방식과 힘의 상호작용, 즉 역학 법칙은 관찰자가 정지해 있든 일정한 속도로 움직이든 변하지 않는다는 사실은 당시에 이미 확립돼 있었다. 하지만 빛의 성질만은 오랫동안 이 틀에서 벗어난 예외로 남아 있었고, 여전히 풀리지 않는 미스터리였다.

"가능한 것의 한계를 발견하는 유일한 방법은

불가능해 보이는 곳까지 나아가는 것이다."

— 아서 C. 클라크(Arthur C. Clarke)

1676년, 덴마크의 천문학자였던 올레 크리스텐센 뢰머Ole Christensen Roemer는 파리 왕립천문대에서 목성의 대형 위성 중 하나인 이오Io가 목성 뒤로 숨는 식蝕, eclipse 현상을 관측했다. 그는 이 현상이 일어나는 시간이 지구와 목성 사이의 거리(이 거리는 이 두 행성의 태양 주위를 공전하면서 계속 달라진다)에 따라 달라진다는 사실을 알아냈다. 어떤 때는 이오가 예측보다 늦게 목성의 그림자에서 벗어났고, 또 어떤 때는 예상보다 일찍 모습을 드러냈다. 특히 지구와 목성의 거리가 멀어질 때 식이 지연되는 듯했다. 왜 이런 차이가 생길까? 뢰머는 그 이유가 단 하나뿐이라 판단했다. 지구와 목성이 멀리 떨어져 있을수록 목성의 위성(이오)에서 온 빛이 우리에게 도달하는 데 더 오랜 시간이 걸리기 때문이었다. 다시 말해, 이는 빛의 속도가 유한하다는 뜻이었다. 뢰머의 이 관측 기록은 그 사실을 처음으로 입증한 것이었다. 그러나 이 발견이 공간과 시간 그리고 운동에 대한 우리의 이해에 어떤 영향을 미치는지 확실하게 드러난 것은 훗날 아인슈타인에 이르러서였다.

현재 우리는 빛이 초당 30만 킬로미터라는 엄청난 속도로 움직인다는 사실을 알고 있다. 이 속도는 확실히 놀라울 정도의 속도이긴 하지만, 끝없이 펼쳐진 우주에서는 이 속도조차 그리 빠르다고는 할 수 없다. 예를 들어보자. 태양이 내는 빛이 지구에 도달하는 데는 약 8분이 걸린다. 따라서 태양이 어느 순간 빛을 내는 것을 멈춰도 우리는 8분이 지나기 전까지는 그 사실을 전혀 알아차리지 못할 것이다. 같은 이치로, 우리가 밤하늘의 희미한 불씨 같은 별빛을 올려다볼 때, 우리는 실은 아득한 과거를 보고 있는 것이다. 그 별빛은 우주의 기록 보관소이자, 한때 빛났다 지금은 사라졌을지도 모르는 먼 항성들의 흔적이다. 지금 우리의 눈에 닿는 별빛은 인류의 역사가 시작되기도 훨씬 이전, 이 세상에 그것들을 바라볼 존재가 생기기 훨씬 전에 별로부터 떠난 것이며, 그 별들의 움직임에 대한 우리의 기록이 어쩌면 그 별들의 존재를 증언하는 유일한 기록일지 모른다.

빛이 실제로 어떻게 전파되는지 이해하게 된 것은 1865년에 이르러서였다. 영국의 물리학자 제임스 클러크 맥스웰James Clerk Maxwell은 연못 위에 이는 잔물결처럼, 빛 또한 전자기장electromagnetic field의 교란에 불과하다고 제안했다. 당시에는, 소리가 공기나 물 같은 매질을 통해 전달되듯, 빛 또한 전파되기 위해 특정한 매질이 필요하다는 생각이 지배적이었다. '빛을 전달하는' 에테르라고 불린 이 신비로운 매질은 보이지도 감지되지도 않는 물질로, 우주 전체를 가득 채우고 있다고 생각됐다. 하지만 에테르는 그 존재를 밝히려 한 수많은 실험에서도 불구하고 끝내 모습을 드러내지 않았다. 이것이 바로 켈빈 경이 19세기 물리학의 우아함을 가리는 '두 개의 구름' 중 하나로 지목한 문제, 즉 에테르의 부재였다.

이 문제에 대한 아인슈타인의 해법은 아예 에테르라는 개념 자체를 버리는 것이었다. 그는 빛이 보이지 않는 매질을 통해 전파된다고 해서 그 매질을 기준 삼아 측정해야 한다는 전제를 폐기했다. 그에게 물리 법칙은 지구에서든, 목성의 위성들에서든, 일정한 속도로 움직이는 우주선 안에서든 동일하게 적용돼야 했고, 빛 역시 보편적인 물리 법칙의 예외가 될 수 없었다.

에테르 개념을 폐기한 아인슈타인은 진공 속에서의 빛의 속도가 누가 보든 동일하다고, 다시 말해, 관찰자가 아무리 빠르게 빛을 향해 또는 빛으로부터 멀어져도 진공 속에서 빛의 속도는 항상 초당 30만 킬로미터로 동일하게 측정된다고 주장했다. 이는 아인슈타인의 가장 유명한 통찰 중 하나이자, 고전적인 운동 개념으로부터의 급진적인 이탈이었다. 우리의 일상 경험에서는 두 물체가 서로를 향해 움직이면 그 두 물체의 속도가 합쳐지는 것으로 느껴진다. 예를 들어, 누군가가 던진 공을 향해 달려갈 때는 그 공에서 멀어지기 위해 달릴 때보다 그 공이 훨씬 더 빠르게 다가오는 것처럼 보인다.

이 불일치는 어떻게 설명해야 했을까? 아인슈타인은 이 문제로 오랫동안 고심했고, 거의 절망에 이를 정도였다. 그는 친구이자 동료였던 미켈레 베소Michele Besso와 이 문제를 논의하던 가운데 결정적인 깨달음을 얻었다. 1905년 특수 상대성 이론 논문에서 그가 유일하게 감사를 표한 인물이 바로 베소였다. 그 깨달음은 상대성 원리와 빛의 속도가 일정하다는 생각이 양립하려면 무엇인가를 포기해야 한다는 것이었다. 그리고 그 '무엇'은 인류가 오랜 세월 절대적인 것으로 여겨온 공간과 시간의 개념이었다.

◆ ◆ ◆

　속도는 물체가 일정한 시간 동안 이동한 거리로 정의된다. 만약 빛의 속도가 불변이라면, 나머지 두 요소—측정되는 거리(또는 공간)와 경과한 시간—가 변해야 한다. 공간은 수축할 수 없으며, 시간은 느리게 흐를 수 없다는 생각은 우리의 사고 깊숙이 뿌리내린 믿음이다. 그러나 그 믿음을 뒷받침하는 과학적 근거는 없다. 직관에 어긋나고 우리의 모든 경험적 현실과 반대되어 보일지라도, 새로운 현실을 받아들이기 위해서는 이 믿음이 반드시 해체되어야 했다.

　이 새로운 현실은 공간과 시간의 절대성을 근본부터 무너뜨릴 것을 요구했다. 이 현실에서는 공간과 시간이 우주에서 일어나는 사건들의 변하지 않는 배경일 수 없었다. 다시 말해, 이 현실에서는 모든 사람에게 동일한 시간을 나타내는 보편적인 시계도, 삶이라는 연극이 펼쳐지는 고정된 무대도 존재할 수 없었다. 공간과 시간은 서로 독립적인 존재가 아니라, 서로 얽혀 있는 상대적 존재였다. 이 새로운 현실에서는 사건을 기술하는 단 하나의 객관적 관점, 모두가 동의할 수 있는 보편적 '지금now'이 있을 수 없었다. 우리가 시간을 재고 공간을 측정하며 사건의 순서를 정하는 방식은 우리가 얼마나 빠르게 움직이고 있는가에 따라 달라졌다. 한 관찰자에게 동시에 일어나는 사건이 다른 관찰자에게는 서로 다른 시점에 일어날 수도 있었다. 시간은 팽창할 수 있었고, 매우 빠른 속도로 이동하는 사람에게는 더 느리게 흐를 수 있었다. 반대로 거리는 수축할 수 있었으며, 운동 방향으로 짧아질 수 있었다. 우주를 바라보는 단 하나의 절대적인 시점은 존재하지 않았다. 우리의 움직임에 따라 우리가 관찰하고 인식하는 현실이 달라진 것이다.

여기서 중요한 사실은 속도가 극도로 빠를 때만 이런 효과가 드러나기 시작한다는 점이다. 또한, 그 영역은 우리의 직관이 적용되지 않는 영역이기도 하다. 우리는 빛의 속도에 가까운 속도로 움직이는 시스템을 경험해본 적이 없었고, 그토록 빠른 속도를 직접 관찰해 그 결과를 상식의 범주에 통합할 기회도 없었다. 우리가 시속 30킬로미터로 움직이면서 보고 인식하는 세계는 초속 30만 킬로미터로 움직이면서 보고 인식하는 세계와 같지 않다. 호모 사피엔스Homo sapiens가 보고 인식하는 세계가 아원자subatomic 세계와 전혀 다른 것처럼 말이다. 수학과 과학의 언어 덕분에 인류가 인간 경험의 한계를 넘어, 우리의 세계와는 너무나 다른 추상적 영역에서조차 자연의 작동 원리를 추론해낸 것은 놀라운 일이 아닐 수 없다.

과학적 발견의 과정에서는 여러 학자들이 서로 독립적으로 비슷한 개념에 이르는 일이 흔하다. 특수 상대성 이론의 탄생 과정에서도 그 현상은 특히 두드러졌다. 실제로 상대성 이론은 앙리 푸앵카레Henri Poincaré, 헨드릭 로렌츠Hendrik Lorentz, 헤르만 민코프스키Hermann Minkowski 같은 학자들이 닦아놓은 지적 토대 위에서 세워진 것이다. 이들은 각각 상대성 이론에 매우 근접한 아이디어를 제시했으며, 아인슈타인의 이론은 그들의 통찰이 하나로 모여 완전한 형태로 꽂힌 결과로 볼 수도 있다. 하지만 과학사학자 올리비에 다리골Olivier Darrigol은 결정적인 구성 요소들이 이전의 연구들 속에 이미 존재했다는 사실을 인정하면서도 다음과 같이 말했다.

"… 그러나 이들 중 누구도 공간과 시간의 개념을 근본적으로 개혁할 용기를 내지 못했다. 이들 중 누구도 두 가지 공리에 기초한 새로운 운동학kinematics을 상상하지 못했다. 이들 중 누구도 이 새로운 운동학을 바탕으로 로렌츠 변환Lorentz transformations을 도출하지 못했다. 그리고 이들 중 누구도 로렌츠 변환이 지닌 물리적 함의를 온전히 이해하지 못했다. 이 모든 것을 해낸 것은 오로지 아인슈타인이었다."(여기서 두 가지 공리는 특수 상대성 이론의 두 가지 핵심 가정인 광속 불변의 원리와 모든 관성계에서 물리 법칙은 동일하다는 상대성 원리를 뜻한다. 로렌츠 변환은 일정한 속도로 상대적으로 움직이는 두 관성 좌표계 사이에서 시공간 좌표를 변환하는 식이다. 이 수식은 광속이 일정하다는 특수 상대성 이론의 원리를 포함하고 있다.—옮긴이)

검증

특수 상대성 이론의 핵심인, 언뜻 보면 낯설고 이해하기 어려운 시간 팽창time dilation과 길이 수축length contraction 현상은 지금까지 수행된 모든 실험을 통해 실제로 입증됐다.

이 현상을 놀라울 정도로 확실하게 입증한 한 실험에서는 상업용 비행기 두 대에 정밀한 원자시계를 각각 실어, 한 대는 서쪽 방향으로, 나머지 한 대는 동쪽 방향으로 지구를 한 바퀴 돌도록 했다. 원자시계는 세슘 원자의 고유한 진동을 기준으로 극도로 정확하게 시간을 측정하는 장치다. 비행이 끝난 뒤 연구자들은 비행하는 동안 이 두 원자시계에서 각각 흐른 시간을 기준 원자시계인 미 해군 천문대 원자시계에서 측정된 시간과 비교했다. 결과는 놀라웠다. 동쪽으로 비행한 원자시계는 기준 원자시계에 비해 약간 느리게 흘렀다. 지구가 서쪽에서 동쪽으로 자전하기 때문에 지구 자전 속도가 비행 속도에 더해져 이 비행기의 상대 속도가 빨라졌고, 그 결과 시간 팽창 효과가 나타났기 때문이다. 반대로 서쪽으로 비행한 시계는 지상의 기준 원자시계보다 약간 더 빠르게 흘렀는데, 이는 비행기가 지구의 자전 방향과 반대로 움직여 상대 속도가 줄었고, 그만큼 시간 팽창 효과가 약해졌기 때문이다. 이 실험은 '우리는 모두 자신만의 시간을 산다'는 것을 보여준 역사적인 실험이기도 하다.

시간 팽창 효과는 시계에만 국한되지 않는다. 생물학적 과정을 포함한 모든 물리적 과정이 그 영향을 받는다. 예를 들어, 상업용 항공기 조종사는 지상에서 하루 종일 앉아서 일하는 사람과 미세하게 다른 속도로 시간을 경험하게 된다. 다만 그 차이가 너무 미세해 인간이 감지할 수 없을 뿐이다. 만약 우리가 빛의 속도에 상당히 가까운 속도로 이동한다면 우리 몸에서 일어나는 생물학적 과정의 속도가 떨어질 것이고, 그 과정을 우리가 인식하는 속도도 떨어질 것이다. 시간 팽창 효과는 모든 현상에 수반된다. 하지만 우리가 지상에서 경험하는 속도는 대부분 너무 느리기 때문에 시간 팽창이 미치는 영향은 무시할 수 있을 정도로 미미하다.

인류는 오랫동안 3차원의 현실, 즉 공간의 세 차원이 시간 속에서 전개되는 세계에 익숙해 있었다. 그러나 특수 상대성 이론은 우리를 4차원의 세계, 곧 시간이 공간과 분리될 수 없는 또 하나의 차원이 된 세계로 밀어 넣었다. 그 이전의 패러다임 전환이 우리의 직관을 잠시 유보하도록 요구했다면, 이번 전환은 현실 자체를 수학이라는 추상적 언어에 내맡길 것을 요구했다. 4차원 시공간을 시각적으로 상상하는 일은 확실히 미지의 영역에 속하기 때문이다.

시간의 본질에 대해서는 지금도 치열한 철학적 논쟁이 이루어지고 있다. 시간은 실제로 '흐르는' 것일까? 우리의 시간 경험은 어쩌면 주관적 경험에 지나지 않는 건 아닐까? '현재'는 특별한 지위를 지니는가? 아니면 시간의 모든 순간이 같은 차원에 존재하는가? 우리가 인식하는 것처럼 현재는 과거와 미래보다 더 실재적인가, 아니면 그런 인식 자체가 착각일 뿐인가? 이 모든 의문을 제기하게 만든 것이 바로 특수 상대성 이론이다.

　우주를 탐구하며 알게 된 것들

5
중력 개념을 뒤엎다

아인슈타인은 인류가 오랫동안 품어온 공간과 시간에 대한 개념을 해체하고 그것들을 하나의 4차원 시공간으로 엮은 뒤, 이 틀 안에 중력을 어떻게 포함시킬 수 있을지를 탐구했다. 그 노력의 결실이 바로 그의 업적 가운데 가장 위대한 것으로 평가된다.

우리는 세상과 처음으로 관계를 맺기 시작할 때부터, 높은 곳에서 물체를 떨어뜨리면 그것이 아래로 떨어져 땅에 부딪힌다는 사실을 배운다. 또 경험적으로 더 무거운 물체가 가벼운 물체보다 더 빨리 떨어진다고 직관적으로 느끼기도 한다. 깃털과 망치를 동시에 떨어뜨린다면, 대부분의 사람은 당연히 망치가 먼저 땅에 닿을 것이라 예상한다. 실제로 그렇게 보이기도 한다. 그래서 우리는 이 차이가 중력 때문이라고 생각하게 된다. 그러나 사실은 그렇지 않다. 물체가 중력의 영향을 받아 떨어지는 속도는 질량에 비례하지 않는다. 중력의 지배를 받는 모든 물체는 같은 속도로 낙하한다. 공기 저항처럼 깃털을 더 오래 떠 있게 만드는 다른 힘이 전혀 작용하지 않는 환경에서는, 망치와 깃털 모두 정확히 동시에 땅에 떨어진다. 그 사실은 우리의 직관에 정면으로 어긋나는 것으로 보인다. 우리가 일상에서 경험하는 거의 모든 현상이 그 사실을 부정하기 때문이다. 하지만 대부분의 경우에 이는 사물의 움직임에 영향을 미치는 여러 요인들에서 우리가 중력의 효과만을 완전히 분리해 볼 수 없기 때문이다.

이 사실은 17세기에 갈릴레오에 의해 증명됐다. 오늘날 우리는 이 원리를 '자유 낙하의 보편성Universality of Free Fall'이라 부른다. 갈릴레오가 이 증명을 위해 피사의 사탑에서 대포알을 떨어뜨렸다는 이야기가 전해지긴 하지만, 그가 실제로 대포알로 실험을 진행했는지는 논란의 여지가 있다. 확실한 것은 그가 서로 질량이 다른 구슬들을 경사면 위에서 굴려, 질량에 상관없이 같은 속도로 떨어진다는 현상을 확인했다는 사실이다.

중력의 보편성이 가장 극적으로 증명된 것은 그로부터 수 세기 뒤, 지구에서 30만 킬로미터 이상 떨어져 있으며 자체 중력을 가진 천체, 즉 달에서였다. 1971년, 우주비행사 데이비드 스콧David Scott은 아폴로 15호의 마지막 달 표면 탐사에서 '깃털과 망치 실험'을 직접 수행했다. 전 세계 수백만 명이 지켜보는 생중계 속에서 그는 같은 높이에서 동시에 망치와 깃털을 떨어뜨렸고, 예측대로 이 두 물체는 정확히 같은 순간에 달 표면에 닿았다. 달에는 공기가 없어 깃털의 낙하를 늦출 저항이 존재하지 않았기 때문이다. 미국 항공우주국NASA의 보고서에 따르면, 이 결과는 지구에서 지켜보던 수많은 시청자들에게만 안도감을 준 것이 아니었다. 실험을 수행한 우주비행사들에게도 그랬다. 그들의 지구 귀환 여정이 바로 그때 시험 중이던 이 이론의 타당성에 결정적으로 의존하고 있었기 때문이다.

모든 물체가 동일한 속도로 중력의 끌림을 받는다는 사실은 이미 뉴턴의 이론 속에 포함되어 있었다. 그러나 뉴턴이 말한 중력은 즉각적으로 작용하는 힘이었다. 만약 태양이 갑자기 사라진다면, 뉴턴 역학에 따르면 그 영향은 지구에 즉시 전달되어야 한다. 그러나 아인슈타인은 빛의 속도가 우주에서 어떤 것도 넘어설 수 없는 절대적 한계라는 사실을 알고 있었다. 따라서 그는 그 어떤 것도 이 한계를 뛰어넘을 수 없다면, 서로 떨어진 물체들 사이에서 중력의 효과가 거리와 상관없이 즉시 전달될 수는 없을 것이라고 생각했다. 이 생각에 기초해 그는 어쩌면 중력이 우리가 일반적으로 생각하는 힘이 아닌 전혀 다른 실체일 수 있다고 추론했다. 어쩌면 중력은 무언가가 우리에게 작용하는 것이 아니라, 우리가 존재하는 시공간 그 자체의 내재적 성질일지도 모른다고 본 것이다. 그는 자신의 생각을 수학적 수식으로 정리하기 위해 거의 10년에 가까운 세월을 씨름했다. 그리고 마침내 1915년, 일반 상대성 이론의 초석이 된 방정식들을 완성했다.

일반 상대성 이론은 우리가 느끼는 중력이 사실은 거대한 물체들이 만들어내는 시공간의 굴곡이라고 주장한다. 아인슈타인의 방정식은 물질과 에너지가 시공간을 어떻게 휘게 만드는지 묘사한다. 거대한 트램펄린 위에 볼링공을 올려놓았다고 상상해보라. 이때 트램펄린의 천이 바로 공간과 시간을 상징한다. 별이나 행성과 같은 질량을 지닌 모든 물체는 그 트램펄린 위에 올려진 볼링공과 같다. 이 모든 물체들이 그 천을 눌러 시공간을 구부리고 움푹 패게 만드는 것이다. 그리고 그 굴곡curvature이 다른 물체들의 운동을 결정한다. 예를 들어, 지구가 태양 주위를 도는 이유는 태양이 가진 어떤 신비로운 힘을 공간을 가로질러 지구를 끌어당기기 때문이 아니라, 태양의 막대한 질량이 주변 시공간을 왜곡시켜 지구가 그 굴곡을 따라 굴러가듯 움직이기 때문이다. 마치 트램펄린 위에 볼링공을 올려놓으면 주변의 작은 구슬들이 그 굴곡 쪽으로 굴러가는 것과 같다. 따라서 물체가 중력의 영향을 받아 움직이는 것처럼 보이는 것은 실제로는 시공간이 만들어낸 자연스러운 곡선을 따라 물체가 움직이기 때문이다. 물리학자 존 휠러John Wheeler는 이 관계를 다음과 같은 문장으로 깔끔하게 묘사했다.

"물질은 공간에 어떻게 휘어야 하는지를 알려주고, 공간은 물질에 어떻게 움직여야 하는지를 알려준다."

항성이나 행성과 같은 거대한 물체가 자신 주변의 시공간 구조를 휘게 만들면, 그 천체들은 다른 천체들의 운동뿐 아니라 빛의 경로에도 영향을 미친다. 움직이지 않는 절대적인 공간과 시간의 개념을 버리고 그것들을 하나의 시공간으로 통합한 아인슈타인의 일반 상대성 이론은 시공간에 정교한 역동성을 부여했다.

뉴턴의 중력 이론은 200년 넘게 놀라울 만큼 정확하게 들어맞았다. 그 예측의 상당 부분은 일반 상대성 이론의 결과와도 높은 정합성을 보였다. 서로 전혀 다른 개념적 토대 위에서 세워졌음에도 두 이론은 세계를 너무나 비슷하게 설명한다. 중력이 정말로 시공간의 굴곡이 만들어낸 현상이라면 이 혁명적인 새 개념을 어떻게 검증할 수 있을까?

벌컨 행성

1850년대에 위르뱅 르베리에는 천왕성의 궤도에서 나타난 미세한 요동을 분석해 해왕성의 존재를 예측하는 데 성공한 뒤, 그 영광을 뒤로하고 태양에 가장 가까운 행성인 수성에 주목했다. 그는 수성이 태양에 가장 가깝게 접근할 때 그 궤도의 방향이 100년마다 아주 미세한 각도로 예상 방향에서 벗어나고 있음을 발견했다. 그 변화는 극히 미세했지만, 당시 알려진 뉴턴 역학이나 다른 행성들의 중력만으로는 설명할 수 없는 현상이었다. 이 관측 결과에 기초해 르베리에는 수성 역시 태양에 더 가까운, 아직 발견되지 않은 어떤 행성의 인력을 받고 있을지도 모른다고 추측했다. 그는 태양 빛에 휩싸여 눈에 띄지 않는 그 가상의 행성에 로마 신화에 나오는 불의 신 이름을 따서 '벌컨Vulcan'이라 명명했다.

이후 수십 년 동안, 수많은 아마추어와 전문 천문학자들이 모두 이 새로운 행성을 관찰했다고 보고했다. 그들은 벌컨이 태양의 밝은 표면(원반) 앞을 가로지르는 모습을 관측하려 하거나, 태양 근처의 천체들이 더 잘 보이는 일식 때 그 행성의 흔적을 찾고자 했다. 하지만 태양의 눈부신 광휘 때문에 이런 관측은 극도로 어려웠다. 실제로 관측자들은 태양 앞에서 보이는 대상이 태양 앞을 가로지르는 행성인지, 태양의 흑점인지 혹은 행성이 아닌 다른 천체인지 구별하기가 매우 어려웠다. 일부 관측 결과는 서로 모순되기까지 했다. 따라서 벌컨 행성이 존재한다는 주장을 뒷받침할 만한 일관되고 설득력 있는 증거는 끝내 제시되지 못했다.

1915년 아인슈타인이 일반 상대성 이론의 완성을 눈앞에 두었을 때, 그는 이 새로운 이론이 실제로 타당한지를 검증하기 위해, 수성의 궤도에서 관측된 이상 현상을 설명할 수 있는지를 시험해보고자 했다. 그는 일반 상대성 이론의 복잡한 계산을 이 문제에 적용한 끝에, 수십 년 동안 풀리지 않았던 작지만 지속적인 불일치가 자신의 이론으로 정확히 설명된다는 사실을 깨달았다. 아인슈타인은 그 기쁨을 친구 파울 에렌페스트Paul Ehrenfest에게 보낸 편지에서 이렇게 표현했다.

"내 방정식이 수성의 운동을 정확히 산출한다는 결과를 얻었을 때의 기쁨을 상상해봐. 며칠 동안 나는 기쁨과 흥분을 감당할 수 없을 정도였어."

실제로 이 검증은 그의 이론이 초기에 받아들여지는 데 큰 역할을 했다.

별빛의 휘어짐

아인슈타인은 중력을 시공간이 휘어지는 현상으로 다시 정의했다. 이 대담한 발상은 실험이나 관측으로 실제 검증이 가능한 구체적인 예측들을 제시했고, 그 예측들은 그의 혁명적 이론을 입증하는 강력한 근거가 됐다. 일반 상대성 이론에 따르면, 질량이 없는 빛조차 휘어진 시공간의 윤곽을 따라 움직이며, 거대한 별 옆을 스쳐 지나갈 때 그 경로가 아주 미세하게 휘어진다. 그렇다면 이 예측을 어떻게 검증할 수 있었을까? 방법은 비교적 간단했다. 지구 근처에서 가장 큰 중력을 지닌 거대 항성이자 태양계의 중심에 자리한 태양을 이용해, 태양보다 먼 곳에서 오는 먼 별빛이 그 중력에 의해 휘어지는지를 관측하는 것이었다. 다만 태양은 너무 밝아 평소에는 이런 관측이 불가능하므로, 태양이 달에 가려지는 일식의 순간을 기다려야 했다.

그러나 1914년에 전쟁이 발발하면서 상황은 급변했다. 이전까지 국경을 넘어 협력하던 과학자들은 순식간에 적대국의 과학자들이 되어 갈라졌고, 그로 인해 서로 소통하지 못하게 되면서 서로

간에 불신이 커졌다. 과학 연구에 필수적인 정보 교환이 극도로 억제된 상황이 된 것이었다. 예를 들어, 독일 천문학자 에르빈 프로인들리히Erwin Freundlich는 크림반도에서 일식을 관측하기 위해 탐사 여행을 계획했지만, 곧 러시아 당국에 체포되어 장비까지 압수당했다. 당시에는 여러 차례의 일식 관측 기회가 있었음에도 실제 관측은 전쟁 때문에 무산됐다. 그럼에도 이 급진적인 이론은 영국의 천체물리학자 아서 에딩턴Arthur Eddington의 관심을 사로잡았다. 전쟁이 끝난 뒤, 1919년 5월 29일의 개기일식은 마침내 이론을 검증할 절호의 기회를 제공했다. 영국 왕립천문학자 프랭크 다이슨Frank Dyson의 지휘 아래 관측 원정대가 조직됐고, 에딩턴은 서아프리카 연안의 프린시페Príncipe 섬으로 향하는 팀을 이끌었다. 또 다른 팀은 브라질의 소브랄Sobral로 향했다. 두 지역 모두 개기일식 경로 위에 있었고, 접근성이 높으며 기후 조건도 좋았다. 이 두 팀 중 최소한 한 팀은 맑은 하늘을 만날 확률이 높았다.

관측의 목적은 달이 태양의 밝은 표면(원반) 위로 그림자를 드리워 그 빛을 가릴 때 태양 주변 별들의 위치를 사진으로 기록하는 것이었다. 아인슈타인의 이론에 따르면 태양처럼 거대한 질량을 지닌 천체는 시공간을 휘게 만들어, 그 주변을 지나는 별빛의 경로를 휘게 한다. 따라서 태양이 별빛의 경로 위에 있을 때 별의 겉보기 위치는 그렇지 않을 때보다 일정한 양만큼 이동해 보이게 된다. 뉴턴 역학 또한 미세한 위치 변화가 있을 것이라 예측했지만, 그 값은 훨씬 작았다. 연구팀은 일식 중에 촬영한 별들의 정확한 위치를 평상시 하늘에서의 알려진 위치와 비교함으로써, 그 결과가 두 이론 중 어느 쪽과 일치하는지를 검증할 수 있었다. 수천 년 전 바빌로니아인들이 왕의 운명을 점치기 위해 초조하게 일식을 기다렸다면, 이제 인류는 중력에 대한 우리의 이해가 어떻게 바뀔지 알아내기 위해 그 순간을 기다리고 있었다.

전쟁은 이론 검증의 진전을 지연시켰지만, 그만큼 과학계뿐 아니라 대중의 기대감까지 더욱 고조시켰다. 상대성 이론을 시험하기 위해 떠난 원정에는 드라마와 긴장감이 뒤따랐고, 그 결과는 1919년 11월에 발표됐다. 태양의 중력에 의해 별빛이 휘어지는 현상은 아인슈타인의 예측과 정확히 일치했으며, 뉴턴의 모델과는 달랐다. 이 획기적인 검증은 과학사에 길이 남을 기념비적인 사건이었고, 우주에 대한 우리의 이해를 송두리째 바꾸어놓은 패러다임 전환이었다. 그리고 이 사건은 아인슈타인을 단숨에 세계적인 명성의 중심으로 끌어올렸다. 익숙했던 중력 개념이 도전을 받아 뒤집히는 과정은 전 세계의 관심을 사로잡았고, 신문 1면마다 '과학의 혁명', '뉴턴 이론이 무너졌다', '새로운 우주 이론', '뒤틀린 공간'이라는 제목이 쏟아졌다. 전쟁의 어둠이 아직 걷히지 않았던 그 시기에, 영국 과학자가 독일 물리학자의 이론을 화려하게 입증했다는 이야기는 분열된 세상에 협력의 상징으로 울려 퍼졌다. 그것은 인간의 경이로움이 얼마나 쉽게 경계와 적대감을 넘어설 수 있는지를 보여주는 증거였다.

별의 죽음

이 초기의 성공 이후로 일반 상대성 이론은 수많은 실험을 통해 엄격한 검증을 견뎌냈다. 이 이론은 관측이 극도로 어려운 여러 현상에 대해 매우 구체적인 예측을 내놓았고, 그 예측들은 이제 실험적으로 입증됐다. 그 현상들은 그때까지 이론적 구성물에 머물러 있던, 우주에서 가장 폭력적이고 격변적인 사건들과 관련되어 있다. 또한, 이 현상들의 상당수는 별의 죽음과 깊은 관련이 있다.

별은 수소가 풍부한 성운 속에서 가스와 먼지가 모이면서 태어난다. 중력이 이 가스와 먼지를 모아 서로 끌어당기게 하고, 그 결과로 응축이 일어나 별의 씨앗이 형성된다. 이 먼지 구름이 붕괴하면서 점점 뜨거워지고 밀도가 높아지다가, 마침내 중심부가 핵융합이 일어날 만큼 뜨겁고 조밀해진다. 수소 핵이 서로 융합해 헬륨을 만들어내는 이 과정이 시작되면서 별은 비로소 '켜진다switches on'. 별빛은 우주를 불태우듯 환하게 밝히고, 그 복사열은 주변을 따스하게 데운다.

모든 별이 이런 방식으로 태어나지만, 그 수명과 죽음의 방식은 태어날 때 지녔던 질량에 따라 크게 달라진다. 질량이 클수록 별은 더 밝게 타오르고, 더 밝게 탈수록 연료를 더 빠르게 소모하며, 그만큼 더 짧고 격렬한 최후를 맞이한다. 이러한 거대 질량의 별들은 대개는 강력한 폭발로 생을 마감한다. 그 마지막 순간의 격렬함은 실로 경악스러워, 어떤 별들은 자신의 죽음을 우주의 무대 위에서 스스로 알린다. 그 눈부신 섬광과 여파는 수십억 광년 떨어진 곳에서도 볼 수 있고 느낄 수 있다. 바로 이 극한적 사건의 영역에서 아인슈타인의 이론은 뉴턴 역학과는 다른 예측을 내놓으며 다시 한 번 위력을 드러냈다.

별은 생애에서 가장 길고 안정적인 시기를 보내면서, 지금의 태양처럼 수십억 년에 걸쳐 찬란히 빛난다. 이렇게 별이 오랫동안 빛날 수 있는 것은 두 힘의 섬세한 균형을 이룬 덕분이다. 그 두 힘은 막대한 에너지를 방출하며 바깥으로 밀어내는 핵융합의 힘 그리고 그 모든 것을 안으로 끌어당기려는 중력의 힘이다. 이 두 힘이 끊임없이 맞서는 싸움 속에서 별은 안정적으로 평형 상태를 유지한다. 지구에서 수십억 년에 걸쳐 진화해온 복잡한 생명체들 또한 바로 이 온화하고 성실한 태양의 꾸준한 안정성에 빚지고 있다.

모든 수소가 고갈되어 더 이상 융합할 수 없게 되면, 별들은 서로 다른 방식으로 생을 마감한다. 질량이 작은 별의 경우 연료를 다 소모하면 중력이 우세해져 별의 핵을 압축하고 수축시킨다. 그러면 헬륨 핵의 융합이 일어나 더 무거운 원소가 만들어지고, 그 과정에서 별의 외층이 바깥으로 밀려나 별은 '적색거성red giant'으로 부풀어 오른다. 그러나 별의 핵은 완전히 붕괴하지는 않는다. 별을 이루는 원자 속 전자들이 중력의 압력에 저항하기 때문이다. 결국 압축은 멈추고, 별은 '백색왜성white dwarf'이 된다. 이는 별의 죽은 잔해로, 예를 들어 태양 질량의 절반이 지구 크기 정도의 부피에 응축된, 극도로 조밀한 천체다. 이런 백색왜성은 수십억 년에 걸쳐 서서

"우리는 우주에서 길을 잃은 존재가 아니라,

우주 속에서 집을 찾고 있는 존재다."

— 어슐러 르 귄(Ursula K. Le Guin)

히 식어간다. 이것이 바로 우리 태양이 맞이하게 될 최후의 운명이다. 약 50억 년 후 태양은 적색거성으로 부풀어, 지구를 포함한 내행성계의 행성들을 삼킬 만큼 거대해질 것으로 예상된다.

태양보다 훨씬 거대한 별들은 훨씬 더 격렬한 방식으로 생을 마감한다. 수소 연료를 모두 소모해 더 이상 탈 것이 남지 않으면, 중력이 별의 핵을 극도로 작은 부피로 압축하며 엄청난 밀도로 짓눌러버린다. 그러면 별은 연료로 헬륨을 태우기 시작하고, 탄소, 산소 그리고 마침내 철iron에 이르기까지 점차 더 무거운 원자핵을 만들어낸다. 핵이 완전히 철로 채워지면 더 이상 융합으로 에너지를 낼 수 없고, 불과 몇 초 만에 핵은 붕괴한다. 그 순간 엄청난 충격파가 방출되어 별의 외층을 폭발시키며, 거대한 폭발이 일어난다. 이렇게 폭발하는 별이 바로 초신성supernova이다. 이 폭발의 위력과 광도는 실로 어마어마해서 수억 개의 태양을 합친 것보다도 더 밝게 수개월 동안 빛나며, 폭발 뒤에 남은 빛나는 가스 구름의 잔해는 수만 년 동안 사라지지 않는다.

이런 격변의 용광로 속에서 주기율표상에서 철보다 무거운 모든 원소―금, 우라늄, 백금까지―가 합성된다. 지구의 생명체를 구성하는 원소를 포함해 우리를 이루는 모든 물질은 오래전에 죽어간 별들의 폭력적인 최후 속에서 만들어졌다. 우리와 우리를 둘러싼 모든 구조를 이루는 이 무거운 원소들은 이런 극한의 온도와 압력 속에서 탄생한 것이다.

태양 질량의 약 8배를 조금 넘는 별의 경우, 초신성 폭발의 최종 결과는 태양 질량의 약 1.4배가 고작 20킬로미터 정도의 영역에 응축된 초고밀도 핵이다. 이때 원자핵 바깥에 있던 전자들은 중력의 압도적인 힘에 저항하지 못하고 핵 내부로 밀려들어가 양성자와 결합해 중성자neutron를 형성한다. 이렇게 해서 오직 중성자로만 이루어진 핵이 남게 되며, 이를 중성자별neutron star이라 부른다.

태양 질량의 20배를 넘는 거대한 별의 경우에는 핵붕괴가 훨씬 더 극단적으로 진행되어, 한때는 터무니없는 가설로 여겨졌던 천체—블랙홀black hole—를 만들어낸다. 1916년, 제1차 세계대전 중 동부 전선에 배치되어 있던 독일 물리학자 카를 슈바르츠실트 Karl Schwarzschild는 아인슈타인의 일반 상대성 이론의 장 방정식field equations에 대한 최초의 정확한 해를 도출했다. 그 해는 구형 질량 주위의 중력장을 기술하며, 중력이 시공간을 무한히 휘어지게 만들 정도로 밀도가 극단적으로 높은 가상의 천체가 존재할 수 있음을 예측했다. 이러한 무한한 곡률은 특이점singularity이라 불리며, 그 주위를 둘러싼 임계 반경 안에서는 중력의 세기가 너무 커서 빛조차 빠져나올 수 없다. 이 경계가 바로 되돌아갈 수 없는 지점, 오늘날 우리가 블랙홀이라 부르는 천체의 '사건의 지평선event horizon'이다.

처음에 블랙홀은 완전히 추상적인 개념으로 여겨졌지만, 수십 년에 걸친 이론적 연구는 그 존재의 타당성을 점점 더 강력하게 뒷받침했다. 이후의 관측들은 블랙홀이 단지 수학적 가설이 아니라, 실제로 우주 곳곳에 숨어 있는 실재임을 보여주었다. 1970년대의 X선 관측에서는 먼 항성계에서 물질을 집어삼키는 '블랙홀'의 존재를 암시하는 신호가 처음 포착됐다. 그리고 거대한 별의 붕괴만이 블랙홀을 만들어내는 유일한 경로는 아닌 듯하다. 오늘날 과학자들은 대부분의 은하 중심에는 블랙홀이 존재한다고 보고 있다. 은하 중심부의 별들이 높은 밀도로 모여 서로 끌어당기고, 충돌하며, 결국 합쳐져 붕괴함으로써 거대한 블랙홀이 형성된다는 것이다. 이들 중 일부는 이미 수십억 개의 별을 삼켜버린 것으로 추정된다. 우리 은하의 중심에도 태양 질량의 약 400만 배에 해당하는 거대한 블랙홀이 자리하고 있음이 확인됐다.

중력의 메신저

아인슈타인의 이론이 내놓은 또 하나의 예측이 있다. 거대한 질량을 지닌 천체가 매우 빠른 속도로 움직일 때 시공간을 뒤흔들어 그 구조 속에 일렁이는 '파동'을 만들어낸다는 것이다. 이 파동들은 빛의 속도로 전파되며, 발생 지점을 중심으로 모든 방향으로 퍼져나간다. 블랙홀들의 충돌이나 거대한 별의 폭발적인 죽음처럼 격렬한 고에너지 사건이 이런 파동을 만들어낸다. 파동이 강할수록 지구에 도달해 감지될 가능성도 높아진다. 그리고 이 파동에는 그 기원의 흔적과 그것이 지나온 시공간의 성질이 새겨져 있을 것이다.

이런 시공간 교란은 1916년에 이미 예측됐지만, 이를 탐지하기 위해서는 극도로 정밀한 관측 장비가 필요했고, 그런 기술은 수십 년이 지나서야 가능해졌다. 1974년, 천문학자 러셀 헐스Russell Hulse와 조지프 테일러Joseph Taylor는 푸에르토리코의 아레시보 전파망원경Arecibo Radio Observatory을 이용해 맥동하는 별들을 체계적으로 관측하던 중 특이한 펄서pulsar를 발견했다. 이 펄서가 내는 규칙적인 신호는 가까운 곳에 비슷한 질량을 가진 쌍성(동반성 또는 짝별)이 존재함을 암시했다. 관측 결과에 따르면 이 두 별은 각각 태양과 맞먹는 질량을 지니면서도 직경이 수십 킬로미터에 불과한 초고밀도 천체였으며, 서로를 매우 빠르고 가깝게 돌고 있었다. 바로 이런 종류의 쌍성계야말로 일반 상대성 이론이 '중력파gravitational waves'의 형태로 에너지를 방출할 것이라고 예측한 시스템이었다.

헐스와 테일러는 수년에 걸쳐 이 쌍성계를 관측한 끝에, 두 별이 점점 더 빠르게 회전하며 서로의 궤도를 좁혀가고 있음을 확인했다. 그들은 궤도 변화율을 계산했고, 그 결과는 일반 상대성 이론이 예측한 값과 놀라울 정도로 정확히 일치했다. 서로를 빠르게 돌면서 에너지를 잃고 점점 서로에게 다가가는 이 두 별은 중력파의 존재를 강하게 시사했지만, 이는 여전히 간접적인 증거였다. 그때까지는 그 파동 자체가 직접 관찰되지 않았기 때문이다.

그러다 이 이론이 처음 제시된 지 거의 한 세기가 지난 2015년, 마침내 시공간 속 가장 미약한 잔물결에 대한 결정적이고 직접적인 증거가 최초로 관측됐다. 미국의 두 지점(워싱턴과 루이지애나)에 수천 킬로미터를 두고 설치된 두 개의 검출기로 이루어진 레이저 간

섭계 중력파 관측소LIGO, Laser Interferometer Gravitational-wave Observatory에서였다. 10억 광년이 넘는 거리에서 시공간의 구조를 뒤흔드는 충돌이 일어난 사실이 확인된 순간이었다. 태양 질량의 각각 36배와 29배에 달하는 두 블랙홀이 충돌해 하나로 합쳐진 것이었다. 그 충돌의 흔적은 시공간을 13억 년 동안 여행한 끝에 지구에 도달했지만, 관측 당시에는 이미 거의 감지 불가능할 만큼 미세해져 있었다. 이를 포착하기 위해 LIGO는 원자핵의 1만 분의 1에 불과한 시공간의 요동을 감지할 수 있어야 했다. 중력파를 탐지하기 위해 요구되는 정밀도의 수준이란 그만큼 상상을 초월하는 것이다.

이 기념비적인 발견은 그 후 이어질 많은 발견의 서막이었다. 그 짧은 시간 동안 우리는 무려 수십 건의 천체 간 충돌로부터 남겨진 진동을 감지했다. 중력파는 아인슈타인의 대담한 이론을 장엄하게 입증했을 뿐 아니라, 인류가 우주를 바라보는 완전히 새로운 창을 열어주었다. 우리는 이제 시공간의 잔물결을 통해 수십억 광년 너머에서 벌어지는 극적인 사건들을 '듣고' 있다. 중력파는 우리가 우주를 관측하고 그려내는 도구의 범위를 확장시켰으며, 보다 풍부하고 역동적인 우주의 초상을 그릴 수 있게 했다. 이 새로운 도구가 앞으로 또 한 번의 혁명적 발견으로 우리를 이끌게 되더라도, 그건 전혀 놀라운 일이 아닐 것이다.

고전 물리학의 종말?

아인슈타인이 휘어진 시공간 연속체라는 개념으로 공간과 시간, 중력에 대한 고전적 관념을 완전히 뒤집어놓았을 때, 그의 이론은 뉴턴 역학의 종말을 의미한 것이었을까? 그렇지는 않았다. 뉴턴 역학은 여전히 많은 경우에 정확하게 작동하며, 일상적인 현상이나 천문학적 계산에도 놀라운 정밀도로 적용할 수 있다. 다만 그 이론이 무너지는 지점은 극한의 영역이다. 별빛의 미세한 휘어짐이나 수성 궤도의 미묘한 흔들림처럼 극도로 정밀한 관측에서만 두 체계 중 하나가 승리의 깃발을 올릴 수 있었다. 그러나 진정 불안했던 점은 새로운 이론이 단지 기존 이론의 정확성을 높인 데 그치지 않고, 그 근본을 송두리째 흔들었다는 사실이었다. 이 과학적 각성은 우리에게 하나의 교훈을 남겼다. 아무리 완벽하게 검증되고 무수한 현상을 설명해온 세계관이라도, 어느 날 갑자기 냉정하게 폐기될 수 있다는 것이다.

이와 관련해 영국 철학자 브라이언 매기Bryan Magee는 《철학자의 고백Confessions of a Philosopher》에서 이렇게 말했다.

"우리가 직면해야 했던 것은 뉴턴의 법칙이 놀라운 성공을 거두었음에도 불구하고, 그것은 결국 '자연의 법칙'이 아니라 '뉴턴의 법칙'이었다는 불편한 진실이었다."

몇백 년 동안 뉴턴의 법칙들은 단순히 우주를 이해하게 해주는 이론적 원리로만 머무르지 않았다. 우리는 그 탁월한 우아함을 찬미했을 뿐 아니라, 엄밀한 검증을 거듭했고, 그 위에 거대한 산업과 문명을 세웠다. 뉴턴의 법칙들은 천체와 지상의 물체가 움직이는 방식을 놀라울 만큼 정확히 설명하고 예측했다. 바다의 조석 현상을 설명했으며, 존재조차 몰랐던 행성들의 위치까지 정확히 예측해냈다. 그러나 고전적 세계관 위에 세워진 이 거대한 체계는 그 체계와 구조적으로 양립할 수 없는 대담하고 정밀한 새로운 주장들 앞에서 무너져 내렸다.

뉴턴 물리학은 우리에게 해왕성을 찾아야 할 하늘의 정확한 위치를 가리켜주었다. 실제로 우리는 그 이론이 예측한 거의 그 자리에서 해왕성을 발견했다. 수성의 공전 궤도에서 관측된 불일치에 대해서도 우리는 뉴턴 물리학을 적용했다. 뉴턴의 이론이 옳다고 가정하고, 그 원인이 또 다른 미지의 행성에 있을 것이라 생각한 것이다. 하지만 이번에는 사정이 달랐다. 수 세기 동안 지배적이었던 이론 자체를 통째로 교체해야 하는 상황이 찾아온 것이었다.

카를 포퍼Karl Popper 같은 철학자들에게, 뉴턴의 법칙이 수정될 수밖에 없다는 사실은 우리가 어떤 경우에도 어떤 것을 객관적이고 영원한 진리라고 말할 수 없다는 생각을 강력히 뒷받침해주는 증거였다. 확실성을 향한 근대적 욕망은 본질적으로 잘못된 것이었다. 확실성이라는 우상을 숭배하는 일은 실체도 없고, 논리적으로도 도달할 수 없는 환상을 향해 제단 앞에 엎드리는 일과 다르지 않았다. 우리가 진리라고 여기는 자연법칙들조차 절대적으로 옳다고 단언할 수는 없었다. 우리는 더 정확하고 이해 가능한 진리에 다가가려 애쓸 수 있을 뿐, 절대적 진리에 도달했다는 사실을 검증할 방법은 없다. 인간의 지식은 어디까지나 인간의 것이며, 따라서 본질적으로 오류를 피할 수 없기 때문이다. 우리의 모든 이론은 단지 일정한 시간 동안 자연의 겉모습을 근사적으로 설명할 수 있을 뿐이며, 언제든 수정될 수 있는 가설에 불과하다. 뉴턴의 사례는 그 사실을 극적으로 입증했다.

뉴턴의 법칙을 구성하는 혁신적인 생각들은 자연 속에 본래 새겨져 있다가 어떤 천재가 그것을 발견하기만을 기다리고 있던 것이 아니었다. 그것들은 인간의 정신이 만들어낸 산물이었으며, 우리가 자연의 작동 방식에 질서를 부여하기 위해 선택한 하나의 표상이었다. 따라서 더 나은 설명을 제시하는 또 다른 표상이 등장하자 그 생각들은 근본적으로 뒤집혔다. 이러한 과정 속에서 과학이 세계를 사유하는 하나의 방식으로서 지닌 힘이 드러났다. 뉴턴 물리학의 전복은 과학이 스스로를 수정하며 반증 가능성을 끝까지 열어 두는 사유 체계임을 보여주는 단적인 사례였다.

6
물질의 법칙

수천 년 전, 고대 그리스인들은 관찰과 논증으로 세계를 탐구하기 시작하며, 겉보기에 혼돈과 복잡함으로 가득한 우주 속에서도 근본적인 질서가 존재한다고 확신했다. 또한, 그들은 그 질서가 인간의 이성적 탐구를 통해 이해할 수 있는 합리적 법칙들 위에 세워져 있다고 믿었다.

세계의 실체를 이해하기 위해 그리스인들은 우주의 기원으로 거슬러 올라가는 지적 여정을 시작했다. 그들은 만물의 근원, 다시 말해 모든 것의 기원이 된 원재료가 무엇인지 밝히려 했다. 기원전 5세기 무렵, 철학자 데모크리토스**Democritus**는 스승 레우키포스**Leucippus**가 제시한 물질론적 세계관을 발전시켜, 초자연적 개입이나 목적적 설계를 배제한 채 물질과 운동만으로 우주를 설명하고자 했다. 그 결과, 그들은 우주가 아무것도 존재하지 않는 '공허void'와 무한히 많고 더 이상 나눌 수 없으며 파괴되지 않는 입자들로 이루어져 있다는 놀라운 통찰에 이르렀다. 그리스어로 '아토모스atomos'라 불린 이 입자들은 모양과 크기, 배열과 위치가 서로 달랐으며, 공허 속에서 끊임없이 무작위로 움직이다가 때로는 충돌하거나 결합해, 바위, 나무, 인간, 동물 같은 다양한 존재들을 만들어낸다고 생각됐다. 또한, 그들은 아토모스 자체는 영원하지만, 아토모스들로 구성되는 정교한 물질들은 일시적으로만 존재한다고 생각했다. 따라서 인간이 경험하는 세계는 일시적이며 언제든지 해체될 수 있는 것이었다. 즉, 인간과 그 주변의 모든 것을 구성하는 아토모스들은 언젠가 흩어지고, 인간이 우주로부터 잠시 빌려 쓰던 그 입자들은 다시 우주로 돌아가 새로운 존재를 이루기 위한 여정을 계속하게 될 것이라고 그들은 생각했다.

혼돈 속에서 질서를 찾거나, 복잡함 속에서 대칭을 발견하거나, 자연 세계의 눈부신 다양성 아래 숨어 있는 통일성을 찾아내려는 이러한 충동은 인간에게 본질적으로 내재된 것이다. 이 성향은 이후 모든 과학적 탐구의 근본이 되어왔다. 우주를 설명하는 통일 이론을 추구하든, 모든 생명체가 비롯된 최초의 조상을 찾으려 하든, 그 열망은 언제나 같은 뿌리에서 비롯된다.

물질의 구조

복잡한 물질세계를 구성하는 기본 단위를 설명하려 한 그리스 인들의 시도는 훗날 우리가 도달하게 될 원자 모형atom model을 이미 내다본 놀라운 통찰에 기초한 것이었다. 하지만 그 생각은 오래지 않아 아리스토텔레스의 비판에 직면하게 된다. 그에게 아토모스가 변하지 않는다는 생각은 물질의 본질, 즉 변화하고 변형될 수 있는 능력과 모순되는 것이었다. 아리스토텔레스는 물질이 공허 속을 움직이는 아토모스로 이루어져 있는 것이 아니라, 네 가지 기본 원소— 흙, 물, 공기, 불—로 구성되어 있다고 봤다. 그는 각각의 원소가 본래 있어야 할 자리로 향하려는 성질을 가지고 있으며, 자연적 과정을 통해 서로 다른 원소로 변화할 수 있다고 봤다. 또한, 그는 이런 변화가 우연에 따른 것이 아니라 사물 안에 내재된 목적과 원인에 따라 이루어진다고 생각했다. 이 사유 체계를 목적론teleology이라 부른다. 이와는 대조적으로, 그에게 천상의 영역은 다섯 번째 원소인 에테르, 즉 부패하고 변화하는 지상의 네 원소와 달리 변하지 않는 신성한 물질로 가득 찬 곳이었다.

질서와 목적론을 중시한 아리스토텔레스의 세계관은 토마스 아퀴나스의 영향력 있는 저작을 통해 기독교 신학에 통합됐고, 우주의 근본적 실체를 해석하는 중심적 사유 체계로서 중세 전반에 걸쳐 영향력을 미쳤다.

아리스토텔레스의 4원소설four-element model은 연금술사들에게도 깊은 영감을 주었다. 그들은 이 네 가지 기본 원소가 서로 변환될 수 있다고 믿었고, 납 같은 비금속卑金屬, base metal(귀금속이 아닌 금속)을 금으로 변화시키기 위해 비밀의 장막 속에서 끊임없이 실험을 이어갔다. 그들이 찾아내고자 했던 '현자의 돌philosopher's stone(모든 금속을 금으로 바꾸고 영원한 생명을 준다고 연금술사들이 믿었던 신비한 물질―옮긴이)'은 끝내 발견되지 않았다. 그럼에도 그들이 끊임없이 반복한 실험―물질을 갈고, 섞고, 증류하고, 가열하는 작업―을 통해 발전시킨 기술들은 비록 조악했지만 훗날 화학의 성숙을 예고하는 것이었다.

18세기 후반에 이르러, 고대로부터 이어져오던 4원소설은 연이은 과학적 발견의 물결 속에서 그 근간이 무너지기 시작했다. 1774년, 영국의 화학자 조지프 프리스틀리Joseph Priestley는 훗날 산소oxygen로 명명된 기체를 분리해내며, 그 물질이 4원소설의 네 가지 원소 가운데 어느 하나로도 환원될 수 없는 독립된 물질임을 입증했다. 1789년, 훗날 '근대 화학의 아버지the father of modern chemistry'로 불리게 되는 프랑스의 화학자 앙투안 라부아지에Antoine Lavoisier는 프리스틀리의 발견을 바탕으로 물이 근본적인 원소가 아니라 수소와 산소로 분해될 수 있음을 증명했다. 그는 이 두 물질이 더 이상 단순한 성분으로 분해되지 않는다는 점을 들어, 그것들을 진정한 의미의 원소로 분류했다. 또한, 그는 자신이 발견한 '질량 보존의 법칙law of conservation of mass'에 따라, 물질은 화학반응 중 새로 생성되거나 소멸하지 않고 단지 형태만 바뀔 뿐이라고 주장했다. 이 법칙은 모든 화학반응 과정에서 질량을 유지한 채 변함없이 존재하는, 아직 밝혀지지 않은 어떤 근본적인 물질 단위가 있어야 한다는 점을 강하게 시사했다.

라부아지에는 화학에 혁명을 일으켰지만, 그가 살던 프랑스에는 또 다른 종류의 혁명이 휘몰아치고 있었다. 프랑스 혁명의 격랑 속에서 그는 왕을 대신해 세금을 징수한 경력과 귀족 출신이라는 이유로 혁명 세력의 분노를 한 몸에 받았고, 결국 1794년 단두대에서 생을 마감했다. 이 위대한 지성의 비극적 최후를 지켜본 수학자 조제프 라그랑주Joseph Lagrange는 "그들은 한순간에 그의 머리를 잘랐지만, 그와 같은 인물을 다시 만들어내려면 100년도 모자랄 것이다"라고 탄식했다.

이러한 흐름은 19세기 초, 영국 화학자 존 돌턴John Dalton의 원자론으로 이어졌고, 그의 이론은 현대 원자론의 초석이 됐다. 화학반응에서 원소들이 일정한 비율로 결합하는 일관된 패턴에 매료된 돌턴은 물질을 구성하는 '궁극의 입자ultimate particle'로 원자를 정의했다. 그가 상상한 원자는 끊임없이 불규칙하게 움직이는, 극도로 작아 더 이상 쪼갤 수 없는 단단한 당구공 모양의 구체였다. 또한, 그는 같은 원소를 이루는 원자들은 모두 동일한 종류이며, 서로 다른 원소를 이루는 원자들은 그 종류가 다르다고 봤다. 그는 이렇게 서로 다른 종류의 원자들이 일정한 비율로 결합해 화합물을 만든다고 생각했다.

이처럼 돌턴의 이론이 물질의 기본 단위를 설명하는 토대를 마련하자, 과학자들은 점점 더 많은 원소를 발견하고 그 성질을 규명하기 시작했다. 그 결과, 이 다양한 원소들의 특성을 체계적으로 이해하고 정리하기 위한 새로운 분류의 틀이 필요하게 됐다.

◆ ◆ ◆

시베리아의 한 작은 마을에서 태어난 드미트리 멘델레예프 **Dmitri Mendeleev**는 14남매 중 막내였다. 그의 아버지는 그가 어렸을 때 세상을 떠났지만, 의지가 강하고 적극적이었던 그의 어머니는 일찍부터 나타난 그의 비범한 재능에 걸맞은 교육을 받게 하려고 혼신의 노력을 다했다.

그녀는 막내아들을 상트페테르부르크의 대학에 입학시키기 위해 몇천 킬로미터나 떨어진 곳으로 가족을 이끌고 이사했지만, 그 얼마 뒤 결핵으로 세상을 떠나고 말았다. 하지만 그는 평생 어머니의 희생에 깊이 감사하며, "환상에 속지 말고, 말이 아니라 일에 힘쓰며, 신의 진리와 과학의 진리를 인내심으로 탐구하라"라는 어머니의 유언에 평생 충실했다. 세월이 흐른 뒤 그는 자신의 박사 학위 논문을 어머니에게 헌정하면서 이렇게 썼다.

"과학이라는 사명을 내게 주기 위해 어머니는 나와 함께 시베리아를 떠나셨다. 그렇게 어머니는 남은 모든 자원과 힘을 나를 위해 쏟아부으셨다."

1869년 어느 날, 멘델레예프는 치즈 공장을 방문해 조언을 해야 했지만 그 일정을 취소하고 연구에 몰두하고 있었다. 그때 그는 치즈 공장에서 온 초대장의 뒷면을 메모지로 삼아 당시에 알려진 원소 60여 개를 원자량 순서로 가로로 배열하다, 일정한 주기로 비슷한 성질의 원소가 반복적으로 배열된다는 사실을 깨달은 것으로 보인다. '원소 주기율표Periodic Table of Elements'는 바로 이 과정에서 탄생한 것이었다. 그는 당시까지 알려진 모든 원소를 이 주기율표 안에 정연하게 배치했다. 또한, 그는 그때까지 발견되지 않은 원소 들을 위한 빈칸을 남겨두었고, 그 빈칸 안에 들어갈 원소들의 성질 을 정확하게 예측했다.

1955년에 발견돼 주기율표에 정식으로 자리를 잡은 101번째 원소는 멘델레예프의 이름을 따 '멘델레븀Mendelevium'이라 명명됐 다. 이는 수많은 원소에 질서라는 위대한 구조를 부여한 그의 탁월 한 업적을 기리기 위한 것이었다.

하지만 멘델레예프 자신도 주기율표가 왜 그런 구조를 가지는 지 그리고 그 안에서 원소들의 배열이 어떤 원리에 따라 결정되는 지를 설명하지는 못했다. 그러던 중 20세기가 시작되기 직전, 원자 가 더 이상 쪼갤 수 없는 존재가 아니라는 믿음을 무너뜨리면서 이 수수께끼를 풀어낸 일련의 발견들이 이루어졌다.

당시 물리학자들은 물질의 근본 단위로 여겨지던 원자들을 다 양한 방식으로 탐구하며 그 크기와 구조를 밝히려 했다. 그러던 중 영국의 물리학자 조지프 존 톰슨Joseph. J. Thomson은 음극선이 전기장 과 자기장에서 휘어지는 각도를 관찰하다가 '원자보다 훨씬 작은 입자'의 존재를 알아냈다. 그는 이 입자가 수소 원자의 1,000분의 1에 불과한 질량을 지니며 음전하를 띠고, 모든 물질에 공통적으로 포함되어 있다고 추론했다. 1897년 4월 30일, 런던 왕립연구소에서 열린 역사적인 강연에서 톰슨은 이 새로운 '미립자corpuscle'의 존재를 극적인 어조로 발표했다. 그 입자는 당시까지 알려진 그 어떤 입자보다 작았다. 그는 전자를 발견한 것이었고, 이를 통해 오랫동안 단단한 구형 덩어리로 여겨졌던 원자를 처음으로 쪼개어 그 내부를 드러냈다. 그 순간 인류는 최초의 아원자 입자와 마주했다.

그 후 몇 달에 걸쳐 톰슨은 자신의 주장을 뒷받침할 충분한 증거를 제시했고, 그때부터 전자는 '사회에서 인정받는 구성원으로 받아들여졌다'고 그의 동시대인 제임스 크로서James Crowther는 회고했다. 톰슨은 원자를 양전하를 띤 구체로 보고, 그 안에 전자들이 박혀 있는 구조를 제안했다. 이는 마치 건포도가 군데군데 박혀 있는 자두 푸딩plum pudding 같은 형태였다. 이 '자두 푸딩' 모델은 원자의 내부 구조를 처음으로 묘사한 개념적 밑그림이었다.

그러나 그로부터 오래 지나지 않아 우리는 원자에 대한 그림을 근본적으로 다시 그려야 했다. 1909년, 오늘날 '핵물리학의 아버지'로 불리는 어니스트 러더퍼드Ernest Rutherford는 유명한 금박 실험gold foil experiment을 실시했다. 그의 지휘 아래 학생 한스 가이거Hans Geiger와 어니스트 마스던Ernest Marsden은 양전하를 띤 아주 미세한 입자들, 즉 알파 입자alpha particle를 탄환처럼 사용해 얇디얇은 금박에 쏘아 보냈다. 그리고 입자들이 금박에 부딪힌 뒤 어떤 방향으로 흩어지는지를 관찰했다. 그들은 초속 약 15,000킬로미터로 돌진하는 이 고에너지 입자들이 대부분 아무런 방해도 받지 않고 곧장 통과할 것이라 예상했다.

결과는 놀라웠다. 대부분의 알파 입자는 예상대로 금박을 그대로 통과했고, 일부는 경로가 약간 휘어졌지만, 극히 소수—약 2만 개 중 한 개꼴—의 입자는 금박에 부딪혀 도로 튀어와 원래의 방향으로 되돌아갔다. 이 알파 입자들은 빛의 속도의 약 5퍼센트에 해당하는 속도로 움직이고 있었으며, 기존의 '자두 푸딩' 모형으로는 이런 반사 현상이 일어날 가능성이 사실상 0에 가까웠다. 그 결과는 믿기 어려울 만큼 충격적이었다. 당시 알파 입자는 어떤 물질도 거의 방해받지 않고 통과할 정도로 강력한 투과력을 지닌 것으로 알려져 있었다. 그런데 겨우 몇백 개의 원자가 겹쳐 있는 얇디얇은 금박이 그 입자들의 경로를 거꾸로 돌려놓은 것이다.

이 현상은 러더퍼드가 '화장지 조각에 15인치 포탄을 쏘았는데, 그것이 도로 튀어온 것만큼 놀라운 일'이라고 말할 정도로 충격적이었다. 그는 이 예상치 못한 결과를 두고 몇 달 동안 고민을 거듭한 끝에, 원자가 이전에 생각했던 것처럼 양전하가 구름처럼 넓게 퍼져 있는 구조가 아니라, 극도로 밀집된 양전하들로 이루어진 핵을 지닌 구조이기 때문에 그 핵이 알파 입자를 강하게 밀쳐낸다는 결론에 이르렀다. 또한, 그는 알파 입자들이 원자의 중심, 즉 양전하를 띤 원자핵에 얼마나 가까이 다가갔는지도 계산했다. 그 결과, 놀랍게도 알파 입자들이 원자의 중심에서 1억 분의 1센티미터 거리까지 접근했다는 사실을 알아냈다. 이는 원자 하나의 크기가 축구장 정도라고 가정할 때, 그 원자핵의 크기는 그 축구장 한가운데 놓인 축구공 정도에 불과하다는 뜻이다.

러더퍼드의 이 추론은 어떤 의미를 가지고 있었을까? 이 추론은 고된 탐구 끝에 원자의 내부를 열어보니, 그 대부분이, 아니 거의 전부가 빈 공간이라는 사실을 알게 됐다는 뜻이었다. 원자의 양전하는 극도로 작은 영역, 즉 핵에 집중되어 있었고, 그곳에서 매우 강한 전기장이 형성되어 전자들을 제자리에 붙잡아두고 있었다. 원자는 99.999999999999퍼센트가 빈 공간이지만, 이 거대한 '공허'에는 극도로 강력한 힘이 작용하고 있다. 바로 이 힘이 물질에 실체와 견고함을 부여한다. 당신이 지금 자리에 앉아 이 글을 읽고 있을 때, 사실 당신의 몸은 의자의 원자와 직접 닿아 있는 것이 아니다. 당신의 몸을 이루는 원자의 전자들과 의자의 전자들이 서로 밀어내기 때문에, 당신은 의자 표면 위에 원자 하나 두께만큼 미세하게 떠 있는 것이다.

러더퍼드의 이 놀라운 실험 결과로 인해 자두 푸딩 모델은 완전히 와해됐고, 그 자리에는 태양계처럼 핵과 전자가 광대한 빈 공간을 두고 떨어져 있는 원자 모델이 들어섰다. 하지만 이 모델도 일종의 서막에 불과했다. 그로부터 얼마 지나지 않아, 우주를 구성하는 가장 근본적인 입자들에 관한 훨씬 더 놀라운 통찰을 제시하는 연구 결과들이 등장했기 때문이다.

한때 우주의 가장 근본적 구성 입자이자 더 이상 쪼갤 수 없는 단위로 여겨졌던 원자는 결국 분할이 가능할 뿐 아니라 그 내부에 풍부한 구조를 지니고 있음이 드러났다. 이 극도로 미세한 세계 안에는 우리가 지금껏 마주한 그 어떤 세계보다도 더 불가해하고 직관에 반하는 질서가 숨어 있었다. 자연은 특유의 기발한 창조성으로 또 한 번 우리의 말문을 막았다. 우리는 이처럼 미세한 영역을 이해하기 위해 현실에 대한 모든 고전적 개념과 길러온 직관 그리고 객관적 확실성에 대한 욕망까지 내려놓아야 했다. 우리의 뇌가 지닌 추상화 능력은 한계까지 동원됐고, 언어조차 양자 세계의 미묘한 현상들을 묘사하기에는 역부족이었다.

양자역학

20세기 초, 잇따라 발견된 새로운 현상들이 물질의 비밀스러운 내면을 한 겹 한 겹 벗겨내기 시작했다. 그 겹마다 감춰져 있던 신비가 드러나면서 우리는 마침내 우주에서 가장 작은 존재들을 지배하는 낯설고 기묘한 법칙들과 마주하게 됐다.

아인슈타인은 특수 상대성 이론을 발표한 바로 그 해에 '광양자light quanta'라는 개념도 제시했다. 그는 빛을 금속 표면에 비출 때 그 표면에서 전자가 방출되는 현상(광전효과)을 설명하기 위해 이 개념을 제시했다. 당시 이 광전효과에는 여전히 이해되지 않는 점이 있었다. 예를 들어, 칼륨에 푸른빛을 비추면 전자가 방출되지만,

붉은빛을 비출 때는 아무런 일이 일어나지 않았다. 그는 독일의 물리학자 막스 플랑크**Max Planck**가 제시한 '에너지는 연속적으로가 아니라 불연속적인 단위로 교환된다'는 통찰에 기초해, 빛 역시 개별적인 에너지 꾸러미로 이루어진 것처럼 행동한다는 사실을 알게 됐다. 우리는 오늘날 이 꾸러미를 '광자**photon**'라 부른다. 전자가 원자에서 떨어져 나오려면 그만큼의 에너지를 담은 꾸러미를 받아야 했고, 에너지가 부족한 꾸러미는 아무리 많이 쏘아도 효과가 없었다. 바로 이 연구로 아인슈타인은 1921년에 노벨 물리학상을 받았다.

이런 현상들은 전통적으로 파동이라 여겨졌던 빛이 사실 '광자**photon**'라 불리는 개별 입자로도 행동할 수 있음을 드러냈다. 이처럼 빛이 지닌 파동-입자 이중성**wave-particle duality**은 물질을 이루는 기본 입자들로까지 확장된다.

1927년, 독일 물리학자 베르너 하이젠베르크**Werner Heisenberg**는 완전한 양자역학 이론을 최초로 정립했다. 그 핵심 원리 가운데 하나는 우리가 양자계**quantum system**에 대해 얻을 수 있는 지식이 자연에 의해 본질적으로 제한된다는 것이었다. 다시 말해, 이는 입자의 위치와 운동량처럼 서로 맞물린 두 물리적 속성을 동시에 정확하게 측정하는 데는 본질적인 한계가 있다는 뜻이다. 하이젠베르크의 불확정성 원리**Uncertainty Principle**로 알려진 이 법칙에 따르면, 입자의 위치를 더 정확하게 측정하려 할수록 그 운동량에 대한 측정은 그만큼 덜 정확해지고, 그 반대의 경우도 같다. 여기서 중요한 사실은 이런 상호 상쇄 관계가 측정 도구의 불완전함 때문이 아니라는 것이다. 아무리 완벽한 도구를 이용한다 해도 이 근본적 한계를 넘을 수는 없다. 이는 마치 양자 세계의 절대적 법칙처럼 보인다.

우리를 고전적 직관에서 한층 더 멀어지게 만드는 또 하나의 현상이 있다. 양자 입자들은 서로 아무리 멀리 떨어져 있어도 즉각적으로 영향을 주고받는 듯 보인다. 이 이해하기 힘든 현상은 '얽힘entanglement'이라 불린다. 두 입자가 얽힘 상태에 놓이면, 둘은 마치 하나의 존재처럼 깊이 연결되어 거리와 무관하게 즉각적으로 반응한다. 한 입자의 상태를 측정하는 순간 다른 입자의 성질도 동시에 결정되는 것이다. 이 신비로운 연결은 공간과 시간의 한계를 초월하는 듯 보이며, 아인슈타인은 이를 '유령 같은 원격 작용spooky action at a distance'이라 불렀다.

고전적 세계에서 입자는 우리가 측정할 수 있는 명확한 위치를 가진다. 하지만 양자 세계에서는 상황이 그렇게 단순하지 않다. 양자역학은 입자가 정확하게 어디에 있는지 알려주지 않는다. 양자역학은 입자의 위치에 대한 측정을 수행했을 때 그 입자가 특정한 위치에서 발견될 확률을 알려줄 뿐이다. 다시 말해, 양자역학은 입자가 실제로 존재할 수 있는 여러 잠재적 위치의 범위를 제시하며, 그 각각의 위치에는 그 입자가 실제로 발견될 수 있는 확률이 부여된다. 양자역학의 여러 속성 중에서도 이런 확률 의존성은 지금까지도 여전히 가장 난해한 부분으로 남아 있다.

고전적 확률은 우리가 어떤 계system에 대해 정보를 완전히 알지 못하기 때문에 생겨난다. 그러나 양자 확률은 본질적으로 다르다. 그것은 우리의 무지를 반영하는 결과가 아니다. 동전을 던질 때, 만약 그 초기 상태와 외부의 모든 영향을 완벽히 알 수 있다면, 이론적으로는 앞면이 나올지 뒷면이 나올지 확실히 예측할 수 있을 것이다. 그러나 양자 영역에서는 그렇지 않다. 우리가 어떤 양자계에 대해 완전한 지식을 가지고 있다 해도, 그 양자계의 행동은 여전히 본질적으로 확률적이다. 다시 말해, 이는 어떤 양자계에 대한 정보가 아무리 많아도 그 양자계의 행동을 예측할 수 없다는 뜻이다. 양자역학은 자연이 가장 근본적인 수준에서 '무작위적'이라고 말하고 있는 것이다.

이 놀라운 발견은 우리의 고전적 세계관을 무너뜨렸다. 우리는 예측 가능하고 결정론적으로 움직이는 우주라는 개념을 포기해야 했고, 무작위성이 근본적 특성인 확률적 세계를 받아들여야 했다. 이 새로운 현실은 우리의 직관에 너무도 낯설어서, 이 새로운 현실은 우리의 감각에 너무나 낯설게 다가와, 아인슈타인을 포함한 그 체계의 창시자들마저 그 잠재적 여파에 불안감을 느낄 정도였다.

양자적 존재들은 각각의 확률이 부여된 채로 가능성의 흐릿한 구름 속에 존재한다. 그렇다면 우리가 그것을 측정하려 할 때, 과연 어떤 일이 벌어지는 것일까? 바로 그 순간부터 모든 것이 한층 더 불투명해진다.

관찰되기 전의 전자는 공간 전체에 퍼져 있는 확률 구름으로 존재한다. 가장 널리 받아들여지는 해석인 '코펜하겐 해석Copenhagen interpretation'에 따르면, 측정 행위는 그 전자를 여러 가능한 위치들 중 하나의 특정한 지점에 고정시킨다. 이는 측정하기 전까지 우리는 그 전자의 정확한 상태를 알 수 없지만, 우리의 측정으로 그 전자가 특정한 상태를 가지게 된다는 뜻이다. 다시 말해, 양자역학은 독립된 관찰자라는 개념 자체를 무너뜨리는 듯하다. 이 이론에 따르면 우리가 인식하는 현실 속 모든 것이 서로 얽혀 있기 때문이다. 그렇다면 관찰 행위가 어떻게 현실 그 자체를 형성하는 것처럼 보일 수 있을까? 물리학이 철학의 영역으로 발을 들이게 만든 이 '측정 문제measurement problem'로 인해 우리는 양자 세계의 구성뿐 아니라, 현실의 본질과 그 실체를 과연 얼마나 제대로 들여다볼 수 있는가 하는 문제와도 마주하게 됐다.

현실의 본질

현실의 본질을 둘러싼 논쟁은 고대로부터 이어져 왔으며, 그 과정에서 서로 완전히 대조되는 두 가지 철학적 관점이 형성됐다.

실재론realism은 과학 이론이 묘사하는 존재들이, 전자처럼 우리 눈으로 직접 볼 수 없는 것일지라도, 우리의 관찰과는 무관하게 실제로 존재한다고 보는 관점이다. 양자물리학처럼 탁월한 예측력과 설명력을 지닌 이론들의 눈부신 성공은 이 세계관을 뒷받침하는 강력한 증거로 제시된다. 만약 이러한 이론들이 묘사하는 관찰 불가능한 존재들이 단지 우리의 이론적 상상력이 만들어낸 환영에 불

"천문학은 우리가 얼마나 작은 존재인지
가르쳐주지만, 동시에 얼마나
특별한 존재인지도 가르쳐준다."

— 폴 머딘(Paul Murdin)

과하다면, 우리는 어떻게 물질세계를 그렇게 정밀하게 모델링하고, 그 근본 원리를 우리가 다루는 기술에까지 적용할 수 있었겠는가? 이 관점에 따르면 고유한 성질을 지닌 외부 세계가 관찰자와는 무관하게 존재하며, 엄밀한 과학적 탐구를 통해 우리는 그 성질을 밝혀낼 수 있다.

반면, 반실재론anti-realism은 우리가 파악하는 것이 세상의 실체가 아니라 그 겉모습에 불과하다고 본다. 이 관점에 따르면, 자연의 실제 모습과 우리가 자연의 실제 모습이라고 생각하는 것 사이에는 간극이 존재하며, 우리가 인식할 수 있는 것은 오직 그 간극 위에 드리워진 베일일 뿐, 자연의 실제 모습 자체가 아니다. 또한, 이 관점은 과학 이론이 현실을 드러내는 거울이 아니라, 예측을 돕는 유용한 도구라고 본다. 다시 말해, 이 관점에서 볼 때 과학 이론의 가치는 진실성보다 예측의 효용성에 있다. 따라서 이 관점은 과학이 묘사한다고 주장하는 이론적 실체들의 실제 존재 여부보다 과학적 탐구가 얼마나 효과적으로 작동하는가에 더 큰 중요성을 둔다고 할 수 있다.

하지만 과학의 눈부신 성공은 우리가 자연의 궁극적 실재를 엿보고 있다는 증거가 아닐까? 이에 대해 어떤 이는 과학사의 뒤편에 산재한 '폐기된 이론들의 묘지'를 가리킬 것이다. 실제로, 한때 권위 있는 설명으로 받아들여졌던 이론들이 더 설득력 있는 새로운 틀에 자리를 내어주며 사라져 갔기 때문이다. 수 세기 동안 프톨레마이오스의 천동설은 비록 지구 중심이라는 잘못된 전제 위에 세워졌음에도 천체의 운동을 놀라울 정도로 정확히 설명했다. 그러나 그 이론은 결국 우주에서 인간이 중심이라는 세계관을 산산이 깨뜨린 급진적 패러다임에 따라 대체됐다. 이런 역사적 교훈은 우리로 하여금 한때 절대적이라 믿었던 진리조차 하루아침에 완전히 뒤바뀔 수 있음을 받아들이게 만들었다. 인류는 우주의 이야기를 수없이 써내고 다시 써왔으며, 각 시대는 대체로 그 시대의 이야기를 진리로 믿어왔다.

현실의 본질과 우리가 그것을 어느 정도까지 파악할 수 있는가에 대한 철학적 논쟁은 자연의 가장 작은 구성 요소들을 다룰 때 특히 격렬해진다. 그 세계에 이르면 인간 수준의 인식에 뿌리를 둔 모든 직관을 잠시 내려놓아야 하기 때문이다. 물질에 대한 우리의 모델은 실제 세계에서 일어나는 일을 있는 그대로 묘사하고 있을까? 계산은 매우 정밀하지만 현실을 그대로 보여주는 것은 아닌, 단지 편리한 도구에 불과한 것은 아닐까? 집요한 과학적 탐구를 통해 객관적인 현실이 정말 서서히 드러나고 있는 것일까? 만약 우연히 우주에서 지적인 외계 생명체를 만나게 된다면, 우리는 전자나 자기장 같은 개념에 대해 서로 의견을 나눌 수 있을까? 이런 실체들에 대한 그들의 개념이 우리의 개념과 닮아 있을까? 그리고 과연 수학이 우주에 대한 대화를 이어주는 보편적 언어가 되어줄까?

양자역학의 '측정 문제'는 수많은 해석을 낳았다.

앞에서 살펴본 '코펜하겐 해석'에 따르면, 양자계는 측정되기 전까지 수없이 많은 상태 중 하나로 존재할 수 있지만, 측정이 이루어지는 순간 하나의 명확한 상태를 갖게 된다. 이 과정은 수많은 가능성 중 하나의 결과를 선택하는, 비결정론적이고 비가역적인 과정이며, 자연이 가장 근본적인 수준에서 확률적으로 작동한다는 것을 보여주는 과정이다. 하이젠베르크는 《자연에 대한 물리학자의 관점The Physicist's Conception of Nature》에서, 우리가 말하는 자연의 모습은 '자연과 우리가 맺고 있는 관계의 모습'이며, '이제 과학은 객관적 관찰자의 시선으로 자연을 마주하지 않으며, 인간과 자연의 상호작용 속에서 스스로를 하나의 행위자로 바라본다'라고 말했다.

이에 정면으로 대립하는 관점은 양자역학이 현실을 있는 그대로 드러내는 해석이라는 것이다. 1950년대 휴 에버렛Hugh Everett이 제안한 '다세계 해석Many Worlds Interpretation'은 양자적 존재가 측정을 통해 하나의 명확한 상태를 취하는 대신, 가능한 모든 결과가 각각 별개의 평행 세계 속에서 실제로 실현된다고 본다. 이 해석에 따르면, 우리가 측정을 수행할 때마다 우주는 여러 개의 우주로 갈라지며, 각 우주는 서로 다른 결과를 나타낸다. 하지만 이렇게 현실이 끊임없이 가지를 친다는 생각은 각각의 가지 안에 있는 관찰자들에게만 비결정론적인 세계가 존재한다는 착각을 일으킨다. 또한, 이 해석은 양자역학의 수학적 구조를 그대로 유지한 채 결정론을 보존하지만, 그 대가로 상상을 초월할 만큼 무수한 우주와 마주해야 하는 부담을 안긴다.

물질의 기이한 세계를 둘러싼 이러한 상반된 해석들은 1927년 솔베이 회의Solvay Conference에서 아인슈타인과 덴마크의 물리학자

닐스 보어Niels Bohr 사이에 오간 대화로 요약할 수 있다. 보어는 이렇게 회상했다.

"아인슈타인은 신이 주사위 놀이를 한다는 것을 우리가 정말 믿을 수 있겠느냐고 조롱 섞인 어조로 물었고, 나는 일상 언어로 신의 섭리를 설명할 때는 고대의 사상가들이 이미 경고했듯 매우 신중해야 한다고 답했다."

그 회의에 참석했던 베르너 하이젠베르크는 이 대화를 이렇게 요약했다. 아인슈타인이 "신은 주사위를 던지지 않는다"라고 말하자, 보어는 "우리가 신에게 세상을 어떻게 운영해야 하는지 지시할 수는 없습니다"라고 응수했다.

우리의 고전적 직관에 반하는 양자역학은 자연이 인간 인식의 한계에 맞춰 직관적으로 설명되어야 할 이유는 없다는 사실을 인정하게 만들었다. 과학의 역사 속에서 우리는 직관에 반하는 현실을 받아들여야 할 때가 많았다. 그리고 그 격변의 과정은 자연이 언제나 우리의 손이 닿지 않는 곳에 존재한다는 사실을 보여주었다. 우리는 자연의 작동 원리를 완전히 이해했다고 믿는 바로 그 순간마다, 기존의 세계관을 근본적으로 뒤흔드는 새로운 이상 현상들과 마주하곤 했다.

자연의 가장 작은 존재에 대한 해석의 틀로 양자역학이 얼마나 오래 남을지는 아무도 모른다. 어쩌면 양자역학도 미래 세대에 의해 근본적으로 다른 틀로 대체될지도 모른다. 그리고 미래 세대는 우리가 자연을 있는 그대로 보지 못하게 했던, 우리 시대 특유의 세계관에 깊이 매몰되어 있었다고 기록할지도 모른다.

그동안 양자역학은 놀라우리만치 성공적이었다. 그 성취는 워낙 압도적이어서 이를 대체할 만한 다른 이론을 제안하기란 결코 쉽지 않았다. 그만한 정확도로 수많은 현상을 재현해내야 하기 때문이다. 우리는 물질의 가장 미세한 수준까지 조작할 수 있게 됐고, 그 능력은 우리가 일상 속에서 거의 의식하지 못한 채 사용하는 수많은 기술에 스며들었다. 현재의 디지털 시대는 우리가 전자의 양자적 성질을 완벽하게 파악하고 있기 때문에 가능해진 것이다. 현대 전자기기의 동력원인 집적회로에는 트랜지스터라 불리는 수십억 개의 미세한 문지기들이 전류의 흐름을 정교하게 제어하고 있다. 스마트폰, 컴퓨터, 웨어러블 기기처럼 인간에게 밀착된 장치들은 모두 양자역학이라는, 고전적인 직관에 반하는 원리에 기반하고 있다. 레이저, 자기공명영상MRI 장치 그리고 이제 혁명적 전환을 예고하는 양자컴퓨팅quantum computing까지—이 모든 것은 우리가 물질을 다루는 능력이 기술과 인간 경험의 미래를 돌이킬 수 없을 정도로 바꿔놓았음을 보여준다.

그럼에도 우리가 들여다본 미시 세계와 그 법칙의 기이한 면면은 물질의 서사를 끝맺는 마지막 장이 아니었다. 시간이 흐르면서, 전자, 양성자, 중성자로 이루어진 원자 모형이 완성된 영화가 아니라 오히려 그 예고편에 불과할지도 모른다는 사실이 점점 확실해졌기 때문이다.

7
아원자 세계

양자 이론이 전개되는 과정에서 영국의 물리학자 폴 디랙Paul Dirac은 상대성 이론과 양자역학을 결합한 결과, 모든 물질에 일종의 거울상miorrr image, 즉 반물질 형태의 대응체가 존재할 것이라는 예측을 하게 됐다. 1928년에 그는 '디랙 방정식Dirac equation'을 정립하는 과정에서, 이 방정식의 해가 음負, negative의 에너지를 지닌 입자의 존재를 암시한다는 사실을 발견한 것이다. 그는 이를 이렇게 해석했다. 모든 입자에는 그와 짝을 이루는 반입자antiparticle가 존재하며, 두 입자는 그 성질이 거의 동일하지만 전하의 부호만 반대라는 것이다. 이 해석에 따르면, 음전하를 띤 전자의 존재는 곧 양전하를 띤 '반전자antielectron'의 존재를 뜻했다. 수학은 우리에게 전혀 새로운 입자들의 평행 세계를 가리키고 있었다. 하지만 그 수학은 과연 옳았을까?

1932년, 패서디나에 위치한 캘리포니아 공과대학교Caltech, 칼텍의 젊은 물리학자 칼 앤더슨Carl Anderson은 '안개상자cloud chamber'를 이용해 우주선cosmic ray(태양이나 다른 별 또는 폭발하는 은하와 같은 천체에서 방출되어 거의 빛의 속도로 우주 공간을 가로지르는 고에너지 입자 또는 원자핵—옮긴이)을 연구하고 있었다. 안개상자는 자기장으로 둘러싸인 밀폐 장치로, 눈에 보이지 않는 입자들이 그 안을 통과할 때 희미한 안개 자국을 남긴다. 앤더슨은 이 장치를 칼텍의 항공학과 건물 옥상으로 옮겨 실험을 진행했다. 그가 사용한 자석은 막대한 전력을 소모했기 때문에, 항공학과의 발전기를 밤새 가동해야만 실험을 이어갈 수 있었다.

앤더슨은 우주에서 쏟아져 내려와 안개상자 속에 흔적을 남긴 고에너지 입자들의 사진을 세밀히 분석하던 중 이상한 점 하나를 발견했다. 입자들의 궤적 중 일부가 전자가 남겼을 것으로 예상된 방향과는 전혀 다른, 즉 정반대의 방향으로 휘어 있었다. 이는 양전하를 띤 입자가 생성됐음을 시사했다. 당시 알려진 양전하 입자는 양성자뿐이었다. 하지만 그는 면밀한 분석 끝에 이 입자들이 (전자보다 약 2,000배 무거운) 양성자가 아니라 양전하를 띤 전자positive electron라는 사실을 확인했다. 앤더슨은 디랙 방정식이 예견했던 전자의 반물질 쌍둥이를 발견한 것이다. 이후 '양전자positron'로 명명된 이 입자는 실험을 통해 최초로 존재가 확인된 반물질 입자였다.

입자 동물원

물질과 반물질의 성질을 더 깊이 탐구하기 위해, 1950년대에 과학자들은 고에너지 입자가속기particle accelerator를 건설하기 시작했다. 입자가속기는 입자들을 거의 빛의 속도에 이르도록 가속시킨 뒤 서로 충돌시키는 장치다. 이런 충돌 실험과 우주선 연구를 통해, 인류가 한 번도 마주한 적 없는 새로운 입자들이 잇따라 발견됐다. 이 과정에서 급격하게 규모가 커진 이른바 '입자 동물원particle zoo'은 주기율표가 원소들 사이의 숨은 질서를 암시했던 것처럼, 미시 세계에도 더 근본적인 통합적 구조가 존재할지 모른다는 추측을 불러일으켰다. 입자 동물원은 그동안 관측된 패턴을 설명하고 아직 발견되지 않은 입자들의 존재를 예측할 수 있는 이론적 틀을 찾으려는 치열한 탐구의 토대를 제공했다.

1960년대, 칼텍의 물리학자 머리 겔만Murray Gell-Mann과 스위스 제네바에 위치한 유럽 입자물리연구소CERN의 조지 츠바이크George Zweig는 서로 독립적으로 그 해답이 '쿼크quark'에 있을 것이라 제안했다. 그들은 이 쿼크들이 다양한 방식으로 결합해 수많은 입자를 만들어내는 근본적인 입자라고 생각했다. 이 쿼크 모델에 따르면 양성자나 중성자 같은 '강입자hadron(양성자나 중성자처럼 두 개 이상의 쿼크가 강한 핵력strong nuclear force에 의해 결합되어 형성된 복합 아원자 입자—옮긴이)'는 근본적인 입자가 아니라, 더 작은 구성 요소로 이루어진 복합 입자였다. 하지만 10년에 걸친 탐색이 성과

없이 끝나자, 과학자들은 쿼크가 실제로 존재하는 물리적 실체가 아니라 단지 계산을 위한 수학적 가정에 불과한 것은 아닌지 의심하기 시작했다.

양성자 같은 입자들은 정말로 더 이상 쪼갤 수 없는 입자였을까? 아니면 이런 입자들은 러시아 인형처럼 내부가 여러 층으로 구성돼 있지만, 그 층들이 발견되지 않고 있는 것이었을까? 이런 의문들에 대한 답은 1960년대 후반에 수행된 일련의 실험들을 통해 드러났다. 러더퍼드의 선구적인 금박 실험 이래로, 물리학자들은 입자들을 투사체로 삼아 물질의 내부 구조를 추론해왔다. 이번에는 이론물리학자 제임스 뵈르켄**James Bjorken**의 표현대로 "가능한 한 격렬하게 전자를 쏘아 양성자를 산산조각 내는 것"이 목적이었다. 결국 연구자들은 입사된 전자가 목표물에 부딪혀 튕겨 나가는 대신, 엄청난 힘으로 양성자에 충돌해 그 내부를 산산이 깨뜨리는 모습을 관찰할 수 있었다. 러더퍼드의 실험은 몇몇 동료들과 함께 탁자 위에서 수행될 수 있었지만, 물질의 중심부를 더 깊이 탐사하기 위해서는 막대한 에너지가 필요했고, 그에 따라 거대한 규모의 실험과 대규모 연구진이 동원돼야 했다.

이 실험은 길이 약 3.2킬로미터에 달하는 스탠퍼드 선형가속기**Stanford Linear Accelerator**를 이용해 진행됐다. 이 가속기에서 고에너지 전자를 양성자에 충돌시킨 결과, 전자들은 단단한 물체에 부딪혀 산란되지 않고, 양성자 내부의 더 작고 점點과 같은 존재들과 상호작용하며 산란되는 듯한 양상을 보였다. 양성자와 중성자가 실제로 쿼크로 구성되어 있음이 확인된 것이었다. 쿼크에는 여섯 가지 종류, 즉 맛깔flavour이 있다. 각각은 '업up', '다운down', '참charm', '스트레인지strange', '톱top', '바텀bottom'이라 불린다. 이 여섯 가지 쿼크들은 모두 질량, 전하 그리고 '색깔color' 전하와 같은 고유한 속성을 지니며, 이러한 특성이 자연의 근본 힘들과의 상호작용 방식을 결정한다. 그중 가장 가벼운 것은 업 쿼크와 다운 쿼크이며, 가장 무거운 톱 쿼크는(1995년에 발견됨) 금 원자에 거의 맞먹는 질량을 가진다. 쿼크의 독특한 성질과 상호작용은 원자핵의 구조와 안정성을 결정한다. 쿼크의 발견은 혼란스러웠던 '입자 동물원'에 질서를 가져왔다. 단 여섯 가지 쿼크의 조합만으로도, 실험에서 관측된 수많은 하드론을 설명할 수 있게 된 것이다.

그러나 자연은 질서 정연한 분류를 거부하는 야성을 지닌 듯하다. 예를 들어 양성자를 생각해보자. 쿼크가 발견된 이후 우리는 양성자를 두 개의 업up 쿼크와 하나의 다운down 쿼크로 이루어진 단순하고 다루기 쉬운 조합으로 상상했다. 하지만 점점 더 강력해진 입자가속기들은 확대 기능이 강화된 현미경처럼 양성자의 내부 세계를 열어젖혔고, 그 세계는 단지 세 개의 쿼크가 부딪히며 움직이는 단순한 구조보다 훨씬 더 매혹적인 것으로 드러났다. 양성자 내부에는 끊임없이 나타났다 사라지는 가상 입자와 반입자들의 양자적 바다가 존재한다. 양성자 안에는 업 쿼크와 다운 쿼크 외에도 스트레인지 쿼크가 있으며, 더 높은 에너지 영역에서는 질량이 더 큰 쿼크들도 일시적으로 존재한다. 이 모든 것은 매우 짧은 순간 동안만 실재하는, 일종의 '양자 거품quantum foam' 속에서 벌어지는 일이다.

이 복잡한 역학은 글루온gluon에 의해 조율된다. 글루온은 쿼크 및 다른 글루온들과 상호작용하며, 이 분주한 움직임을 접착제처럼 하나로 묶어 양성자가 흩어지지 않도록 붙잡는다. 이러한 에너지의 끊임없는 교환은 양성자의 구조적 완결성을 유지할 뿐 아니라, 그 질량에도 상당 부분 기여한다. 다시 말해, 이 복잡성은 본래 단순한 구조를 가리는 연막이 아니다. 양성자의 스핀spin과 질량 같은 성질은 그 구성 요소들이 일으키는 모든 상호작용과 역학의 총합으로부터 비롯된다. 따라서 우리는 양성자를 설명할 때 세 개의 쿼크만이 아니라, 이 양자적 바다와 에너지 넘치는 글루온들까지 함께 고려해야 한다.

양성자의 내부가 이렇게 놀라울 만큼 생동감이 넘치는 것으로 드러나면서, 일부 연구자들은 그 세부 사항들을 밝혀내기 위해 평생을 바쳤다. 이렇게 미세한 물질 속에서도 그토록 찬란한 움직임이 드러난다는 사실은 우리의 감각이 닿을 수 있는 세계가 훨씬 더 풍요로운 현실의 한 조각에 불과하다는 것을 놀랍도록 명확히 보여준다. 우리는 인간 중심 세계관에 함몰돼, 모든 신비와 경이, 복잡함과 다양함이 우리가 감지할 수 있는 차원에 한정된다고 믿어왔다. 그러나 자연은 다시 한번 우리를 겸손하게 만들었다. 우주의 구성 요소들은 그 구성 요소들로 이루어진 거대한 우주 구조만큼이나 경이로웠다.

힘의 통합

과학의 역사 전반에 걸쳐 우리는 겉보기에는 서로 다른 현상들이 사실은 하나의 근본적인 실체의 다양한 표현일 수 있다는 확신에 이끌려왔다. 물리학의 궁극적인 목표 중 하나는 자연을 통합적으로 설명하는 하나의 큰 그림을 찾는 것이다. 즉, 서로 다른 힘들을 하나의 틀 안으로 아우르는 것이다. 우리가 알고 있는 네 가지 근본적인 힘은 전자기력, 강한 핵력, 약한 핵력 그리고 중력이다. 1960년대에 들어, 이 탐구의 과정에서 중대한 돌파구가 열렸다. 네 가지 힘 가운데 전자기력과 약한 핵력이 사실상 하나의 상호작용, 즉 전자기약력electroweak force(전약력)의 서로 다른 표현임이 밝혀진 것이다.

1979년, 셸던 글래쇼Sheldon Glashow, 스티브 와인버그Steven Weinberg, 압두스 살람Abdus Salam은 이 놀라운 업적을 인정받아 스톡홀름 무대에 올라 노벨 물리학상을 수상했다. 펀자브의 외딴 마을 출신인 압두스 살람은 흰색 터번과 금빛 뾰족 구두에 전통 복장을 차려 입고 시상식에 참석했으며, 노벨상을 받은 최초의 파키스탄인이 됐다.

1926년, 넉넉지 않은 대가족 속에서 태어난 살람은 전기도 수도도 들어오지 않는 두 칸짜리 집에서 어린 시절을 보냈다. 어릴 적부터 천재적인 재능을 보였던 그는 뛰어난 성적으로 케임브리지 대학교 장학생으로 선발됐다. 1951년 살람은 연구 그룹을 설립하려는 강한 의지를 품고 파키스탄으로 돌아왔다. 그러나 곧 그는 고국의 폐쇄적인 지적 환경 속에서는 성장할 수 없다는 사실을 깨달았다. 이 초기의 경험은 개발도상국에서 과학을 지원해야 한다는 그의 평생의 신념으로 이어졌다. 1964년, 그는 전 세계의 과학자들이 모여 지식과 자원을 공유하고, 무엇보다 활발한 연구 공동체 속에서 아이디어를 나눌 수 있는 중심지를 만들고자 이탈리아 북동부 트리에스테 국제이론물리연구소International Centre for Theoretical Physics, ICTP를 설립했다.

독실한 무슬림이었던 살람에게 신앙과 과학은 삶의 두 축이자 결코 분리될 수 없는 것이었다. 그는 자연 세계를 성찰하라는 이슬람의 교리를 바탕으로, 우주를 지배하는 법칙들을 신의 설계가 드러나는 징표로 여겼고, '우리 세대는 그 신비를 잠시 엿볼 특권을 부여받았다'고 생각했다. 하지만 그는 이슬람 세계의 과학이 처한 현실에 깊은 실망을 느꼈고, 과학이 찬란히 꽃피웠던 이슬람 황금기의 시대와 자신이 살아가는 현실을 자주 비교하곤 했다. 그는 그 영광을 되살리려는 열정으로, 중동의 산유국들과 자신의 모국 파키스탄에 과학 발전을 위한 기반 시설 투자에 나설 것을 호소했다.

과학 분야에서 노벨상을 받은 최초의 무슬림으로서 살람은 모국에서 과학 부흥 운동을 이끌 자격이 충분한 인물이었다. 그러나 아이러니하게도 그의 무슬림 정체성은 오히려 논란의 대상이 됐다. 그는 파키스탄에서 점점 심한 박해를 받던 이슬람 소수 종파 아흐마디파Ahmadi의 일원이었기 때문이다. 그가 노벨상을 받기 5년 전,

파키스탄 정부는 헌법을 개정해 아흐마디파를 비(非)무슬림으로 공식 규정했다. 이에 깊은 상처를 입은 살람은 항의의 뜻으로 정부 과학 고문직을 내려놓았지만, 조국에 대한 충성만은 끝내 버리지 않았고 국적 또한 포기하지 않았다.

살람은 1996년에 옥스퍼드에서 세상을 떠났으며, 그의 뜻에 따라 고향 땅에 묻혔다. 묘비에는 '최초의 무슬림 노벨상 수상자'라는 문구가 새겨졌으나, 현지 판사의 명령으로 '무슬림'이라는 단어는 이후 지워졌다. 세계적으로는 큰 영향을 끼치고 명성을 얻었지만, 그는 자신이 사랑했던 조국에서는 정당한 평가를 받지 못했다. 스피노자에 대해 월 듀런트Will Durant가 한 말을 빌리자면, 살람은 그의 조국이 아니라 온 인류의 품에 머물 운명이었다.

표준 모형

자연의 네 가지 근본 힘 가운데 두 가지를 통합함으로써 글래쇼, 살람, 와인버그는 현대 물리학을 지배하게 될 이론적 틀의 초석을 놓았다. 1960년대와 1970년대를 거치며 이론과 실험이 결합된 노력은 마침내 입자물리학의 표준 모형Standard Model으로 결실을 맺었다. 이 성과는 물질의 기본 구성 요소들과 그 상호작용을 지배하는 힘을 설명하려는 시도 가운데 가장 성공적인 것이었다. 이 표준 모형은 주기율표처럼, 우리가 알고 있는 한 더 이상 쪼갤 수 없는 우주의 가장 근본적인 '레고 블록'들을 모두 담고 있다. 물질 입자는 열두 종류가 있으며, 각각에는 그에 대응하는 반물질 입자가 존재한다. 이 가운데 단 세 가지, 즉 '업 쿼크', '다운 쿼크' 그리고 '전자electron'가 우리를 둘러싼 거의 모든 가시적 물질을 구성한다. 나머지 입자들은 훨씬 더 포착하기 어렵다. 이들은 예를 들어, 우주선이 지구 대기에 부딪힐 때, 입자가속기 내에서 입자들이 충돌할 때, 태양 내부에서처럼 강력하고 자연적인 과정이 진행될 때처럼 극히 드문 극한의 조건 속에서만 모습을 드러낸다.

이렇게 좀처럼 모습을 드러내지 않는 입자 중 하나가 뮤온muon이다. 전자보다 몇백 배 무겁지만 특성이 거의 같은 이 입자는 1936년 칼 앤더슨Carl Anderson과 세스 네더마이어Seth Neddermeyer가 우주선을 연구하던 중 처음 발견됐다. 예기치 못한 이 발견에 대해 물리학자 이지도어 아이작 라비Isidor I. Rabi는 농담처럼 "이건 누가 주문한 거야?"라며 놀라움을 드러냈다. 뮤온은 우주선이 대기와 충돌할 때 부산물로 끊임없이 지구로 쏟아지며, 엄청난 관통력을 지니고 있어 물질 속을 거의 방해받지 않고 통과할 수 있다. 바로 이 특성을 물리학자 루이스 알바레스Luis Alvarez는 고고학에 응용했다. 1960년대에 알바레스는 '입자 동물원'을 확장시키는 새로운 입자들을 다수 발견했고, 그 공로로 1968년에 노벨상을 받았다.

그 무렵 그는 이집트의 피라미드, 특히 기자Giza의 쿠푸Khufu와 그의 아들 카프레Khafre의 피라미드에 깊은 관심을 가지고 있었다. 당시 고고학자들은 쿠푸의 피라미드가 왜 아들의 피라미드보다 훨씬 더 내부 구조가 복잡한지 의문을 품고 있었다(카프레의 피라미드에는 매장실이 한 개인데 비해, 쿠푸의 피라미드에는 매장실이 세 개 있다). 알바레스는 하늘에서 쏟아지는 뮤온을 '엑스선X-ray'처럼 이용해 카프레의 피라미드 내부에 숨겨진 통로나 방이 있는지를 찾아내겠다는 혁신적인 아이디어를 떠올리고, 이를 실제로 실행에 옮겼다. 그가 이끈 연구팀은 이 피라미드에서 알려진 유일한 방 안에 뮤온 검출기를 설치하고, 모든 방향에서 들어오는 뮤온의 수를 측정했다. 만약 구조물 내부에 비어 있는 공간이 있다면, 그 덜 조밀한 부분을 통과하는 뮤온의 수가 더 많을 것으로 예상했다. 그러나 당시 장비의 한계로 알바레스 팀은 어느 방향에서도 뮤온 수의 유의미한 차이를 발견하지 못했다. 그때까지는 숨겨진 방의 존재를 시사하는 증거를 전혀 찾을 수 없었다.

2016년에서 2017년에 걸쳐 진행된 '스캔피라미드ScanPyramids' 프로젝트는 이 기법을 한층 정교하게 발전시켜 적용한 끝에 중대한 돌파구를 마련했다. 연구진은 길이 약 30미터에 달하는 거대한 빈 공간, 즉 19세기 이후 대피라미드Great Pyramid에서 처음으로 발견된 주요 내부 구조를 찾아냈으며, 길이 약 9미터의 더 작은 통로 또한 함께 발견했다. 그 이후, 하늘에서 끊임없이 쏟아지는 뮤온은 피라미드뿐 아니라 화산 내부의 구조를 그려내고, 지하의 공동을 찾아내며, 심지어 고대 무덤의 토층에서 과거 지진의 흔적을 확인하는 데까지 활용되고 있다.

물질 입자들 외에도 표준 모형에는 '힘 운반자force carriers'라

불리는 또 다른 부류의 입자들이 포함되어 있다. 이들은 일종의 '메
신저' 역할을 하며, 물질 입자들 사이의 상호작용을 매개한다. 이로
부터 자연의 네 가지 근본 힘 가운데 세 가지, 즉 전자기력, 강한 핵
력, 약한 핵력이 생겨난다. 다만 중력은 여전히 예외로 남아 있다.
현재의 표준 모형으로는 우리에게 가장 익숙한 이 힘을 설명할 수
없다.

입자물리학의 표준 모형은 제안된 이래 수많은 실험 관측을
설명하고, 아직 검증되지 않은 현상들까지도 정확히 예측하며 눈부
신 성과를 거두었다. 그러나 이 표준 모형에는 기본 입자들의 계보
를 이루는 구성 요소 중 하나가 빠져 있었다. 그리고 바로 그 입자
야말로 이 우주 모형의 완결성을 지탱하는 데 결정적인 역할을 할
것으로 여겨졌다.

1960년대에 이론물리학자 로버트 브라우트Robert Brout, 프랑수
아 앙글레르François Englert, 피터 힉스Peter Higgs는 보이지 않는 어떤
장field이 우주의 모든 공간에 스며 있을 것이라고 가정했다. 그들은
이 장이 입자들과 상호작용하고, 그 결과 입자들이 가장 근본적인
성질 가운데 하나인 질량mass을 지니게 된다고 봤다. 이 장은 이후
'힉스 장Higgs field'이라 불리게 됐으며, 그와 짝을 이루는 극히 드문
입자가 바로 힉스 보손Higgs boson이었다. 이 입자는 표준 모형을 완
성하고, 우주의 근본 구조에 대한 우리의 이해를 혁명적으로 바꿔
놓을 마지막 퍼즐 조각이었다.

그러나 수십 년 동안 힉스 보손은 좀처럼 모습을 드러내지 않

았다. 표준 모형으로는 이 입자의 질량이 정확히 얼마나 되는지, 이 입자가 생성되려면 얼마나 많은 에너지가 필요한지 예측할 수 없었다. 입자가속기는 에너지의 한계를 끊임없이 확장하며 점점 강력해졌지만, 힉스 보손의 존재를 입증할 결정적 증거는 좀처럼 나타나지 않았다. 그러다 인류가 지금까지 만든 가장 거대한 입자가속기, 거대 강입자 충돌기Large Hadron Collider, LHC가 가동되면서 상황이 달라지기 시작했다.

입자 충돌기

프랑스와 스위스의 국경을 가로지르는, 지하 100미터 깊이의 거대한 동굴 속에는 길이가 27킬로미터에 이르는 원형 터널이 자리하고 있다. 이 구조물 안에는 현대 과학이 만들어낸 가장 정교하고 복잡한 장치 중 하나가 설치되어 있다. '빅뱅 머신Big Bang machine'으로 흔히 불리는 이 대형 강입자 충돌기는 제네바에 위치한 유럽입자물리연구소CERN가 구축한 경이로운 공학 장치 중 하나다.

제2차 세계대전 이후 유럽의 과학은 침체에 빠졌고, 많은 인재들이 미국으로 떠났다. 이런 상황 속에서 1954년, 유럽 과학의 부흥과 국제적 연대를 목표로 11개국이 협력해 세운 기관이 바로 CERN이다. 제네바가 국제 과학 협력의 이상적인 거점으로 선택된 것은 유럽 대륙의 중심부라는 지리적 이점과 전쟁 중에도 중립을

지킨 스위스의 특성, 여러 국제기구의 본부가 자리한 도시라는 점이 종합적으로 고려된 결과였다. 그렇게 시작된 CERN은 점차 세계적인 입자물리 연구의 중심지로 자리매김하며, 물질의 근원적 비밀을 밝히기 위해 점점 더 강력한 가속기를 개발해왔다. 그 개발의 결정체가 바로 대형 강입자 충돌기다. 이 장치는 전례 없이 강력한 에너지를 만들어내도록 설계됐으며, 사실상 우주의 탄생 직후와 같은 극한 조건을 미시적인 규모에서 재현한다. 다시 말해, 이 장치는 입자들을 빛의 속도에 가깝게 가속시켜 충돌시키는 방식으로 질량과 에너지의 등가성($E = mc^2$)을 실험적으로 구현함으로써 빅뱅 직후의 찰나적 순간을 다시 만들어내는 장치라고 할 수 있다.

이 장치는 두 개의 양성자 빔을 서로 반대 방향으로 빛의 속도에 가까운 속도로 가속시켜, 거대한 검출기 내부에서 정면으로 충돌시킨다. 이 검출기는 고해상도 카메라처럼 설계돼 있어, 충돌로 인해 발생하는 입자 파편들을 순간적으로 포착할 수 있다. 충돌의 충격으로 양성자는 그 내부 구성 요소들로 산산이 부서지고, 그 조각들이 다시 결합해 새로운 입자들을 만들어낸다. 이렇게 생성된 입자들을 분석함으로써 우리는 우주의 기원이 됐던 원초적 물질들의 단서를 엿볼 수 있으며, 그것들이 어떤 방식으로 결합해 지금 우리가 사는 세상을 이루었는지 추론할 수 있다.

이 모든 과정을 수행하는 장치는 수많은 정밀 부품들이 정교하게 맞물려 작동하는 현대 공학의 결정체다. 터널 안쪽을 감싸고 있는 강력한 가속 장치들은 터널 안을 순환하는 양성자들에 정밀하

　　　　우주를 탐구하며 알게 된 것들

게 전기 충격을 주기적으로 가해, 양성자들이 터널 안을 한 바퀴 돌 때마다 속도를 조금씩 높여 빛의 속도에 가깝게 만든다. 우주의 심연보다 더 낮은 온도인 영하 271도로 냉각된 초전도 자석들은 입자들이 원형 경로를 따라 정확히 움직이도록 유도한다. 양성자가 통과하는 관은 초고도 진공 상태로 유지되어, 외부 기체 분자와 양성자의 충돌을 최소화하고 양성자의 에너지를 온전히 보존한다.

2010년, 대형 강입자 충돌기의 가동은 이전 세대의 장비들을 단숨에 넘어서는 엄청난 기술적 도약이었다. 이전에는 도달할 수 없었던 에너지 수준과 그로 인해 가능해진 방대한 규모의 입자 충돌을 통해 우리는 결정적인 문턱을 넘어섰다. 입자물리학은 그때까지 인류가 한 번도 관측하지 못했던 아원자 세계로 진입하고 있었다. 따라서 힉스 보손의 존재를 발견하거나, 반대로 그 입자의 부재가 실험으로 드러날 가능성도 점점 커지고 있었다.

대형 강입자 충돌기의 주요 임무 중 하나는 우리가 세운 우주의 기본 구성 모형이 실제로 성립하는지를 검증하는 일이었다. 이를 위해 연구자들은 검출기에 기록된 수십억 건의 충돌 데이터를 면밀히 분석하며, 그중에서도 힉스 보손이 생성됐을 가능성이 있는 극히 희귀한 사례를 가려내야 했다. 힉스 보손은 수명이 극도로 짧아 생성되는 즉시 다른 입자들로 붕괴하기 때문에 직접 관측할 수 없었다. 따라서 그 존재는 붕괴 뒤에 남은 미세한 흔적을 통해서만 추정할 수 있었다. 다시 말해, 충돌한 양성자들로부터 폭발적으로 쏟아져 나온 입자 잔해 속에서 힉스 보손 특유의 궤적을 정밀하게

"두려워해야 할 것은 우주가 아니라,

우리의 무지다."

— 아이작 아시모프(Isaac Asimov)

"두려워해야 할 것은 우주가 아니라,

우리의 무지다."

— 아이작 아시모프(Isaac Asimov)

포착하고 측정해야만 그 존재를 확인할 수 있었다.

2012년 무렵, 이전에는 관찰되지 않았던 무언가의 흔적이 데이터에서 감지되기 시작했다. 그리고 그해 7월 4일, 대형 강입자 충돌기 실험을 수행한 두 연구팀이 사람들로 가득 찬 CERN의 한 강당에서, 오랫동안 찾아 헤매던 힉스 보손과 특성이 일치하는 입자를 발견했다고 발표했다(이 장면은 전 세계에 생중계됐다). 그 순간 강당은 환호로 들끓었고, 감격에 눈시울을 붉히는 이들도 있었다. 그들 가운데에는 여든셋이 된, 수줍고 내성적인 피터 힉스도 있었다. 당시 그는 시칠리아에서 열린 하계 연수에 참석한 뒤 에든버러로 돌아갈 예정이었다. 여행자 보험은 이미 만료됐고, 스위스 프랑도 한 푼 없었다. 하지만 결국 그는 주변 사람들의 설득으로 CERN의 발표장으로 향했다.

그로부터 1년 뒤, 피터 힉스와 프랑수아 앙글레르는 이 핵심 입자의 존재를 예견한 공로로 노벨상을 받았다. 이 발견은 자연을 이루는 근본 입자들에 대한 우리의 이해를 비약적으로 확장시킨 결정적인 돌파구였다. 또한, 이 발견은 수십 년 동안 아원자 세계에 대한 우리의 사고를 지배해온 이론에 결정적인 신뢰를 부여한 사건이기도 했다. 만약 실험을 통해 힉스 보손을 발견하는 데 실패했다면, 표준 모형의 타당성은 심각한 의심을 받게 됐을 것이다. 그 결과, 이 이론은 아예 반증되거나 최소한 근본적인 수정이 불가피했을 것이다. 이 발견은 온 우주에 두루 스며 있는 힉스 장 속에 우리가 완전히 잠겨 있다는 사실을 입증했다. 그리고 우리는 이 보이지 않는 장에 막대한 빚을 지고 있다. 그 존재 덕분에 물질은 질량이라는 속성을 갖게 됐고, 바로 그 속성이 없었다면 우리 세계를 구성하는 모든 구조는 애초에 존재할 수 없었을 것이다.

또한, 이 발견은 현대 과학의 협력적 속성을 다시 한 번 분명히 보여주었다. 110개국이 넘는 나라에서 1만 2,000명 이상의 과학자들이 참여한 이 프로젝트는 그야말로 진정한 의미의 전 지구적 노력의 산물이었다. 이 연구는 우리에게 자연의 진리를 탐구하려는 보편적인 열망이 존재함을 드러냈을 뿐만 아니라, 자연의 신비를 밝혀내는 과정에서 집단 지성이 얼마나 강력한 힘을 발휘할 수 있는지 보여주기도 했다.

힉스 보손의 특성은 지금도 면밀히 분석되고 있다. 우리가 아직 발을 들이지 못한 미지의 영역으로 이 입자가 우리를 인도할 수 있을지 확인하기 위해서다. 설득력 있는 여러 이론에 따르면 힉스는 숨겨진 아원자 세계로 향하는 관문일 수도 있다. 실제로 일부 연구자들은 암흑 물질dark matter을 비롯한 수많은 미지의 입자들로 구성되어 있을 것으로 추정되는 '암흑 영역dark sector'으로 통하는 관문이 바로 힉스 보손이라고 본다. 한때 수십 년에 걸친 탐색의 정점이었으며 그 존재조차 확인하기 어려웠던 힉스 보손은 이제 세계에 대한 우리의 이해를 다시 뒤흔들지도 모를 새로운 현상을 탐사하는 강력한 아원자 도구가 된 것이다.

반물질

지금도 우리는 우주가 왜 물질로 가득 차 있는지 알지 못한다. 우리가 관측할 수 있는 우주는 거의 모든 부분이 물질로 이루어져 있다. 빅뱅 직후의 뜨겁고 밀도 높은 초기 우주에서는 입자와 반입자 쌍이 끊임없이 생성되고 사라졌으며, 양쪽의 수가 완벽히 같았던 것으로 추정된다. 그러나 물질이 자기 짝인 반물질과 만나면, 두 존재는 서로를 소멸시킨다. 그런 대규모 소멸이 실제로 일어났다면, 지금의 우주는 그 충돌에서 남은 에너지로만 이루어져 있어야 한다. 그러나 우리가 우주를 아무리 광범위하게 관측하고, 망원경으로 아무리 먼 거리를 탐사해도, 모든 방향에서 보이는 것은 오직 물질뿐이다. 왜 그런가? 반물질은 다 어디로 간 것일까? 초기 우주의 완벽히 대칭적인 출발점에서, 어떻게 반물질은 이렇게 희귀해지고 물질은 이토록 압도적으로 많아졌을까?

아마도 초기 우주에서는 미세한 편향이 발생했을 것이다. 다시 말해, 물리 법칙에 틈이 생겨 물질이 그 짝인 반물질보다 근소하게 우세해졌던 것 같다. 하지만 그 편향은 극도로 미세했던 것으로 보인다. 빅뱅 당시 생성된 반물질 입자 10억 개에 대응하는 물질 입자가 그보다 단 한 개 더 많았을 뿐이었기 때문이다. 바로 그 하나의 초과분, 그 아주 작은 불균형이 저울을 물질 쪽으로 기울게 했다. 만약 그 초과분이 없었다면, 우주는 와해되어 소멸의 바다로 사라졌을 것이다. 우리가 존재하는 것도, 별과 은하와 우리가 관측할 수 있는 우주가 존재하는 것도 바로 그 초과분의 물질 입자 덕분이다.

그렇다면 우주의 탄생 직후, 그 최초의 순간에는 무슨 일이 일어났던 것일까? 물질과 반물질 사이의 이 미세하지만 결정적인 비대칭은 어디에서 비롯된 것일까? 빅뱅 이후의 극한 환경을 재현하는 입자 충돌 실험은 그 해답을 품고 있을지도 모를 과정을 추적한다. 자연의 법칙 어딘가에는 입자와 반입자를 구별하는 보이지 않는 규약이 존재한다. 우리는 몇몇 드문 과정 속에서 그 현상을 엿본 적이 있다. 태양의 핵융합을 가능하게 하는 약한 핵력은 때때로 입자와 반입자를 아주 미세하게 다르게 대한다. 그러나 지금까지 관측된 그 차이는 물질이 압도적으로 우세한 현실을 설명하기엔 턱없이 불충분하다. 이는 우리가 아직 밝혀내지 못한, 훨씬 더 깊고 근본적인 불균형이 존재함을 암시한다.

어쩌면 우주 어딘가에는 광활한 반물질 영역이 존재할지도 모른다. 별 전체, 은하 전체, 심지어 은하단 전체가 반물질로 이루어져 있지만 아직 우리의 탐색망을 피해 숨어 있을지도 모른다. 관측만으로는 물질과 반물질을 구분하기가 거의 불가능하기 때문이다. 예를 들어, 반별antistar은 일반적인 별과 똑같이 빛을 낼 것이다. 그러나 만약 반물질의 거대한 저장소가 실제로 존재한다면, 그 저장소는 물질이 있는 영역과 분리되어 있을 것이고, 두 영역이 맞닿는 경계에서는 피할 수 없는 격렬한 우주적 현상, 즉 '쌍소멸mutual annihilation'이 일어날 것이다. 이 경계는 소멸이 활발히 일어나는 장소가 되어, 물질과 반물질의 충돌에서 방출된 고에너지 우주선

cosmic ray을 우주 전역으로 쏘아 보낼 것이다. 그 우주선에는 이러한 충돌의 고유한 흔적이 담겨 있을 것이다. 그런 입자들이 지구 대기나 궤도 위의 우주선에 부딪힐 때, 우리는 그 구성 성분을 분석함으로써 이 상호작용의 확실한 단서를 찾아낼 수 있다.

국제우주정거장ISS에는 우주선을 연구하고 반물질을 탐색하기 위한 가장 정밀한 관측 장치 중 하나인 알파 자기분광기Alpha Magnetic Spectrometer, AMS-02가 설치되어 있다. 이 장치는 지구 대기의 보호막을 벗어난 공간에서 운용되기 때문에, 대기의 간섭 없이 우주선을 직접 관측할 수 있다. 또한, 강력한 자기장을 이용해 서로 다른 종류의 입자들을 구분하고 수십억 건에 달하는 우주선 데이터를 정밀하게 분석함으로써 반물질 입자의 존재를 암시하는 사건들을 가려낼 수 있다. 극소량이라도 반물질 원자핵이 검출된다면, 그것은 우주 어딘가에 거대한 반물질의 섬—어쩌면 반별이나 반물질 은하 전체—이 존재할 가능성을 시사하는 중요한 단서가 될지도 모른다.

우리는 아직 이에 대한 실질적 증거를 확보하지 못했으며, 그런 증거 없이는 우주에 반물질이 대량으로 존재한다고 주장할 수 없다. 그러나 우리의 직접 탐색은 계속되고 있으며, 동시에 물질의 독점적 지위를 초래한 구조적 비대칭을 규명하려는 시도도 이어지고 있다. 또한, 우리는 반물질의 위력과 그것이 물질과 만나 소멸하면서 방출하는 에너지를 어떻게 활용할 수 있을지 오랫동안 깊이 숙고해왔다. 실제로 반물질 단 1그램에 잠재된 에너지는 여러 발의 핵폭탄에 필적할 정도다. 반물질은《스타 트렉Star Trek》에서 USS 엔터프라이즈를 추진하는 연료로 등장하고, 댄 브라운Dan Brown의 소설《천사와 악마Angels and Demons》에서는 바티칸을 폭파하려는 시도에 사용되는 강력한 폭약으로 묘사된다. 하지만 현실적으로 반물질이 성간 여행을 위한 우주선의 연료나 지구에서 실용적인 동력원이 될 가능성은 희박하다. 적어도 가까운 미래에는 그렇게 되기가 거의 불가능해 보인다. 게다가 반물질은 지구에서 얻기 가장 어렵고 비용이 가장 많이 드는 물질이다. 극히 소량을 생산하는 데에도 막대한 에너지가 필요하기 때문이다. 반물질 1그램을 만들어내려면 지구 최대의 반물질 생산시설인 CERN의 입자가속기를 수십억 년 동안 가동해야 하며, 그 비용은 여러 나라의 국고를 합친 액수보다 많아 수십조 달러에 달한다. 또한, 반물질이 물질과 접촉하지 않도록 보관하는 일도 매우 복잡하다. 이를 위해 반물질을 완전한 진공 상태에서 떠 있게 하는 고도로 특수화된 포획 장치를 만들고, 강력한 전기장과 자기장을 이용해 반물질이 저장 용기 벽에 닿지 않도록 유지해야 한다.

그럼에도 불구하고, 우리가 제조할 수 있는 극히 소량의 반물질은 단순한 과학적 호기심을 넘어서는 실제적 용도를 지닌다. 실제로, 물질과 반물질이 만나 방출되는 에너지는 인체 내부 **구조**를 '비추는' 영상 장치를 통해 활용된다. 예를 들어, 양전자 방출 단층 촬영Positron Emission Tomography, PET에서는 양전자를 방출하는 방사성 물질을 인체에 주입한다. 이때 양전자가 주변 조직의 전자와 만나 소멸하면서 고에너지 감마선을 방출한다. 이 감마선을 포착하고 분석해 인체의 단면 이미지를 순차적으로 재구성한 뒤, 이를 3차원 영상으로 결합하면 내부 조직과 장기의 생생한 모습을 얻을 수 있다. 이렇게 얻은 정밀한 3차원 영상은 암 진단이나 뇌 활동 모니터링에 활용된다.

추상적인 수학 수식 속에서 암시되던, 순전히 이론적인 개념이 이제는 의학적 진단을 위한 구체적 도구로 현실화된 것이다. 가장 난해한 과학 연구조차 인류에게 실질적인 혜택으로 이어질 수 있다. 그중 상당수는 우리가 예측하지 못한 방식으로 나타나며, 아직 발견되지 않은 혜택들 또한 어딘가에서 우리를 조용히 기다리고 있을 것이다.

다차원 우주

입자 충돌기에서 만들어지는 전례 없는 조건들은 공간에 추가적인 차원이 존재하는가 같은, 더 근본적인 물음들에 빛을 비출 수도 있다. 우리의 경험적 현실은 3차원 세계에 제한되어 있지만, 우주가 반드시 이 틀 안에 갇혀 있어야 할 이유는 없다. 실제로 자연의 네 가지 힘을 통합하고 '모든 것의 이론theory of everything'을 제시하려는 끈 이론string theory에 따르면, 우주의 궁극적인 구성단위는 점 형태의 입자가 아니라 진동하는 1차원 실체인 끈string이다. 이 이론적 틀이 수학적 일관성을 유지하려면 우리에게 익숙한 3차원을 넘어서는 추가적인 공간 차원의 존재가 필요하다.

아마도 그 추가적인 차원들은 너무 작거나 숨어 있어서 우리가 볼 수 없는 것일지도 모른다. 하지만 우리 눈에 보이지 않는 수많은 차원이 존재한다 해도, 우리는 그 차원들을 어떻게 추론할 수 있을까? 본질적으로 공간적으로 제한된 존재인 우리가 더 높은 차원의 세계를 어떻게 상상할 수 있을까?

에드윈 A. 애벗**Edwin A. Abbott**의 중편소설 《플랫랜드**Flatland**》는 이러한 직관을 넘어서는 개념을 이해하도록 돕는 매력적인 우화다. 2차원 세계 플랫랜드에는 'A. 스퀘어**A. Square**'라는 존재가 산다. 그의 삶 전체는 길이와 너비, 두 축에 갇혀 있으며 '높이'라는 개념은 플랫랜드의 주민들에게 전혀 존재하지 않는다. 그러던 어느 날, 스퀘어는 3차원 세계 스페이스랜드**Spaceland**에서 온 '스피어**Sphere**'를 만나게 된다. 그 만남은 그가 이해하고 있던 현실의 틀을 완전히 무너뜨린다. 예를 들어, 하나의 구체가 종이 위를 통과하는 모습을 상상해보자. 그 구체는 처음에는 점으로 나타났다 점점 커져 일련의 동심원 혹은 원판 형태로 변하고, 다시 줄어들어 점으로 사라질 것이다. 스퀘어에게 스피어는 바로 그런 기이한 현상으로 보인다. 어느 순간 나타나 크기가 변하다가 사라지는 수수께끼 같은 원 말이다.

스피어는 스퀘어에게 3차원을 설명하려 하지만, 평면 안에서만 살아온 스퀘어는 자신이 속한 세계 너머의 개념을 이해하지 못한다. 좌절한 스피어는 과감한 조치를 취한다. 스퀘어를 플랫랜드 밖으로 들어 올려 스페이스랜드로 데려간 것이다. 그제야 스퀘어는 완전히 새로운 시각을 얻는다. 위에서 자신의 세계를 내려다보며, 그 안에서는 결코 볼 수 없었던 사회의 모습과 구조를 처음으로 인식하게 된다.

우리도 그와 다르지 않다. 우리가 속한 차원을 넘어선 공간을 상상하는 일은 매우 어렵다. 그러나 스피어가 스퀘어에게 새로운 시야를 열어준 것처럼, 우리는 수학이라는 언어에 의지해 자신이 속한 평면을 벗어나 추상적으로나마 더 높은 차원을 '지각'하려 시도해왔다. 이러한 노력은 기존의 3차원 공간에서는 풀 수 없던 문제들에 대해 중요한 통찰과 우아한 해법을 제시해왔다.

몇몇 이론은 우리가 사는 3차원 우주 전체가 '벌크**bulk**'라 불리는 더 큰 공간 속에 떠 있는 얇은 막, 즉 '브레인**brane**'과 같다고 주장한다. 이 이론들에 따르면, 벌크에는 우리의 브레인뿐 아니라 다른 브레인들도 존재할 수 있으며, 우리 브레인과 다른 브레인들 그리고 벌크 간의 상호작용을 통해 우리가 전통적인 3차원 관점으로는 설명할 수 없는 현상들이 발생할 수도 있다.

예를 들어, 어떤 힘이나 입자들은 우리의 브레인에 묶여 있지 않고 벌크 속을 자유롭게 이동할 수도 있다. 이런 시나리오는 중력이 왜 전자기력 같은 다른 힘들에 비해 놀라울 만큼 약하게 보이는지를 설명하기 위해 제안됐다. 어쩌면 중력이 이러한 다른 차원으로 '새어 나가**leak**' 벌크 전체로 퍼져나가기 때문에, 우리가 사는

3차원 세계에서는 희석되어 약하게 보이는 것일지도 모른다.

또 다른 가능성도 있다. 추가적인 차원들이 너무 작거나 조밀하게 말려 있어서 눈에 보이지 않는다는 것이다. 팽팽한 줄 위를 걷는 사람을 떠올려보자. 그는 앞으로 나아가거나 뒤로 물러나는 두 방향으로만 움직일 수 있다. 하지만 그 줄 위를 기어다니는 개미는 앞뒤뿐 아니라 줄의 둘레를 따라 움직일 수도 있다. 개미에게는 추가적인 차원이 열려 있는 셈이지만, 줄 위를 걷는 사람에게는 그 차원이 보이지 않는다. 마찬가지로 일부 이론은 우리가 감지할 수 없을 만큼 작게 말린 추가적인 차원들이 존재하며, 입자 충돌기에서는 그 존재가 미세한 이상 현상으로 드러날 수도 있다고 말한다.

우리는 대형 강입자 충돌기를 이용해, 우리가 다차원 우주에 살고 있음을 암시할 수도 있는 가장 미세한 단서들을 찾고 있다. 예를 들어, 입자들이 나타났다 사라지며 에너지 보존 법칙이 깨진 듯 보이는 현상, 순간적으로 생성됐다가 거의 즉시 증발하는 미세 블랙홀 혹은 극도로 높은 에너지의 충돌이 잠시 추가적인 차원을 '열어' 그 안의 특이한 입자들이 우리의 3차원 세계의 입자들과 상호작용하는 현상 등이 그런 사례다.

이러한 가설들은 다소 기이하게 들릴 수도 있지만, 우리가 아직 완전히 이해하지 못한 자연현상을 설명하기 위해 제안된 이론의 일부다. 물론 자연이 실제로 이들 중 어느 시나리오를 선택했으리라는 보장은 없다. 그러나 지난 세기의 격변이 우리에게 가르쳐준 것은 분명하다. 자연은 수없이 우리의 상상력을 넘어섰다. 어쩌면 자연이 품고 있는 현실은 우리가 상상할 수 있는 그 어떤 것보다 훨씬 더 기이한 것일지도 모른다.

대형 강입자 충돌기와 그 후속 장치들은 인류의 창의력과 기술의 한계를 계속 확장할 것이다. 앞으로 수십 년 안에 우리는 아원자 세계를 더욱 깊이 들여다보고, 지금까지 탐험하지 못했던 영역으로 한층 더 멀리 나아갈 것이다. 자연의 신비는 수천 년 동안 인류를 사로잡아왔으며, 앞으로도 그럴 것이다. 언젠가 먼 미래에 우리의 후손들이 세월 속에 버려진 27킬로미터 길이의 터널을 발견한다면, 그것은 이곳에 존재했던 문명이 우주의 궁극적인 구성 요소를 밝히려 했던 열정의 증거로 남아 있을 것이다. 물질의 이야기는 그만큼 의미심장하다. 리처드 파인만Richard Feynman은 1970년 저서 《파인만의 물리학 강의Lectures on Physics》에서, 만약 인류가 어떤 대재앙으로 모든 과학적 지식을 잃고 단 한 문장만을 후대에 남겨야 한다면, 그는 이렇게 말할 것이라고 했다.

"모든 것은 원자로 이루어져 있다All things are made of atoms."

8

암흑 우주

우주를 여행할 수 있다면, 항성 주위를 도는 눈부신 행성들에 서부터 새로운 태양이 태어나는 거대한 가스와 먼지의 기둥들, 나선과 타원을 그리며 춤추는 은하들 그리고 중력이 모든 것을 삼켜 아무것도 빠져나올 수 없는 블랙홀의 어두운 소용돌이에 이르기까지, 우리는 숭고한 아름다움과 마주하게 될 것이다. 한때 우리는 이 찬란한 존재들이 우주라는 광대한 무대를 채우고 있다고 믿었다. 그러나 20세기에 이르러, 우주가 우리가 상상하던 모습이 아니라는 사실이 밝혀졌을 때 인류는 깊은 충격을 받았다.

지난 세기는 세상을 더 깊이 이해하고 통제할 수 있는 능력을 우리에게 주었지만, 동시에 우리가 얼마나 무지한 존재인지도 드러내주었다. 가장 혼란스러운 발견은 우리가 알지 못하는 것들의 광대함이었다. 우리가 논리적으로 밝혀냈다고 믿었던 모든 것은 결국 광대한 우주의 진실 중 극히 일부에 지나지 않았음을 우리는 인정해야 했다. 놀랍게도, 우주의 약 95퍼센트는 여전히 베일에 싸여 있다.

인류가 오랜 세월에 걸쳐 수행해온 탐구와 그 성취, 우리가 사는 세계를 이해하고 우리가 속한 우주를 헤아리려는 모든 노력은 결국 표면적인 통찰에 지나지 않았는지도 모른다. 모든 시대의 인류는 우주의 비밀에 한 발 더 다가섰다고 믿으며 오만을 품었다. 그러나 우리가 스스로의 진보를 측정해온 기준은 오직 과거의 지혜뿐이었다. 이제 우리는 안다. 우리를 이루는 물질들과 그 물질들이 만들어낸 모든 구조들—밤하늘에서 빛나는 항성들, 그 빛을 받는 행성들 그리고 우리의 상상 너머로 펼쳐진 은하들—이 전체 우주의 겨우 5퍼센트에 불과하며, 나머지 95퍼센트는 여전히 우리의 이해를 완강히 거부한 채 어둠 속에 잠들어 있다는 사실을.

현재 우리가 할 수 있는 최선의 추정에 따르면, 우주의 약 25퍼센트 이상은 정체불명의 물질인 '암흑 물질dark matter'로, 나머지 70퍼센트는 중력에 맞서는 힘, '암흑 에너지dark energy'로 이루어져 있다. 이 보이지 않는 두 존재는 우리가 아는 한 가장 중요한 '알려진 미지known unknowns'이며, 우주의 구조와 운행을 좌우하고 있다. 그러나 그 본질은 지금도 파악되지 않고 있다. 우리는 암흑 물질과 암흑 에너지의 존재를 인식하게 됐으며, 그것들이 무엇일지에 대해 여러 이론들을 세워왔다. 그러나 우리는 그 본질이 여전히 깊은 어둠 속에 가려져 있음을 인정한다.

턱없이 부족한 질량

1930년대 초, 칼텍 연구원이던 스위스 천문학자 프리츠 츠비키Fritz Zwicky는 당시 세계에서 가장 컸던 구경 100인치 망원경을 사용할 수 있었다. 캘리포니아의 마운트 윌슨 천문대Mount Wilson Observatory에 있는 후커 망원경Hooker telescope은, 불과 10년 전 에드윈 허블이 우리 은하가 우주의 유일한 은하가 아님을 밝혀내는 데 사용했던 바로 그 망원경이었다. 지구에서 3억 광년 이상 떨어진 머리털자리Coma Berenices에는 1,000개가 넘는 은하들이 모여 있다. 이 은하들은 마치 끈끈한 공동체처럼 우주 공간을 함께 움직인다. 이런 거대한 집단을 '은하단galaxy cluster'이라 부른다. 츠비키는 1,000개가 넘는 은하들이 어떻게 중력에 의해 결속돼 하나의 집단을 이룰 수 있는지 알고 싶었다. 그는 전례 없이 강력한 집광력을 가진 후커 망원경을 이용해 머리털자리 은하단과 그 안의 은하들을 관측하며 각각의 밝기와 속도를 측정했다. 그는 밝기로부터 은하단이 포함한 질량을 추정했고, 은하들의 속도로부터 이들이 중력에 의해 결속된 상태를 유지하기 위해 은하단 전체가 가져야 할 총질량을 계산했다.

이 수치들을 계산한 뒤 츠비키는 놀라운 불일치를 발견했다. 은하들은 매우 빠른 속도로 움직이고 있었지만, 눈에 보이는 빛나는 물질(별, 성운, 은하의 가스나 먼지처럼 빛을 방출하거나 반사해서 우리가 망원경으로 관측할 수 있는 모든 물질. 여기서는 은하단을 뜻함—옮긴이)의 질량은 그 은하들을 하나로 묶어둘 정도로 크지 않았던 것이다. 은하단을 구성하는 은하들이 그렇게 엄청난 속도로 우주 공간을 질주하는데도 어떻게 이 거대한 집단이 여전히 형태를 유지할 수 있었을까? 어떻게 보아도 이 은하단은 시간이 흐르면서 흩어졌어야 했다. 은하들을 붙잡아둘 만큼의 질량, 즉 중력이 턱없이 부족했기 때문이다. 이 수수께끼를 풀기 위해 츠비키는 설득력 있는 가설을 내놓았다. 보이지 않는 물질이 존재하며, 그것이 은하단을 붙잡을 만큼 강한 중력을 은하들에 미친다는 가설이었다. 그는 빛을 내지 않아 우리의 망원경으로는 관측되지 않는다고 추정되는 이 가설상의 물질에 '둥클레 마테리어Dunkle Materie', 즉 암흑 물질이라는 이름을 붙였다.

츠비키는 상당히 까칠한 성격으로 악명이 높았다. 그는 성미가 급하고 오만하다는 평을 받았으며, 칼텍의 동료들을 '전방위 꼴통들spherical bastards'이라고 부르기도 했다. 어느 각도에서 봐도 똑같이 비호감이라는 뜻이었다. 아마도 이런 성격 탓에 그리고 추가적인 관측 증거가 부족했던 탓에, 은하들을 붙잡아두는 보이지 않는 물질이라는 그의 생각은 오랫동안 세상으로부터 외면당한 채 묻혀 있었다. 그의 가설이 과학계의 집단의식 속에서 되살아난 것은 그가 세상을 떠난 지 40년이 지난 뒤였다. 그 부활은 강렬했고, 과학계 전반에 깊은 파장을 일으켰다.

베라 루빈

1928년에 필라델피아에서 태어난 베라 루빈Vera Rubin은 세상과 하늘의 신비에 매료된, 유난히 호기심 많은 아이였다. 그녀는 어릴 적 할머니 댁에서 집으로 돌아오던 길, 차창 밖의 달이 줄곧 자신을 따라오는 모습을 보고 신기해했다고 한다.

"덤불도 나무도, 멀리 있는 언덕들까지도 우리 뒤로 흘러갔지만, 달은 창밖에서 계속 우리를 따라오고 있었다. 달은 우리가 집에 가고 있다는 걸 어떻게 알았을까?"

많은 이들이 자라며 그런 유년의 호기심을 잃어버리지만, 그녀는 그 호기심을 놓지 않았다. 그리고 그 마음은 결국 그녀를 천문학사에서 가장 빛나는 인물 중 한 사람으로 이끌었다.

아홉 살이 되던 해 그녀의 가족은 워싱턴 D. C.로 이사했다. 그녀가 언니와 함께 쓰던 방에서는 북쪽 하늘이 훤히 내다보였다. 하지만 그 시절에 하늘은 남성들만 탐구할 수 있는 영역이었다. 그녀의 부모는 딸의 열정을 이해하고 지지했지만, 주변 사람들은 별을 연구하기보다는 '별을 그리는 일'이 그녀에게 더 어울릴 것이라며 과학자의 길을 포기하라고 권했다. 훗날 루빈은 고등학교 시절,

"지구는 인류의 요람이지만,

인간은 영원히 요람에 머물 수는 없다."

— 콘스탄틴 치올코프스키 (Konstantin Tsiolkovsky)

물리 선생님이 발견을 두 가지 유형으로 나누어 설명했을 때 깊은 좌절감을 느꼈다고 회상했다. 그의 설명에 따르면, 한 유형은 통찰과 천재성을 필요로 하는 발견이고(그가 든 모든 예시는 남성들의 발견이었다), 다른 한 유형은 노력은 필요하지만 천재성은 필요치 않은 발견이었다(그가 든 예시는 마리 퀴리의 발견 하나였다).

루빈은 이렇게 비우호적인 환경에서도 굴하지 않았다. 바사 칼리지Vassar College에 진학해 장학생으로 선정된 그녀는 졸업 후 동료 과학자 로버트 루빈과 결혼해 함께 코넬 대학교 대학원에 진학했고, 1954년 조지타운 대학교에서 박사 학위를 받았다. 그로부터 10년 동안 그녀는 조지타운 대학교에서 연구원으로 일하며 네 아이를 키웠다. 훗날 그 네 자녀 모두 과학자의 길을 걷게 된다.

1965년, 그녀는 카네기 연구소로 자리를 옮겼다. 이 연구소는 마운트 윌슨 천문대를 비롯해 세계적 수준의 천문대를 운영하는 기관으로, 에드윈 허블이 100인치 후커 망원경주의 팽창을 밝혀낸 곳이기도 했다. 당시 마운트 윌슨 천문대와 팔로마Palomar 천문대 같은 대형 천문대들은 거의 전적으로 남성의 공간이었다. 이런 천문대의 숙소는 '수도원Monastery'이라 불릴 정도로, 남성 천문학자들이 가족의 방해 없이 우주 연구에 몰두할 수 있도록 설계된 조용한 장소였다. 그러나 관측 천문학 분야에 여성 연구자가 거의 없던 시기에 생겨난 이런 관행은 머지않아 여성을 배제하는 정당화의 근거로 변질됐다.

1950년대 여성들은 카네기 연구소의 펠로십에 지원하거나 망원경 사용을 요청하면 대개 거절당했다. 이유는 늘 같았다. 숙소와 시설이 여성에게 적합하지 않다는 것이었다. 루빈의 동료이자, 무거운 원소가 별의 중심에서 합성된다는 사실을 밝혀낸 업적으로 유명한 마거릿 버비지Margaret Burbidge 역시 카네기 연구소 펠로였던 남편에게 배정된 망원경 사용 시간에 동행하는 방식으로만 마운트 윌슨 천문대에서 관측할 수 있었다.

루빈은 1964년 함부르크에서 열린 국제천문연맹 회의에서의 한 장면을 또렷이 기억했다. 그 자리에서 당시 천문학계의 거장이던 앨런 샌디지Allan Sandage가 그녀에게 팔로마 천문대의 카네기 망원경을 써볼 생각이 있느냐고 물었던 것이다. 그곳은 여전히 여성에게 출입이 금지된 장소였다.

"물론 쓰고 싶다고 했어요."

루빈은 그렇게 팔로마 망원경을 공식적으로 사용한 최초의 여성이 됐다. 세월이 흐른 뒤, 그녀의 이름은 천문대에 붙은 최초의 여성 이름이 됐고, 그녀 자신은 캐롤라인 허셜 이후 168년 만에 영국 왕립천문학회 금메달을 받은 여성으로 기록됐다.

은하의 회전

1968년, 루빈은 당시 경쟁이 빠르게 가속화되던 천문학의 한 분야에서 사회적·성별 장벽을 넘어서면서 잇달아 논문을 발표하고

　　　　　우주를 탐구하며 알게 된 것들

있었다. 하지만 경쟁이 덜 치열한 환경에서 자신만의 페이스로 연구하고 싶었던 그녀는 은하를 구성하는 별들의 속도를 측정하는 일에 집중하기로 했다. 그 첫 대상으로 그녀는 과거에 연구된 적은 있었지만 관측 장치의 한계로 충분히 정밀하게 관측되지 못했던 안드로메다은하를 선택했다.

마침 그 무렵, 천문학자 켄트 포드Kent Ford는 망원경이 모은 빛을 증폭시켜 그동안 관측할 수 없었던 은하의 희미한 영역까지 탐구할 수 있게 하는 새로운 장치를 완성한 상태였다. 루빈은 포드와 손을 잡고 안드로메다은하의 여러 구역을 정밀하게 조사하며, 별들이 은하의 중심을 얼마나 빠르게 회전하고 있는지를 그때까지 진행되었던 그 어떤 연구보다도 명확하게 측정했다. 안드로메다은하는 지구에서 약 250만 광년 떨어진, 우리에게 가장 가까운 은하로 이런 연구에 더없이 적합한 대상이었다. 이 은하는 밤하늘에서 약 3도에 걸쳐 펼쳐져 있기 때문에 은하의 각 구역을 개별적으로 관측할 수 있었고, 이를 통해 루빈과 포드는 은하의 여러 부분에서 별들의 움직임을 시각적으로 보여주는 '속도 지도velocity map'를 만들 수 있었다.

수 세기 전 케플러가 발견하고 설명했듯이, 태양계의 행성들은 태양에 가까울수록 더 빠른 속도로 공전한다. 태양의 중력은 거리와 함께 약해지기 때문에, 태양에서 멀리 떨어진 행성일수록 궤도를 유지하기 위해 더 느리게 움직여야 한다. 당시 천문학자들은 은하를 구성하는 별들도 이와 같은 방식으로 움직일 것이라 예상했다. 즉, 중력이 가장 강하게 작용하는 밀집된 중심부의 별들은 빠르게 움직이고, 별이 성기게 분포한 은하 외곽의 별들은 더 느리게 움직일 것이라 예상한 것이다.

그러나 루빈이 관측한 결과는 이 예측과는 놀라울 정도로 다른 것이었다. 예상과는 달리, 안드로메다은하의 외곽 영역에 위치한 별들이 은하 중심에 가까운 별들과 거의 같은 속도로 공전하고 있었던 것이다. 그녀가 목격한 것은 이른바 '평평한 회전 곡선flat rotation curve' 현상이었다. 이는 은하 중심으로부터의 거리와 관계없이 은하 내 별들의 속도가 거의 일정하게 유지된다는 뜻이다. 그리고 이 현상은 안드로메다은하에서만 일어나는 현상이 아니었다. 지구로부터 거리가 서로 다른 21개의 은하를 대상으로 같은 측정을 해도 같은 결과가 나왔다. 데이터는 명확했다. 은하들은 우리가 예상한 방식으로 움직이지 않았다.

루빈은 이 현상을 두고 이렇게 해석했다. 수십 년 전 츠비키가 머리털자리 은하단의 비정상적 움직임을 설명하기 위해 제시했던 그 '보이지 않는 물질'이 이 현상의 원인일까? 이 소용돌이치는 별들의 도시, 즉 은하는 암흑 물질의 헤일로halo 속에 잠겨 있고, 그 헤일로는 눈에 보이는 은하 전체를 품을 만큼 거대하며, 우리가 관측할 수 있는 물질보다 훨씬 더 많은 질량을 지니고 있는 것은 아닐까?(현대 천문학 이론에 따르면, 헤일로는 은하를 감싸고 있는 거대한 구형 구조로, 오래된 별들과 구상성단 그리고 압도적인 양의 암흑 물질로 이루어져 있다. 은하의 중력 구조를 지탱하는 핵심 요소이지만, 대부분은 눈에 보이지 않는다―옮긴이) 그리고 바로 이 암흑 물질의 헤일로가 은하 외곽에 위치한 별들이 예상보다 훨씬 빠른 속도로 공전하는 이유를 설명해주는 것은 아닐까?

중력렌즈 효과

시간이 흐르면서, 우리가 우주의 상당 부분을 놓치고 있다는 증거가 계속 쌓이기 시작했다. 이는 과학계에서 가장 큰 미해결 문제 중 하나로 떠올랐고, 암흑 물질이 그 유력한 해답으로 주목받게 됐다. 그 근거 중 하나는 아인슈타인의 일반 상대성 이론이 예측한 현상, 즉 질량이 큰 천체 근처를 지날 때 빛이 휘어지는 현상이었다. 또한 1937년에 프리츠 츠비키는 거대한 질량과 막대한 양의 뜨거운 가스를 지닌 은하단이 강력한 중력렌즈gravitational lens로 작용해 더 먼 배경 은하들background galaxies(은하단이나 거대 질량체보다 지구에서 훨씬 더 멀리 떨어져 있는 은하들―옮긴이)로부터 오는 빛의 경로를 휘게 한다는 가설을 제시한 바 있다.

먼 옛날 머나먼 은하에서 출발한 빛이 광활한 우주 공간을 가로질러 우리에게 다가오는 모습을 상상해보자. 먼 은하와 우리 사이에 거대한 은하단이 놓여 있다면, 그 은하단의 강력한 중력이 그 주변의 시공간 구조를 왜곡할 것이고, 먼 은하에서 오는 빛은 그 은하단 옆을 지날 때 휘어질 것이다. 빛이 이렇게 휘면 놀라운 시각적 현상들이 관찰된다. 빛이 증폭되어 먼 은하가 확대되어 보이기도 하고, 빛이 왜곡되고 늘어나면서 먼 은하가 호arc를 비롯한 다양한 형태로 보이기도 한다. 그리고 극히 드물게 정렬이 완벽하게 이루어질 때에는 먼 은하에서 온 빛이 중력렌즈 역할을 하는 은하단의 주위를 따라 완전한 고리 형태로 번질 수도 있다. 이를 '아인슈타인 고리Einstein ring'라고 부른다.

중력렌즈 효과는 거대한 천체가 그 주변의 시공간을 왜곡함으로써 발생하는 현상 중 가장 극적인 것이다. 빛이 이런 중력렌즈, 즉 거대한 천체 주위에서 얼마나 휘는지는 그 천체의 질량에 달려 있다. 질량이 클수록 중력렌즈 효과는 더 강해진다. 1980년대에 이르러 천문학자들은 특히 은하단에서 이 효과가 강하다는 사실을 관측을 통해 확인했다. 하지만 이 현상은 별과 가스 같은 가시적 물질만으로는 설명할 수 없었다. 이는 우주의 질량 중 상당 부분이 여전히 계산되지 않았으며, 그 중력의 흔적이 우주 곳곳에 존재한다는 생각에 한층 더 신뢰를 부여했다.

미지의 물질 때문인가, 중력 때문인가?

우주 전역에 눈에 보이지 않는 골격이 존재하며, 그 골격이 은하와 은하단을 함께 묶어주고 우주의 거대 구조를 결정적으로 형성하고 있다는 사실은 점점 분명해지고 있었다. 1930년대에 츠비키

 우주를 탐구하며 알게 된 것들

가 머리털자리 은하단 관측을 통해 제시한 선구적인 통찰에서부터, 베라 루빈의 혁신적인 은하 회전 곡선galactic rotation curve 연구 그리고 예상보다 훨씬 강력하게 나타난 중력렌즈 현상에 이르기까지 수많은 우주적 현상들이 하나의 일관된 우주의 모습을 드러내고 있었다. 그러나 그 모습에는 결정적인 요소가 빠져 있었다. 우주의 움직임을 설명하기에는 관측된 물질의 총질량이 턱없이 부족했다.

만약 중력을 통해서만 그 존재를 감지할 수 있는, 보이지 않는 어떤 물질이 존재한다면 그것의 본질은 무엇일까? 아직 알 수 없다. 여러 가지 설명이 제안됐지만, 그중 두 가지 상반된 가설이 가장 큰 주목을 받아왔다. 하나는 우리를 이루는 물질과 근본적으로 다른 새로운 형태의 물질이 존재한다는, 지금까지 다루어온 '암흑 물질' 가설이다. 다른 하나는 어쩌면 중력에 대한 이해 자체가 불완전하며, 이러한 관측 결과를 설명하기 위해 중력 이론을 수정해야 한다는 주장이다. 만약 우리가 아는 물질과는 본질적으로 다른 유형의 물질, 즉 '암흑 물질'이 실제로 존재한다면 그 물질은 아원자 입자subatomic particle 중 하나이거나 근본적 성질을 공유하는 아원자 입자들의 집단일 수 있다. 후자가 더 가능성이 높아 보인다. 이 물질은 빛과 상호작용하지 않으며, '정상 물질normal matter'과의 주요한 상호작용은 오직 미세한 중력의 끌림을 통해 일어난다. 그 밖의 상호작용은 너무나 미약해서, 지금까지의 모든 탐지 시도에서도 관측되지 않았다. 이런 유형의 물질이 우리가 아는 물질보다 약 다섯 배나 많아, 우주의 주된 성분이 된다는 발상은 실로 심오하다. 우리가 그 물질이 정확히 무엇인지조차 모른다는 점을 생각하면 더욱 그렇다. 어쩌면 고유한 구조를 지닌 별도의 '암흑 영역dark sector'이 존재하는지도 모른다. 우리는 그 영역이 미치는 중력만을 감지할 수 있을 뿐이다. 하지만 그 내부에서는 중력 외에도 다른 미지의 힘들이 작용하고 있을지도 모른다. 만약 우주 전체의 5퍼센트에 불과한 '정상 물질'이 우리가 지금 보고 있는 엄청나게 다양한 현상들을 만들어냈다면, 훨씬 더 많은 양의 물질이 빚어낼 가능성은 얼마나 클까? 우리는 '약하게 상호작용하는 무거운 입자Weakly Interacting Massive Particles, WIMPs'라 불리는 암흑 물질의 유력한 후보를 찾기 위해, 지하 깊은 곳에 거대한 검출기를 설치하고, 탐사 장비를 우주로 보내며, 강력한 입자 가속기를 이용해 실험실에서 직접 그 입자들을 만들어내려는 시도까지 하고 있다.

'누락된 질량missing mass'의 수수께끼는 어쩌면 중력에 대한 우리의 이해가 수정되어야 함을 암시하고 있을지도 모른다. 암흑 물질의 존재를 뒷받침하는 모든 증거가 중력 효과로부터 비롯된다는 점에서, 어떤 이들은 새로운 형태의 물질의 존재를 상정할 필요 없이, 더 정교한 중력 이론이 필요하다고 주장한다. 수정뉴턴역학Modified Newtonian Dynamics, MOND과 같은 가설은 중력이 매우 낮은 가속도 영역에서는 다르게 작용할 수 있다고 제안하며, 암흑 물질의 존재를 가정하지 않고도 별과 은하의 움직임 중 일부를 설명할 수 있을 가능성을 제시한다. 하지만 수정뉴턴역학 또는 그와 유사한 가설들은 지금까지의 모든 관측 현상을 완전히 설명하는 데에는 여전히 어려움을 겪고 있다.

이 두 관점은 동일한 수수께끼에 대해 근본적으로 다른 해법을 제시한다. 우리는 우주에 존재하는 것으로 보이는 이 '누락된 질량'을 어떻게 설명할 수 있을까? 암흑 물질 가설이 우주에 미지의 구성 요소가 존재한다고 제안하는 반면, 수정 중력modified gravity 이론은 우리가 가장 잘 이해하고 있다고 여겨온 기본적인 힘 가운데 하나인 중력의 근본 원리를 다시 검증해야 한다고 주장한다.

우주배경복사

1960년대 중반, 뉴저지 시골의 언덕 위에서 전파천문학자 아노 펜지어스Arno Penzias와 로버트 윌슨Robert Wilson은 위성통신 초창기 시절에 사용되던, 길이 6미터에 이르는 거대한 뿔 모양의 안테나(전파 망원경)를 개조하고 있었다. 이 안테나는 크고 감도가 뛰어나 전파천문학 연구에 적합했고, 두 사람은 이 안테나를 이용해 은하계 내의 가스로부터 방출되는 아주 약한 전파 신호를 측정할 계획이었다. 그러나 장비를 설치하자마자, 본래의 목적을 위한 관측을 시작하기도 전에 문제가 발생했다. 모든 방향에서 밤낮을 가리지 않고 상당히 많은 양의 전파가 균일하게 안테나에 잡히고 있었기 때문이었다. 그것은 마치 라디오의 잡음처럼 들리는, 끊임없이 이어지는 신호였다.

그들은 이 잡음을 없애거나 적어도 그 근원을 밝혀내기 위해, 생각할 수 있는 모든 가능성을 하나하나 검토했다. 먼저 전파망원경을 뉴욕시와 그 인근 지역 방향으로 돌려 신호의 변화를 살폈으나 아무 차이가 없었고, 이를 통해 인공적으로 발생한 잡음의 가능성을 배제했다. 이어 신호가 태양계에서 비롯된 것인지 확인하기 위해 행성들이 도는 평면(공전면) 방향을 관측했다. 그러나 그 방향에서도 신호의 세기와 성질은 변하지 않았으며, 은하수(우리 은하)의 밝은 부분과 어두운 부분에서도 똑같은 신호가 잡혔다. 이로써 그들은 이 신호가 우리 은하에서 비롯된 것이 아님을 확인할 수 있었다. 또한, 계절이 바뀌면서, 그들은 지구가 태양 주위를 도는 동안 신호의 세기나 방향을 변화시킬 가능성이 있는 모든 원인을 하나씩 배제할 수 있었다. 당시 일각에서는 1년 전 실시된 고고도 핵실험으로 대기 중에 방출된 하전 입자들이 전파에 영향을 주었을 가능성도 제기됐지만, 시간이 흐르며 그 효과는 이미 상당히 사라졌을 것으로 보였다. 두 사람은 심지어 안테나 안에 둥지를 튼 비둘기들을 쫓아내고, 그들이 남긴 흰색의 '유전체 물질dielectric material 코팅'—비둘기 똥—을 깨끗이 청소하기까지 했다(유전체는 외부로부터 전기장이 가해졌을 때 극성을 지니게 되는 물질을 뜻한다—옮긴이).

이렇게 그들은 이 신호의 원인을 밝혀내기 위해 온갖 노력을 다했지만, 이 복사radiation(열이나 파동[주로 전자기파]이 물체에서 매질 없이 사방으로 방출되는 현상 또는 그 파동 자체—옮긴이)는 여전히 망원경에 의해 감지되고 있었다. 절대온도 0도(-273.15도)보다 약 3도 높은, -270도에 해당하는 복사였다. 이 신호가 지구나 태양계 또는 우리 은하에서 비롯된 것이 아니고, 안테나 자체의 결함 때문에 발생하는 것도 아니라면 그 원천은 무엇이었을까? 가능한 모든 원인을 거의 다 제거한 끝에, 펜지어스와 윌슨은 이 신호가 우리 은하 바깥에서 온 것이라는 결론에 도달할 수밖에 없었다.

20세기 중반은 우주가 팽창하고 있다는 증거가 점점 더 늘어나면서, 우주의 기원을 둘러싼 열띤 논쟁이 이어지던 시기였다. 1948년, 천체물리학자 조지 가모프George Gamow, 랠프 앨퍼Ralph Alpher, 로버트 허먼Robert Herman은 아주 먼 옛날 초기 우주가 지금보다 훨씬 작고 밀도가 높으며 뜨거웠을 것이라는 가설을 제시했다. 그들은 그렇게 뜨겁고 밀도 높은 우주가 핵반응이 일어나 최초의 원소들이 형성되기에 완벽한 환경이었으며, 열역학의 법칙에 따라 오랜 시간에 걸쳐 팽창하다 식었을 것이라고 봤다. 또한 그들은 극초기 우주의 고에너지 복사relic radiation(잔존 복사)가 수십억 년에 걸쳐 우주 전체로 전파되다가 결국 마이크로파 형태로 우리에게 도달하게 됐을 것이라 주장했고, 앨퍼와 허먼은 이 마이크로파 신호가 약 3켈빈(K)의 온도를 지니며 탐지 가능할 것이라고 예측했다.

뉴저지의 또 다른 곳, 펜지어스와 윌슨으로부터 멀지 않은 프린스턴 대에서는 로버트 디키Robert Dicke가 이끄는 천체물리학 연구팀이 초기 우주의 잔재로 예측된 바로 그 마이크로파 신호를 탐지하기 위해 복사계radiometer(약한 마이크로파 신호를 노이즈 환경에서 정밀하게 측정하기 위해 고안된 특수한 형태의 무선 수신기 ―옮긴이)를 만들고 있었다. 펜지어스와 윌슨은 이런 사실을 전혀 알지 못했다. 그들은 자신들의 관측 결과를 디키에게 알린 뒤에야, 자신들이 디키의 연구팀이 찾고 있던 바로 그 신호를 발견했다는 사실을 깨달았다. 그 전화 통화를 마친 펜지어스와 윌슨이 그토록 고심하며 제거하려 했던 그 '잡음'은 결국 인류 역사에서 가장 중요한 과학적 발견 중 하나로 이어졌다. 그 잡음이 바로 빅뱅 이론**Big Bang theory**이 예측했던 복사였기 때문이다. 뉴저지 언덕 위에 세워진 거대한 안테나 하나가 138억 년 전 초기 우주에서 나온 신호를 포착한 것이었다. 이 '우주배경복사**cosmic microwave background radiation**'는 우주가 태어난 지 38만 년밖에 되지 않았을 때 방출된 희미한 잔광이었다.

빅뱅 직후의 초기 우주는 극도로 뜨겁고 밀도가 높은 혼돈의 공간, 빛과 물질이 격렬하게 뒤섞여 소용돌이치던 공간이었다. 이 원시 수프**primodial soup** 안에서 빛의 입자들은 전하를 띤 양성자들과 전자들에 충돌하면서 산란할 수밖에 없었고, 그 결과 밖으로 멀리 퍼져나갈 수 없었다. 짙은 안개 속에서 손전등의 빛이 멀리 퍼지지 못하듯이, 초기 우주에서 빛은 사방으로 산란되어 퍼질 뿐 멀리 나아가지 못했다. 그 뒤 우주는 팽창하면서 식어갔고, 빅뱅이 일어난 지 약 38만 년이 지났을 무렵에는 자유롭게 움직이던 양성자와 전자가 결합해 최초의 원자, 즉 수소 원자를 형성할 수 있을 정도로 온도가 낮아졌다. 양성자와 전자가 원자 안에 결박되자 안개가 걷히기 시작했고, 빛의 입자들은 마침내 아무 방해 없이 우주 공간을 자유롭게 이동할 수 있게 됐다.

펜지어스와 윌슨이 발견한 복사는 바로 이 '최초의 빛first light', 즉 우주에서 처음으로 자유롭게 전파될 수 있었던 가장 오래된 빛이었다. 그 빛은 138억 년 동안 우주를 가로질러 여행하면서 파장이 늘어나 마침내 전자기 스펙트럼 중 마이크로파 영역에 이르게 됐다.

1965년, 두 연구팀은 《천체물리학 저널The Astrophysical Journal》에 연달아 논문을 발표했다. 이 논문들에서 펜지어스와 윌슨은 자신들의 관측 결과를 보고했고, 디키의 연구팀은 그 발견이 지닌 우주론적 함의를 설명했다. 같은 해 5월, 〈뉴욕 타임스〉 1면에는 '빅뱅 우주의 신호가 발견되다'라는 제목의 기사가 실렸다. 이 잔존 복사의 발견은 빅뱅 우주론의 눈부신 승리였다. 이는 우주가 시작과 끝이 없는 영원한 존재이며, 물질이 끊임없이 생성되어 밀도가 일정하게 유지된다는 매혹적인 대안 모델, 정상우주론Steady State model을 무대 밖으로 밀어냈다.

암흑 에너지

초기 우주의 흔적이 새겨진 이 우주배경복사를 정밀하게 연구하면, 그 시기에 대한 단서뿐 아니라 암흑 물질과 암흑 에너지를 비롯한, 아직 밝혀지지 않은 우주의 구성 요소들에 대한 실마리 또한 얻을 수 있을 것이다. 2009년, 유럽우주국ESA은 이 복사를 전례 없는 정밀도로 관측하기 위해 플랑크Planck 우주망원경(인공위성)을 발사했다. 이 우주망원경은 지구에서 약 150만 킬로미터 떨어진, 태양과 지구의 중력이 균형을 이루는 지점으로 보내졌고, 최소한의 연료로 태양과 지구 사이에서 안정된 위치를 유지할 수 있었다. 지구에서 발생하는 전파와 복사의 영향을 벗어난 플랑크 우주망원경은 시야를 방해받지 않고 깊은 우주를 바라보며, 우주배경복사를 극도로 정밀하고 연속적으로 관측했다.

플랑크 우주망원경은 하늘 전체를 관측해, 전례 없이 정밀하고 포괄적인 우주배경복사 지도를 그려냈다. 이 지도를 통해 우리는 우주가 태어난 지 38만 년밖에 되지 않았을 때의 모습을 엿볼 수 있다. 그 고해상도 이미지는 우주의 나이가 정확히 138억 년임을 밝혀주었고, 초기 우주가 놀라울 만큼 균질하고 등방적等方的, isotropic(어떤 방향에서 측정하더라도 물리적 성질의 값이 동일하다는 의미—옮긴이)이었다는 사실도 드러냈다. 어느 방향을 향하든 거의 2.7캘빈의 온도를 측정할 수 있다는 것은, 물질과 에너지가 초기 우주에서 극히 균등하게 퍼져 있었다는 뜻이다. 그러나 이 지도를 자세히 들여다보면, 양자 요동quantum fluctuation(아무것도 없는 것처럼 보이는 공간에서도 에너지양이 일시적이고 무작위적으로 변하는 현상—옮긴이)으로 인해 평균 온도보다 아주 미세하게 온도가 높은 영역들, 즉 물질이 조금 더 밀집된 영역들이 드러난다. 겉보기에 보잘것없어 보이지만, 이 미세한 영역들이야말로 우주의 진화에 결정적인 역할을 했다. 밀도가 약간 더 높은 곳은 조금 더 강한 중력으로 주변의 물질을 끌어당겼고, 시간이 흐르며 가스와 먼지가 서서히 모여들어 점점 더 조밀해졌다. 그렇게 끝없는 시간이 흐르는 동안, 이 작은 씨앗들은 최초의 별과 은하 그리고 오늘날 우리가 관찰하는 모든 천체로 자라났다.

만약 그런 불완전함이 없었다면, 우주는 오늘날과 같은 별과 은하, 행성이 없는 광활하고 균질한 공간으로 남았을 것이다. 지금 우리가 알고 있는 그 역동성과 복잡성도 존재하지 않았을 것이다. 더욱 놀라운 것은 그 불완전함이 우주배경복사 속에 화석처럼 새겨져 있다는 점이다. 우리는 이 복사를 정밀하게 측정함으로써, 우주가 겨우 38만 년이었을 때의 모습을 엿볼 수 있게 됐다.

20세기 후반에 이르러, 우리는 우주가 상상할 수 없을 만큼 뜨겁고 밀도가 높은 플라스마 상태에서 탄생해 지금까지 계속 팽창해 왔다는 관점을 지지할 만한 충분한 증거를 쌓아올렸다. 당시 지배적인 생각은, 결국 이 팽창이 우주 안의 모든 물질이 만들어내는 중력에 의해 상쇄될 것이라는 것이었다. 우리는 중력이 우주를 형성하는 주된 힘, 곧 그 형태와 구조를 빚어내는 조각가라고 여겼다. 그 끌어당기는 힘 아래에서 모든 물질은 서로를 향해 모이고 있으며, 은하들의 후퇴 운동으로 관측되는 팽창 또한 점차 속도가 떨어질 것이라 생각했다. 그러나 1990년대 후반, 우주 거리 측정의 표준 척도로 쓰이는 매우 밝은 초신성들을 정밀하게 관측한 결과, 먼 은하들이 예상보다 더 빠른 속도로 멀어지고 있다는 사실이 드러났다. 다시 말해, 우리가 예상했던 것과 달리 우주의 팽창은 느려지고 있지 않았으며 오히려 가속되고 있었다.

그렇다면 무엇이 이런 현상을 일으키는 것일까? 현재 주류 가설은 '암흑 에너지'라 불리는 기이한 반발력이 우주의 가속 팽창을 일으킨다는 것이다. 이 힘은 우주 전역에 퍼져 있으며, 전체 질량과 에너지의 약 70퍼센트를 차지하면서 중력의 인력을 효과적으로 상쇄한다. 암흑 에너지는 시공간 자체의 고유한 성질일 수 있다. 우리가 '빈 공간'이라고 부르는 곳도 사실은 완전히 비어 있지 않다. 양자역학에 따르면, 진공이라 불리는 그 공간은 끊임없이 요동치며, 가상의 입자들이 자발적으로 나타났다 사라지는 활동으로 가득 차 있다. 이러한 요동에는 에너지가 수반되며, 따라서 '빈 공간'에도 에너지가 존재한다. 이 에너지는 우주 전체에서 일정하기 때문에, 우주가 팽창하더라도 희석되지 않는다. 우리는 이 에너지가 중력에 대항해 우주 팽창을 가속시키는 압력을 만들어내고 있다고 본다. 문제는 이 에너지의 크기를 이론적으로 계산했을 때 그 값이 실제 관측값보다 무려 10120배나 크다는 점이다. 암흑 에너지의 본질을 이해하는 일은 여전히 물리학에서 가장 난해한 미스터리로 남아 있다. 하지만 이 미스터리는 너무나 매혹적이기도 하다. 암흑 에너지가 우주의 궁극적인 운명과 깊이 맞닿아 있는 듯 보이기 때문이다.

우주의 운명

현재의 우주 모형으로 우리는 매우 먼 미래에 어떤 일이 일어날지 예측할 수 있다. 가장 개연성 높은 시나리오는 암흑 에너지가 우주의 팽창을 계속 가속시키는 것이다. 헤아릴 수 없을 만큼 긴 세월이 흐르면서, 후퇴하는 은하들은 더욱 멀리 흩어질 것이다. 별들은 마침내 불타는 광휘를 잃고 사라지고, 서서히 식어가던 우주는 황량한 공허로 변해가면서 완전한 정적 상태에 이르게 될 것이다.

우주가 이렇게 계속 팽창하면서 약 1,000억 년 후에는 은하와 은하단 같은 거대 구조들이 서로 더욱 멀어지게 될 것이다. 시공간의 구조도 극도로 팽창해, 모든 은하단 사이의 거리는 점점 멀어지다가 결국 각각의 은하단은 서로의 관측 가능한 우주의 경계, 즉 우주의 지평선 너머로 사라지게 될 것이다. 아무것도 없는 공동void에 둘러싸여 다른 어떤 것도 볼 수 없게 된 각 은하단은 마치 고립된 '섬 우주island universe'처럼 존재하게 될 것이다.

현재 우리는 격렬한 항성 활동이 특징인 '별의 시대Stelliferous Era'에 살고 있다. 이 시기 동안에는 별들이 끊임없이 태어나며, 헤아릴 수 없는 세월 동안 빛을 내다가 마침내 죽음을 맞이한다. 어떤 별은 폭발하는 초신성으로 장대한 최후를 맞이하고, 어떤 별은 적색거성red giant으로 부풀어 올라 서서히 빛을 잃으며 사라진다. 우주에서 대부분의 에너지는 별의 중심부에서 일어나는 핵융합에 의해 생성된다. 시간이 흐르면서, 거대한 별들이 모두 사라진 뒤에도 여

"미래는 별들 사이에 있다."

— 레이 브래드버리(Ray Bradbury)

전히 빛을 내면서 우주에서 중심적인 위치를 차지할 별은 적색왜성 red dwarf 계열의 별들일 것이다. 우주에서 수적으로 우세를 차지할 이 적색왜성들은 핵연료를 매우 적게 사용하기 때문에, 그 빛은 수조 년에서 수십조 년에 이르는 세월 동안 지속될 것으로 예측된다.

하지만 결국 은하들은 별의 탄생에 필요한 원료인 수소 가스를 모두 소진하게 될 것이며, 별의 형성은 멈출 것이다. 은하수의 마지막 별들마저 연료를 다 태우고 사라질 것이고, 수조 년에서 수십조 년 동안 빛나던, 불멸에 가까운 적색왜성들조차 마침내 빛을 잃게 될 것이다. 그러다 우주의 나이가 약 100조 년에 이르면, 모든 별들이 더 이상 빛을 내지 않게 될 것이다.

모든 별이 빛을 잃는 순간, 우주는 '끝의 시작'이라 할 수 있는 단계에 들어서게 될 것이다. 이 '퇴화의 시대Degenerate Era'에는 죽은 별들의 잔해만이 우주에 남을 것이다. 태양처럼 질량이 비교적 작은 별들이 남긴 식어가는 잔불, 핵융합을 일으킬 만큼의 질량을 갖지 못한 '실패한 별들', 초신성의 최종 단계로 남은 극도로 밀도 높은 핵 그리고 블랙홀이 그 잔해들이다. 새로운 별이 더 이상 태어나지 않게 되면 하늘은 점점 어두워지고, 어떤 온기도 방출되지 않게 될 것이다. 그 과정을 거치면서 우주는 한층 더 어둡고 차가운 공간으로 변할 것이다. 하지만 은하들은 여전히 서로 상호작용하며 병합을 거듭할 것이고, 그 중심(병합을 통해 새로 형성된 거대 은하의 중심부)에서 엄청난 질량을 가진 초대형 블랙홀이 형성될 수도 있다. 일부 연구자들은 이 시기에 아원자 입자인 양성자가 결국 붕괴할 것이라고 본다. 만약 그렇게 된다면 죽은 별들조차 서서히 해체되어 완전히 사라질 것이다. 이 시대의 끝에 남는 것은 오직 블랙홀뿐일 것이다. 퇴화의 시대가 '블랙홀의 시대Black Hole Era'로 넘어가면서, 블랙홀이 우주의 지배자가 될 것이다. 블랙홀은 양성자 붕괴의 영향을 받지 않기 때문에, 앞선 시대를 통틀어 살아남은 유일한 항성형 천체이자 우주의 주된 에너지원으로 남게 될 것이다. 그러나 충분히 긴 시간이 지나면 블랙홀조차 '호킹 복사Hawking radiation'라 불리는 과정을 통해 자신의 질량을 복사 에너지로 변환시키면서 서서히 사라질 것이다.

이로써 우주는 '암흑 시대Dark Era'라 불리는 국면으로 진입하게 된다. 이 시대는 광대한 황량함, 모든 것을 뒤덮는 냉기 그리고 완전한 공허의 시대다. 이 시나리오는 빅뱅 이후 약 10^{100}년, 즉 1 뒤에 0이 100개나 이어지는 시간 후에 전개될 것으로 예상된다. 이는 인간의 이해력을 초월한 시간 규모다. 이 시기에는 아득히 먼 거리를 사이에 두고 흩어진 입자들만이 남게 된다.

모든 에너지는 균등하게 퍼져 있고, 물질과 에너지는 너무 희박하게 흩어져 있어 더 이상 어떤 작용이나 상호작용도 일어날 수 없다. 형태와 구조를 완전히 잃은 우주는 마침내 영원한 무無, 즉 공허 속으로 가라앉을 것이다. 이것이 바로 '빅 프리즈Big Freeze' 또는 '열 죽음Heat Death'이라 불리는 우주의 종말이다.

또 다른 가능성도 있다. 우주의 팽창이 계속될 뿐 아니라, 시간이 흐를수록 더 빠르게 팽창할 가능성이다. 일부 모형들은 암흑 에너지가 앞으로 우주 시대들을 거치며 점점 강해져 결국 중력을 포함한 다른 모든 힘을 압도할 만큼 막강해질 가능성을 제시한다. 만약 그렇게 된다면, 은하들은 내부 결속력을 잃고 무너져 내릴 것이고, 항성들은 격렬하게 항성계 밖으로 내던져지고, 행성들은 붕괴하며, 심지어 원자마저 그 가장 근본적인 구성 요소로 분해될 것이다. 이러한 파국적 미래상은 '빅 립Big Rip'이라 불리며, 모든 우주 구조가 되돌릴 수 없이 해체되어 그 근본 입자들로 흩어지는 종말을 뜻한다.

◆ ◆ ◆

고대인들이 별들을 관측해 그 지도를 그리기 시작한 이후로 지금까지 우주의 모습은 거의 변하지 않았지만, 인간의 우주를 바라보는 관점에는 상당히 많은 변화가 있었다. 아리스토텔레스적 세계관은 지상을 죽음과 부패의 공간으로, 천상을 영원한 완전성의 영역으로 명확히 구분했지만 오늘날 우리는 별들 또한 식어가며 죽는다는 사실을 알고 있다. 어쩌면 우주 자체도 별의 운명과 비슷한 운명으로 나아가고 있는지 모른다. 우리는 과거의 인류가 바라보던 하늘과 같은 하늘 아래 살고 있지만, 전혀 다른 현실 속에 존재한다. 우리가 세상을 바라보고 이해하는 방식이 달라졌기 때문이다. 그리고 우리의 후손들은 또 다른 현실 속에서 살아가게 될 것이다.

이제 우리는 의심의 여지없이 '진리'라고 믿는 것들조차 다음

과학 혁명 속에서 쓸려나갈 수 있다는 생각을 더 잘 받아들이고 있
다. 영국의 천문학자 아서 에딩턴은 과학적 발견을 거대한 직소 퍼
즐의 조각을 맞추는 일에 비유했다. 새로운 발견은 이미 맞춰진 퍼
즐의 조각들을 모두 해체해야 한다는 뜻이 아니라, 완성된 전체 그
림을 새롭게 해석해야 한다는 의미이다. 그는 이렇게 말했다.

"어느 날 누군가 과학자에게 일이 어떻게 되어 가는지를 묻자
과학자가 대답했다. '아주 잘되고 있습니다. 이 파란 하늘 부분은 거
의 완성됐어요.' 며칠 뒤 다시 묻자 그는 말했다. '새로 맞춘 부분이
많습니다. 그런데 지금 보니 하늘이 아니라 바다군요. 그 위에 배가
한 척 떠 있네요.' 아마 다음번에는 그 바다가 거꾸로 뒤집힌 파라
솔로 바뀌어 있을지도 모르죠."

우주 생명체를 찾아서

9
우리가 아는 생명

장구한 세월 동안 우리는 밤하늘에서 고요히 빛나는 별들을 바라보며 의문을 품어왔다. 이 광대한 우주에 우리만 존재하는 것일까? 아니면 우주 어딘가에 우리처럼 밤하늘을 바라보며 같은 질문을 던지는 외계 생명체가 존재하지는 않을까? 우리는 오랫동안 우리의 존재가 우주에서 특별한 의미를 지닌다고 믿어왔다. 하지만 우주가 우리 앞에 펼쳐지면서 그 믿음은 서서히 무너지기 시작했다. 이제 우리는 팽창하는 우주 속 2조 개의 은하 가운데 하나인 거대한 은하의 나선 팔 변두리에서 평범한 한 항성 주위를 돌고 있는 작은 행성에 우리가 살고 있음을 알고 있다. 지구가 우주의 중심에 놓인 특별한 존재라는 생각은 이미 완전히 무너졌다. 이제 우리는, 우리가 살아가는 지구가 해변에 흩어진 모래알 한 알처럼 평범한 존재임을 알고 있다.

그렇다면 우주에서 생명체는 어떤 의미를 가질까? 생명체는 지구에만 존재하는 것일까, 아니면 우주 어디에나 보편적으로 존재하는 것일까? 만약 지구 밖에 다른 생명체가 존재한다면 우리는 이 우주의 생물학적 질서 속 어디에 자리하고 있는 것일까? 지금까지 수많은 격변이 인류의 지위를 뒤흔들어왔지만, 지구 밖에서 생명체가 발견된다면 그것은 우리가 우리 자신을 바라보는 방식을 영원히 바꿔놓을, 가장 충격적이고 변혁적인 사건이 될 것이다.

수천 년 전, 그리스인들은 다중 세계의 존재에 대해 사유했다. 아리스토텔레스 학파는 지구가 유일한 세계이며 그 밖의 세계는 존재하지 않는다고 주장한 반면, 원자론자들은 다원론적 입장을 취해 무수히 많은 세계가 존재한다고 봤다. 그들은 세계가 원자들의 결합으로 형성됐다면, 그와 유사한 방식으로 원자들이 조합돼 만들어진 다른 세계들도 필연적으로 존재해야 한다고 생각했다. 데모크리토스와 레우키포스가 주창한 이 세계관은 이후 에피쿠로스Epicurus 학파에 의해 계승됐다. 그들은 더 이상 쪼갤 수 없는 무수한 원자들로 이루어진 무한한 우주가 존재하며, 그 끝없는 빈 공간 속을 원자들이 끊임없이 움직인다고 믿었다.

◆ ◆ ◆

기원전 1세기, 로마의 시인이자 철학자였던 루크레티우스 Lucretius는《사물의 본성에 관하여 On the Nature of Things》에서 그리스인들의 원자론을 체계적으로 해설했다. 이 책에서 그는 세상이 신이 아니라 기계적인 법칙이 지배하는 곳이며, 원자와 공동 void으로만 이루어져 있다며 이렇게 추론했다.

"… 이토록 많은 물질과 방대한 양의 원소가 존재하고, 공간 또한 무한하다면, 오직 이 하나의 땅과 하늘만이 창조됐고 그 수많은 원소와 물질이 다른 곳에서는 아무런 작용도 하지 않는다고 생각하는 것은 이치에 맞지 않다. 우리의 세계와 비슷한, 물질로 이루어진 다른 세계들이 존재하며 그것들은 에테르의 품 안에 안겨 있을 것이다."

우리가 사는 이 행성이 세계의 전부가 아닐지도 모르며, 어쩌면 결코 그럴 수 없을 것이라는 생각은 이미 오래전부터 사람들의 마음속에 자리하고 있었다. 그러나 지대한 영향력을 지닌 아리스토텔레스의 세계관은 지구를 우주의 중심이자 유일한 세계로 격상시켰고, 이 세계관은 수천 년 동안 인류의 사고를 지배했다. 지구 외에도 무수한 세계들이 존재할 수 있다는 생각이 힘을 얻기 시작한 것은 지구가 우주의 중심 자리에서 밀려난 뒤였다. 16세기에 도미니코회 수도사였던 조르다노 브루노 Giordano Bruno는 밤하늘의 별들이 사실은 멀리 떨어진 태양들이며, 그 태양들 각각을 공전하는 수많은 지구들에 생명체가 존재할지도 모른다고 생각했다. 이 생각은 기독교의 핵심 교리에 반하는 것이었고, 결국 교회는 그를 이단으로 규정했다. 7년에 걸친 투옥과 심문 끝에 그는 로마 종교재판소에서 최종적으로 이단 판결을 받아 1600년에 화형에 처해졌다. 그가 그렇게 세상을 떠난 뒤에야 그의 생각은 널리 알려지기 시작했고, 사람들은 그를 자유로운 정신을 지닌 순교자로 기억하기 시작했다.

그로부터 수 세기에 걸쳐, 광대한 우주 어딘가에 우리가 사는 세계와 비슷한 세계가 존재할지도 모른다는 생각은 점점 더 그럴듯한 가능성으로 받아들여지기 시작했다. 그러나 우리가 실제로 그런 세계를 엿보고, 우리가 우주에서 과연 홀로 존재하는지 혹은 우리와 같은 존재가 다른 곳에도 있는지를 진지하게 탐구할 수 있게 된 것은 비교적 최근의 일이다.

지구 밖에서 생명의 존재를 탐구하려 하기 전에 우리는 먼저 몇 가지 근본적인 의문을 마주해야 한다. 생명이란 정확히 무엇인가? 그리고 생명에 대한 우리의 정의는 우주 어딘가에 존재하고 있을지도 모를 전혀 다른 형태들에도 적용될 만큼 충분히 포괄적인가? 우리가 생명체라고 생각하는 것들은 어떻게 지구에서 발생해 자기 존재와 자신이 속한 우주의 본질을 물을 수 있는 능력을 갖추게 됐는가?

     우주 생명체를 찾아서

생명이란 무엇인가?

한때 생명의 신비를 설명할 수 있는 유일한 해석은 초자연적 존재가 개입해 생명체에 특별한 본질을 부여함으로써, 생명체가 무생물의 세계 속에서 독보적인 위치를 차지하게 됐다는 것이었다. 생식 능력이 없는 무생물의 세계에서 생명체는 활기를 띠며 움직였고, 타오르는 태양의 빛을 향해 몸을 뻗었다. 생명체는 성장에 필요한 양분을 찾아 끊임없이 움직이며 스스로를 복제하려 애썼다. 그러나 생명에는 결정적인 한계가 있었다. 생명체는 그 고유한 특징인 활력과 역동성이 언젠가 사라져, 생명체의 근원이 된 무생물과 구별되지 않게 되는 순간을 맞이하게 되기 때문이다.

수천 년 동안 인류는 평범해 보이는 원재료로부터 생명체라는 경이로운 존재가 어떻게 발생했는지 생각해왔지만, 만족할 만한 해답을 여전히 얻지 못하고 있다. 생명은 본질적으로 생물학적 현상인가? 결국 생명도 변하지 않는 물리 법칙에 그 뿌리를 두고 있는가? 생명을 정보 처리의 관점에서 보는 것이 더 적절할까? 일부 연구자들은 우리가 '생명체'라 부르는 존재가 사실은 비생명체와 그리 명확히 구분되지 않을 수도 있다고 본다. 그렇다면 기존의 이분법적 구분은 오해를 낳을 수 있는 지나치게 단순한 틀일 것이다. 어쩌면 생명체와 비생명체는 우리가 아직 완전히 이해하지 못하고 있는 하나의 연속선 위에 놓여 있을지도 모른다. 어쩌면 생명은 어떤 순간에 갑자기 불꽃처럼 타오른 것이 아니라, 이 연속선을 따라 점점 더 강력해진 어떤 존재일지도 모른다. 최근 등장한 인공적 형태의 지성과 그 지능의 미래를 생각해보면, 우리는 머지않아 생명과 비생명, 지각 있는 존재와 지각이 없는 존재의 경계를 분명히 그어야 하는 상황에 놓이게 될 것이 분명하다. 어쩌면 한두 세대만 지나도 인류는 생명이라는 개념을 지금과는 전혀 다른 방식으로 생각하게 될지도 모른다.

지구 밖 생명을 탐색하는 과정에서 NASA가 채택한 정의에 따르면, 생명은 '다윈식 진화가 가능한 자가 유지 화학 시스템a self-sustaining chemical system capable of Darwinian evolution'이다. 이 정의는 생명체가 근본적으로 화학작용에 기반하며, 스스로의 존재를 지속시키는 기능을 지니고 있음을 전제한다. 또한, 이 자가 유지 화학 시스템 안에서는 자연선택과 같은 메커니즘에 의해 무작위적 변이가 발생하고, 이를 통해 유기체가 주어진 환경에서 생존하고 번식할 수 있는 능력이 극대화된다. 이 실용적 정의는 지구 생명체와는 다른 설계도에 따라 형성됐을 수 있는 생명체의 가능성까지 포괄할 만큼 충분히 확장적인 정의다. 그러나 생명에 대한 정의는 이미 100가지가 넘는다. 이렇게 다양한 정의들은 우리가 오직 하나의 사례만을 가지고 생명을 규정하려 할 때 마주하게 되는 본질적인 어려움을 드러낸다.

 우주 생명체를 찾아서

무질서로부터의 질서

1944년, 양자 이론 발전에 핵심적인 역할을 한 오스트리아의 물리학자 에르빈 슈뢰딩거Erwin Schrödinger는 시선을 생명이라는 수수께끼로 돌렸다. 그해 출간된 《생명이란 무엇인가What Is Life?》에서 그는 그동안 물리학에서는 거의 다루어지지 않았던 이 질문에 자신의 심오한 통찰력을 적용했다.

그가 무엇보다 경이롭게 여긴 점은 생명이 자연의 가장 엄격한 법칙 가운데 하나인 열역학 제2법칙을 거스르는 듯 보인다는 사실이었다. 이 법칙에 따르면 닫힌계closed system(외부와 물질의 소통이 없는 물리적 계―옮긴이)의 엔트로피entropy, 즉 무질서도는 시간이 지남에 따라 필연적으로 증가한다. 다시 말해, 사물은 시간이 흐르면서 자연스럽게 더 혼란스러운 상태로 나아가려는 경향을 가진다. 이 법칙에 따라 열은 뜨거운 물체에서 차가운 물체로 흐르고 그 반대 방향으로는 흐르지 않으며, 깔끔하게 정돈된 방은 시간이 지나면 어질러지지만 저절로 더 정돈되지 않는다. 또한 우주 자체도 최대 엔트로피 상태, 즉 모든 에너지가 균일하게 퍼져 모든 활동이 멈추는 열 죽음의 방향으로 일방적으로 나아가고 있다.

이처럼 열역학 제2법칙은 물리학에서 절대적인 지위를 차지하고 있다. 이에 대해 아서 에딩턴은 어떤 이론이 기존에 확립된 물리 법칙과 충돌한다면, 어느 정도는 그 이론을 수정할 여지가 있지만, "그 이론이 열역학 제2법칙과 상충된다면 아무리 수정을 한다

해도 희망이 없을 것이다. 그런 경우에 그 이론은 심한 굴욕을 당하면서 무너질 수밖에 없다"라고 말한 바 있다.

그러나 생명체는 무질서로의 일방적인 진행을 규정하는 이 법칙을 거스르는 듯 보이면서도, 놀라울 만큼 정교하고 질서 정연한 체계로서 안정적으로 유지되고 있다. 열역학 제2법칙이 거스를 수 없는 자연의 명령이라면, 생명체는 어떻게 그토록 대담하게 그 명령에 불복하는 듯한 모습을 보이는 걸까? 그 답은 생명체가 실제로는 열역학 제2법칙을 위반하지 않는다는 데 있다. 이 법칙은 제2법칙은 물질이나 에너지를 주변과 교환하지 않는 '고립계isolated system'에만 적용되기 때문이다. 우주 전체는 고립계로 간주되지만, 지구와 그 위의 생명체들은 끊임없이 태양과 에너지를 주고받기 때문에 고립계로 볼 수 없다. 열역학 제2법칙은 우주 전체에서 무질서도가 증가하는 한, 국소적인 영역에서 질서가 형성되는 것을 허용한다. 생명은 바로 그 여지를 활용한다.

슈뢰딩거의 통찰은 놀라운 복잡성을 지닌 생명체가 끊임없이 주변 환경으로부터 '질서'를 끌어와 내부 구조를 유지한다는 사실을 간파한 데 있었다. 그는 생명체가 자신을 존재하게 해주는 질서를 얻는 대신, 그 대가로 우주에 무질서를 확산시킨다는 사실을 알아낸 것이었다. 실제로 생명체는 주변 환경으로부터 (햇빛이나 음식처럼) 질서도가 높은 상태의 에너지와 물질을 흡수해, 이를 연료로 이용해 자신의 생명 활동을 유지하며, 이 과정에서 열이나 노폐물처럼 질서도가 낮은 부산물을 주변 환경으로 방출한다. 그 결과, 우주의 전체적인 무질서도가 높아진다. 이 과정은 생명을 유지하기 위한 끊임없는 거래가 이뤄지는 역동적인 과정이다. 이 관점에서 보면, 원자들의 질서 정연한 결합을 유지하는 동시에 피할 수 없는 소멸을 늦추기 위해 우주와 끊임없이 에너지를 주고받는 과정이야말로 생명체 고유의 과정이라 할 수 있다.

이 거래를 위해 식물은 햇빛의 에너지를 포획해, 광합성을 통해 화학 에너지로 전환한다. 동물은 식물이나 다른 동물의 복잡하고 정돈된 분자를 섭취해 분해함으로써 에너지를 얻고, 그 과정에서 부산물을 배출한다. 결국 동물은 식물이 만들어낸 질서를 '빌려' 쓰고, 그것을 무질서의 형태로 환경에 되돌려주는 셈이다. 이렇게 생명체는 에너지를 끊임없이 교환하며 보편적인 무질서의 흐름을 교묘히 피한다. 하지만 이 역동적이면서도 섬세한 균형은 오래 지속될 수 있는 것이 아니다.

◆ ◆ ◆

2013년, 물리학자 제러미 잉글랜드Jeremy England는 도발적인 가설을 제시하며 이 관점을 확장했다. 생명은 우주의 근본적인 법칙이 작용해 발생한 필연적인 결과일 수 있다는 것이다. 그는 이렇게 가정한다. 만약 원자들의 덩어리에 태양의 따스한 빛이 계속 비치면, 그 원자들은 스스로를 점점 더 효율적으로 에너지를 포착하고 활용할 수 있는 방식으로 배열하게 될 것이다. 물질은 에너지에 노출되면 그 에너지를 더 잘 소산dissipation시킬 수 있는 정교한 구조로 변화하려는 경향을 지니기 때문이다(소산이란 에너지가 열이나 소리 등 다른 형태의 에너지로 바뀌어 주변으로 흩어져 없어지는 현상을 뜻한다. 이는 에너지가 완전히 사라지는 과정이 아니라, 더 이상 유용한 일로 활용할 수 없는 형태로 변환되어 분산되는 과정이다―옮긴이). 이 과정의 결과로 물질은 점점 더 복잡한 구조로 변화하며, 마침내 우리가 생명체라 부르는 형태에 이르게 된다. 그 대표적인 예가 식물이다. 식물은 탄소 원자들의 무작위적인 집합보다 훨씬 더 효율적으로 에너지를 분산시킬 수 있기 때문에 존재한다.

이 가설에 따르면, 살아 있는 유기체는 '무질서 생성 기계'라고 할 수 있다. 따라서 생명체의 등장은 우주의 가장 근본적인 법칙, 즉 전체적인 무질서의 총량은 반드시 증가해야 한다는 법칙에 따른 필연적인 현상이다. 생명의 가장 본질적인 특징인 자기 복제조차도 에너지 분산을 극대화하기 위한 전략, 다시 말해, 더 많은 '무질서 생성 기계'를 만들어 환경 전반에 에너지를 퍼뜨리기 위한 전략이다. 그러므로 생명은 우연히 발생한 이상 현상이 아니라, 물리 법칙으로부터 필연적으로 도출된 결과이자 그 법칙의 창발적 산물이다. 다시 말해, 생명은 물리 법칙과 분리된 독립적 실체가 아니라, 그 법칙이 스스로를 전개하는 과정에서 자연스럽게 드러난 한 형태이다. 따라서 관점에서 볼 때 생명은 열역학 제2법칙과 양립할 뿐 아니라, 본질적으로 그 법칙에 따라 움직인다.

이 이론에 대해서는 지금도 논의가 이어지고 있지만, 생명의

    우주 생명체를 찾아서

본질과 기원을 이해하는 데 있어 매우 설득력 있는 또 하나의 관점을 제시하며, 우주에서 생명이 얼마나 흔할 수 있는지를 새롭게 바라보게 한다. 만약 생명이 이 열역학 법칙에 따라 자연스럽게 시작됐다면, 생명체는 우리가 지금까지 생각해온 것보다 훨씬 더 광범위하게 퍼져 있을지도 모른다.

정보로서의 생명

생명에 대한 한층 더 추상적인 관점은 그것을 정보의 관점에서 바라보는 것이다. 이 관점에 따르면 생명체의 가장 근본적인 특성은 변화하는 환경에 적응하면서 자신의 생명을 유지하기 위해 능동적으로 정보를 활용하는 능력이다. 이 틀 안에서 생명체는 정보를 저장하고, 체계적으로 분류하며, 복제할 수 있는 일종의 정보처리 프로그램으로 이해된다. 즉, 이 관점에 따르면 생명체는 유전 프로그램을 실행하는 생화학적 기계가 아니라, 바로 그 프로그램 그 자체이며 그 생화학적 구조는 그 프로그램이 물리적으로 구현된 형태일 뿐이다.

생명체는 정보를 탐식하듯 소비하며 자신의 체계 내부와 외부 환경에서 들어오는 데이터를 흡수하고 통합한다. 이처럼 역동적으로 흐르는 정보 덕분에 생명체는 변화하는 세계에 적응할 수 있다. 이 모델에서 생명 시스템의 모든 구성 요소는 정보를 처리하고 활용하는 데 어떤 방식으로든 관여한다. 세포들은 서로 소통하고 개체는 환경과 상호작용하며 전체 개체군은 외부 사건에 반응해 시간이 지나면서 적응하고 진화한다. 분자 수준에서는 정보가 DNA나 RNA 분자에 부호화되어 있으며, 이 분자들은 단백질을 합성하기 위한 청사진을 담고 있다. 이러한 정보는 세포라는 환경 안에서 사용될 때 비로소 의미를 갖는다. DNA 분자는 그 자체로는 아무 기능도 없지만, 세포 안에서는 생명에 필수적인 단백질을 합성하는 데 필요한 지시를 내린다. 세포 수준에서는 정보가 세포 내부에서 처리되어 여러 활동을 조정하며 세포가 기능하도록 돕는다. 개체 수준에서는 몸의 서로 다른 부위에 있는 세포들이 서로 소통할 수 있도록 더 큰 정보 네트워크가 구축되어 개체의 통합성을 유지하고 성장과 발달을 가능하게 한다. 생태 수준에서는 정보가 개체와 환경 사이를 오가며 생태계를 형성하고 개체가 적응할 수 있는 능력을 규정한다. 궁극적으로 생명은 이 정보를 번식이라는 과정을 통해 다음 세대로 전달함으로써 스스로를 지속한다. 따라서 자기 복제는 매우 제한적으로 존재하는 귀한 정보를 더 풍부하게 만드는 메커니즘으로 볼 수 있다.

이러한 생명 분류의 틀은 생물학적 기질을 필요로 하지 않는 지능적 시스템을 상상하게 되는 기술 시대에 접어들면서 점차 더 중요한 위치를 차지하게 될지도 모른다.

우리가 모르는 생명체

우리가 생명을 정의할 수도 없고 생명에 대한 단 하나의 설계도만 가지고 있다면, 다른 세계에서 생명이 어떤 모습일지를 어떻게 상상할 수 있을까. 이는 여전히 만만치 않은 과제이다. 밤에 길에서 열쇠를 잃어버렸을 때 사람들은 가로등 아래를 가장 먼저 살펴본다는 말이 있다. 우리에게는 가장 답을 찾기 쉬운 곳에서 우선적으로 답을 찾으려는 편향이 있다는 뜻이다. 지금까지 지구 밖 생명체 탐색에 대한 우리의 생각도 이와 다르지 않았다.

우리가 존재할 수 있는 것은 죽은 별들의 재가 흩어졌기 때문이다. 별들은 죽어가면서 무거운 원소들을 우주로 뿜어냈고, 그 원소들로부터 생명체 발생을 가능하게 한 복잡한 화학 물질이 만들어졌다. 우리를 만들어낸 원재료는 수많은 별들이 오랜 세월에 걸쳐 소멸하는 과정에서 만들어진 것이다. 실제로 탄소, 수소, 질소, 산소, 인, 황 등 우리가 아는 생명의 구성 요소들이 우주에 풍부하게 존재하는 것은 별들의 이런 연금술 덕분이다. 칼 세이건Carl Sagan이 《코스모스Cosmos》에서 말했듯이, 우리는 '별의 재로 만들어졌다.' 그리고 별의 재는 우주에 너무나 많이 존재한다. 따라서 지구가 아닌 곳에 존재할지도 모르는 생명체도 우리처럼 별의 재로 만들어졌을 것이라는 생각은 그리 비합리적이라고 볼 수 없다. 우리는 우주의 산물이기도 하지만, 동시에 우리 행성과 그 고유한 과거와 현재의 조건들—우리의 독특한 생화학 구조와 특성을 빚어낸 조건들—의

산물이기도 하다. 이 두 요소를 분리해낼 수 없기에 우리는 생명의 구성 요소 가운데 어떤 것들이 진정으로 보편적인지 물을 수밖에 없다.

예를 들어, 이런 우리는 '물이 생명의 필요조건인가?'라는 의문을 제기할 수 있다. 물은 그 독특한 성질 덕분에 지구에서 결정적인 역할을 해왔다. 물은 영양분과 노폐물을 운반하는 훌륭한 용매이며, 매우 넓은 온도 범위에서 액체 상태를 유지하는 안정적인 물질이다. 그러나 암모니아나 메테인 같은 용매도 화학반응을 매개할 가능성이 있으며, 그 경우 우리가 아는 것과는 전혀 다른 생화학적 체계가 나타날 것이다. 이와 비슷한 맥락에서, 우리는 생명이 반드시 탄소 기반이어야 하는지도 생각해볼 수 있다. 우주에서 네 번째로 풍부한 이 원소는 놀라울 정도로 다양한 원소들과 안정적인 결합을 형성함으로써 지구 생명체 형성에 지대한 역할을 했다. 그러나 탄소와 일부 성질을 공유하며 다른 행성 환경에서 채택됐을지도 모르는 규소 기반의 다른 화학 체계가 최근 들어 주목받고 있다. 또한, 유전 정보를 저장하는 다른 방식이 있을 수 있다는 생각도 최근 들어 관심을 받고 있다. 지구 생명체는 DNA와 RNA를 사용하지만, 이는 세대를 넘어 정보를 전달할 수 있는 수많은 화학적 기반 중 하나일 뿐일지도 모른다.

지금까지 외계 생명체에 대한 우리의 생각은 근본적으로 우리가 알고 있는 단 하나의 생명 형태에 의해 편향되어 있었다. 하지만 이제 우리는 그 생각을 의심하면서, 우리가 알고 있는 것과는 다른

 우주 생명체를 찾아서

존재 방식을 가진 생명체가 존재할 가능성을 고려하고 있다.

하지만 이러한 가능성을 살펴보기 전에 우리는 먼저 우주에서 생명에 대해 가지고 있는 단 하나의 템플릿으로 돌아가 생명이 단순한 단세포 존재에서 우주 문명에 이르기까지 걸어온 길을 다시 그려보아야 한다. 이렇게 지구 생명체를 다시 들여다보면서 우리는 발생 가능성이 거의 없어 보이는 우연과 전혀 예측할 수 없던 전환이 얽힌 미로를 그동안 지구 생명체가 통과해왔다는 사실을 마주하게 될 것이다. 지구에서 우리의 존재는 믿기 어려울 만큼 많은 우연에 의존해 왔다. 그 여정 어디에서도 필연이라 부를 만한 것은 없었다.

지구 생명체

지구에서 생명은 수십억 년 전에 시작됐지만 그 기원은 여전히 베일에 싸여 있다. 생명이 어떻게 탄생했는지에 대해서는 여러 이야기가 존재하지만 아직 우리는 확정적인 합의에 이르지 못했다. 비생명 물질에서 자기 복제 능력을 지닌 최초의 개체가 나타난 과정은 여전히 가장 신비로운 현상 가운데 하나다.

생명은 바다 깊은 곳의 열수분출공hydrothermal vent 주변에서 시작됐을까? 그곳에서는 뜨겁고 미네랄이 풍부한 유체가 차가운 바닷물과 만나 복잡한 유기 분자를 형성하는 데 필요한 독특한 화

"우리는 이제 태양계 밖의 세계들을
발견하는 시대에 살고 있다."

— 미셸 마요르(Michel Mayor)

"우리는 이제 태양계 밖의 세계들을
발견하는 시대에 살고 있다."

학 환경을 만들어낸다. 혹은 생명은 얕은 웅덩이나 바다에 있던 원시 수프 속에서 시작됐을까? 그곳에서 번개나 태양의 자외선이 생명의 구성 요소를 만들어내는 화학반응을 촉발했을지도 모른다. 아니면 생명은 우주의 다른 곳에서 기원해 혜성이나 운석을 타고 지구에 도착했을까? 하지만 범종설汎種說, panspermia hypothesis이라 불리는 이 가설은 생명의 기원을 설명하는 것이 아니라 단지 생명이 다른 곳에서 우리 행성으로 도달했음을 말할 뿐이며, 결국 그 기원을 우주의 또 다른 장소로 옮겨놓고 있을 뿐이다.

지구에서 생명체가 여러 차례 독립적으로 기원했을 가능성도 배제할 수 없다. 하지만 정말 그랬다면 그 기원이 된 각각의 생명체에서 이어진 후손이 발견됐어야 하는데, 지금까지 그런 후손은 발견되지 않았다. 다만 첫 번째 화석이 지질 기록에 등장하기 훨씬 이전에 생명체가 자리를 잡았다가 초기 지구의 혼란 속에서 흔적도 남기지 못하고 사라졌을 가능성은 있다. 초기 지구의 불안정한 환경에서 생명체가 존재를 계속 유지하기가 극도로 어려웠을 것이기 때문이다.

지구가 형성된 직후인 약 40억 년 전, 우리는 오늘날 알려진 모든 생명체의 공통 조상이 등장했다고 생각한다. 이 공통 조상을 '모든 생물의 공통 조상'Last Universal Common Ancestor, LUCA이라고 부른다. 지금까지 알려진 모든 생명체가 단 하나의 계통에서 비롯됐다는 생각은 너무 앞서 나간 주장처럼 보일 수 있다. 그러나 이를 뒷받침하는 강력한 증거가 있다. 우선 지구상의 모든 생명체는 동일한 청사진, 즉 모든 형태의 생명체에서 생명을 구축하는 데 필요한 기본적인 지침을 제공하는 공통의 유전 암호를 지니고 있다. 둘째, 우리가 에너지를 얻기 위해 당을 분해하는 과정 같은 근본적인 생화학 과정이 모든 생명체에서 놀라울 만큼 비슷하다. 셋째, 모든 지구 생명체의 형성에는 20가지 아미노산이 거의 공통적으로 사용되는데, 자연에서 이 아미노산들은 왼손잡이성 아미노산과 오른손잡이성 아미노산이라는 두 가지 거울상 형태로 존재함에도, 생명체에서는 오직 왼손잡이성 아미노산만이 선택된다. 그리고 어쩌면 가장 흥미로운 점은 서로 다른 종들 사이의 위계적 연관성을 보여주는 '생명의 나무Tree of Life', 즉 다양한 생명체들 간의 연관성과 생명체들의 진화 역사를 보여주는 틀이 모든 생명의 상호 연결성을 드러내며, 그 뿌리에서 단일한 공통 조상을 가리키고 있다는 사실이다. 이 푸른 행성에서 가장 작은 미생물부터 거대한 공룡에 이르기까지 모든 생명체가 이 하나의 기원으로 거슬러 올라간다는 점은 경이롭다. 아마도 극한 환경을 견딜 만큼 높은 회복력을 지녔던 LUCA의 등장은 놀라울 정도로 불가능해 보이는 연쇄적 사건들을 촉발해 마침내 우리, 즉 호모 사피엔스의 등장으로 이어졌을 것이다.

　　　　　　　우주 생명체를 찾아서

생명의 거대한 도약

첫 번째 도약은 약 20억 년 전, 진핵생물eukaryote의 탄생과 함께 시작됐다. 진핵생물은 지구상의 모든 복잡한 생명체를 구성하는 기본 단위다. 약 20억 년 동안 지구 생물권을 지배해온 단세포 생명체의 미시적 세계에서 두 개의 원핵세포prokaryote(세포막 내부에 구획 구조가 없는 세포) 사이에 우연한 조우가 일어났고, 그중 더 큰 세포가 더 작은 세포를 포식했다. 하지만 삼켜진 작은 세포는 소화되지 않았고, 숙주 세포 내부에 영구적으로 갇히게 됐으며, 결국 이 두 세포 사이에는 극히 이례적인 공생 관계가 형성됐다. 포획된 세포는 에너지를 안정적으로 공급하는 미토콘드리아가 되어 숙주에게 지속적인 에너지 흐름을 제공했고, 숙주 세포는 새로운 동반자에게 보호된 환경을 제공했다. 진핵세포는 바로 이 연합에서 탄생했다.

그 뒤 10억 년이 넘는 시간 동안 지구의 모습은 거의 변하지 않았다. 생명은 여전히 미시적이었고 단세포 생명체들은 지구 생물권에서 여전히 경쟁 상대 없이 군림했다. 그러고 나서 다시 10억 년이 흐른 뒤 생명은 또 한 차례 전례 없는 복잡성의 도약을 이루었다. 단세포 생명체들이 힘을 모아 복잡하고 협력적인 집합체를 이루기 시작한 것이다. 이는 다세포성multicellularity의 진화로 이어지고, 그 결과 개별 세포들이 특정 기능을 수행하도록 분화되기 시작했다. 어떤 세포는 태양에서 에너지를 수확하는 데 능숙해졌고, 어떤 세포는 영양분을 분해하는 일을 맡았으며 다른 세포들은 산소를 운반하거나 감염을 방어하는 역할을 맡았다. 이렇게 특화된 능력은 조직과 기관 같은 복잡한 체계를 탄생시켰고, 결국 우리 같은 더 큰 생명체를 만들어냈다.

다세포성은 총 스물다섯 차례 정도 독립적으로 진화했다. 세부 과정은 여전히 불분명하지만, 일단 다세포성의 문턱을 넘자 지구상의 생명 서사는 더욱 풍부하고 다양해졌으며, 크기와 형태와 기능 방식이 놀라울 만큼 다양한 생명체들이 발생하기 시작했다. 자연선택이 다양하고 경이로운 배열을 빚어낸 이 사건은 캄브리아기 폭발Cambrian explosion이라고 불린다. 약 5억 5,000만 년 전 이 눈부신 생물학적 르네상스가 펼쳐지며 주요 동물 종의 대부분이 화석 기록에 갑작스레 등장했다. 그 이전의 부드러운 몸체를 지닌 생명체들은 거의 흔적을 남기지 않았지만, 이 시기의 동물들은 껍질이나 외골격 같은 단단한 구조를 지니고 있어 훨씬 더 잘 보존됐고, 그 때문에 캄브리아기 폭발은 더욱 극적으로 보인다.

이 시기에는 주요 동물 집단이 다수 나타날 뿐 아니라 눈과 다리와 더듬이 같은 신체 구조와 같은 최초의 적응 형질들도 등장하기 시작한다. 그 시점에서 진화는 점점 더 복잡한 생명체를 빚어낼 만큼 충분한 도구와 전략을 갖추게 된 것이다. 캄브리아기 폭발 이후 최초의 척추동물 조상들이 나타났고, 이는 턱이 있는 물고기jawed fish(유악어류)와 원시 네발동물tetrapods의 탄생으로 이어졌다. 이 동물들은 처음에는 수중에서 생활했지만, 결국 육지로 발을 내디뎠다. 이는 지구 생명 역사에서 가장 중대한 이동 가운데 하나였다.

이 초기의 육상 생명체들은 양서류, 파충류, 포유류의 계통을 낳았다. 포유류는 약 2억 년 전에 등장했지만, 거대 생명체들이 지배하던 시대 내내 비교적 작고 눈에 띄지 않는 존재로 조용히 숨어 있었다. 그러다 약 6,600만 년 전 너비 10킬로미터의 거대한 소행성이 시속 약 7만 2,420킬로미터의 속도로 지구를 향해 돌진해 멕시코 유카탄 반도에 충돌했고, 이 사건은 1억 6,500만 년 넘게 지구를 지배해온 비조류non-avian 공룡을 비롯해 식물과 동물 종의 4분의 3을 멸절시킨 대규모 대멸종을 촉발한 것으로 보인다. 이 격변은 지구 생명의 대대적인 재시작을 강요했다. 오랜 세월 동안 유지되던 생태학적 지위들이 텅 비자 그 자리를 메우기 위해 새로운 형태와 종들이 놀라울 정도로 다양하게 등장했다. 포유류가 번성하기 시작한 것도 바로 이 공백 속에서다.

하늘을 바라보는 존재의 등장

약 600~800만 년 전, 훗날 현생인류로 이어지는 계통은 대형 유인원류great apes(사람, 고릴라, 침팬지, 오랑우탄 등을 포함하는 영장류. 사람과Hominidae 또는 호미니드로도 불린다―옮긴이)의 한 계통, 정확하게는 침팬지 계통에서 갈라져 나왔다. 현생인류의 살아 있는 가장 가까운 친척은 침팬지와 보노보로 우리와 DNA의 99퍼센트를 공유하며, 심지어 이들은 고릴라보다 우리에게 더 가깝다. 그러나 그 오랜 기간 동안 우리는 인간의 형태를 형성하게 될 신체적·행동적 특성들을 점진적으로 확보해갔다. 700만 년이 넘는 그 기간 동안 우리는 네 발로 걷고 뛰던 존재에서 직립 이족보행을 하는 존재로 진화했고, 그 결과 우리는 손이 자유로워져 물건을 나르고, 도구를 만들고, 서로에게 신호를 보내고, 몸짓을 할 수 있게 됐다. 손을 자유롭게 쓸 수 있게 되면서 우리는 울창한 밀림을 떠나 탁 트인 사바나로 이동했고, 그곳에서 직립보행 자세는 더 넓은 시야와 넓은 거리를 더욱 효율적으로 가로지를 수 있는 민첩성을 부여했다. 오랜 세월 동안 시선을 땅에 고정하고 살아왔던 우리는 그 시점에 이르러 시선을 하늘로 돌릴 수 있었고, 어둠을 가르며 빛나는 점들은 우리의 마음을 사로잡기 시작했다.

그 이전 수백만 년 동안 여러 호미닌hominin(사람족Hominini에 속하는 모든 구성원을 가리키는 생물학적 용어로, 사람과 침팬지, 사람의 모든 멸종된 조상을 포함한다―옮긴이) 종들이 나타났고, 그중 일부는 유인원과 인간의 특성이 뒤섞여 있었다. 이들의 팔은 나무 사이를 자유자재로 이동하는 데 여전히 적합했지만, 이전 세대보다 확연히 큰 뇌를 갖고 있었다. 약 280만 년 전 사람 속Homo genus(현생 인류와 그 직계조상들―옮긴이)의 탄생은 우리의 진화 서사에서 결정적 장을 열었지만, 이 서사는 복잡하고 난해하다. 우리는 지금도 우리 계보의 여러 개의 가지들을 파악하려 애쓰고 있으며, 과거에 존재했던 수많은 계통들과 진화적으로 막다른 길에 놓인 지점들 그리고 서로 다른 인간 종들 사이의 정확한 관계를 파악하기 위해 노력하고 있다.

우리의 초기 친척 가운데 특히 사람과 비슷한 얼굴과 몸을 지녔던 종은 호모 에렉투스Homo erectus, 즉 '곧선 사람(직립원인)'이다. 진화적 성공이 장기적 생존 능력으로 평가된다면, 호모 에렉투스는 놀라울 만큼 뛰어난 종이었다. 이들의 존재를 보여주는 화석 기록은 최소 150만 년의 것이며, 이는 호모 에렉투스가 현생 인류의 친척들 가운데 가장 오랫동안 생존한 종이라는 뜻이다. 또한, 이들은 알려진 호미닌 중 아프리카를 떠나 이동한 최초의 종으로 여겨지며, 불을 통제하고 사용한 최초의 종이었을 가능성이 있다.

시간이 흐르면서 우리 조상들의 두개골 용적은 전반적으로 계속 확대됐고, 그에 따라 석기를 비롯한 도구를 만들고 활용하는 능력도 점점 강화됐다. 약 70만 년에서 20만 년 전 사이에 살았던 호모 하이델베르겐시스Homo heidelbergensis는 집단으로 사냥을 했으며 기초적인 형태의 거처를 지었는데, 이는 결국 우리 종을 규정하게 될 복잡한 사회적 행동의 초기 형태였다. 시간이 흐르면서 호모 하이델베르겐시스는 계속 진화해 여러 계통으로 갈라졌다. 유럽에서는 그 가운데 한 계통이 빙하기의 혹독하고 추운 기후에 더 잘 적응한 네안데르탈인으로 이어졌고, 아프리카에서는 또 다른 계통이 결국 호모 사피엔스로 이어졌다.

초기 현생인류는 약 30만 년 전에 아프리카에서 등장했다. 그들은 여러 핵심 측면에서 우리와 놀라울 만큼 비슷했으며, 이전 세대와 구별되는 고유한 특성들을 지니고 있었다. 시간이 지나면서 그들은 돌과 뼈와 나무로 점점 더 복잡한 도구를 제작했고, 동굴 벽화와 작은 조각상을 통해 창의적 감수성과 추상적 사고 능력을 표현했다. 이들은 더 큰 사냥감을 포획하기 위해 집단을 이루어 움직였고, 노동의 분화를 이루었으며, 세대에서 세대로 문화적 지혜를 전달했을 것으로 추정된다. 이런 전개는 복잡한 사회 구조의 토대를 마련했고, 궁극적으로 인류의 궤적을 결정지은 문명들의 출현으로 이어졌다.

현재 살아남은 인류 종은 우리밖에 없지만, 한때 이 행성에는 최소 아홉 종의 인류가 번성했다. 여기에는 현재의 시베리아와 티베트 일대에 살았던 데니소바인Denisovan과 인도네시아 플로레스 섬에 살았던 호모 플로레시엔시스Homo floresiensis가 포함된다(이 종은 키가 작아 '호빗hobbit'이라는 별칭으로 불린다). 아프리카를 떠나 세계 곳곳으로 퍼져나간 우리 조상들은 네안데르탈인과 데니소바인 같은 다른 계통들과 마주쳤던 것으로 보인다. 이 친척들은 우리와 매우 비슷했기 때문에, 현생인류는 그들과 교배하기도 했다. 그 흔적은 오늘날 우리의 유전자에 남아 있다. 실제로 현재의 유라시아인은 자신의 계보 중 약 2퍼센트를 네안데르탈인에게서 찾을 수 있으며, 오세아니아인은 약 2~4퍼센트의 데니소바인 DNA를 지니고 있다. 또한, 흥미롭게도 현재의 서아프리카인 게놈에는 아직 알려지지 않은 어떤 종의 흔적이 남아 있다. 이는 우리가 현재 알고 있는 것보다 훨씬 더 다양한 계보가 존재했음을 시사한다.

그러나 약 4만 년 전 이후로는 호모 사피엔스만이 남았다. 다른 모든 사람 종들은 결국 설 자리를 잃고 멸종했다. 그들에게 정확히 어떤 일이 벌어졌는지는 알 수 없다. 여러 요인이 결합해 그들의 최종적 몰락을 초래했을지도 모른다. 기후변화가 이들을 흩어 놓아 큰 개체군을 형성하지 못하게 했을 가능성, 상대적으로 작은 개체군 규모로 인해 과도한 근친 교배가 일어나 질병에 더 취약해지고 사회적 회복력도 떨어졌을 가능성 그리고 어쩌면 우리처럼 조금 더 능력을 갖춘 신참 경쟁자들을 이겨내지 못했을 가능성 등이 있다.

영장류 세계의 경쟁자가 사라진 지금, 우리의 관점은 우리의 이런 독점적 지위에 의해 확실한 영향을 받고 있다. 만약 우리의 친척 인류들이 오늘날까지도 존재해 우리와 나란히 살아가면서 우리처럼 우주를 탐사하고 있었다면, 우리의 자의식은 지금보다 훨씬 약해졌을지도 모른다. 우리의 진화 역사에서 아주 미묘한 변화만 있었어도 우리는 지금과는 전혀 다른 존재가 됐을지도 모른다. 만약 그랬다면, 어쩌면 우리는 우주에서의 우리의 위치에 대해 생각하지 못했을지도 모르고, 우리의 사촌인 네안데르탈인이 우주의 이야기를 쓰게 됐을지도 모른다.

지구에서 생명이 어떻게 진화했는지 우리가 재구성한 이야기를 살펴보면 한 가지 사실이 분명하게 드러난다. 단순한 생명체는 생명이 발생할 수 있는 조건이 갖춰지자마자 곧바로 나타났지만 우주를 탐구할 만큼의 의식을 지닌 복잡한 생명체로 이어지는 길은 실로 상상하기 어려울 만큼 낮은 확률을 뚫어야 하는 과정이었다는 사실이다. 호모 사피엔스가 등장할 조건이 갖춰지기까지는 거의 일어나기 어려운 예측 불가능한 사건들이 차례로 누적되어야 했다. 자연선택은 수십억 년에 걸쳐 수많은 종을 차례로 걸러내며, 자기 탐구가 가능한 존재를 빚어내기 위한 긴 여정을 계속해야 했다. 생명체가 나타났다고 해서 그 생명체가 반드시 우주를 탐구하는 문명을 이룰 수 있는 것은 아니기 때문이다. 또한, 우리는 진화의 최종 목표도 아니었다. 진화에는 목표가 없기 때문이다. 하지만 결과적으로, 지구 생물권이 품어온 수십억 생명체 가운데 그 지구 생물권의 경계를 넘어설 수 있는 능력을 갖추게 된 존재는 단 하나뿐이었다. 이 과정은 단 하나의 사례를 만들어내기 위해 막대한 수의 생명체가 필요한, 극도로 실현 가능성이 낮은 과정이었다. 하지만 이 과정을 겪고도 우리의 생존은 확실하게 보장되지 않았다. 작은 야생 유인원 집단과 비교해도 낮은 우리의 유전적 다양성은 인류가 진화 역사 어느 시점에서 개체 수가 위험할 정도로 급감하는 거의 치명적인 붕괴를 겪었음을 시사한다. 다시 말해 우리는 거의 살아남지 못할 뻔했다.

생명이 눈을 뜨고도 그 존재를 영속시키기 위해 정교한 언어와 문화를 획득하는 단계에 이르지 못했거나 자신과 닮은 존재를 찾기 위해 우주로 나아가지 못한 세계는 과연 얼마나 많을까? 그러나 정작 우리와 다른 동물들 사이를 가르는 경계는 놀라울 만큼 얇았다. 우리는 우주의 다른 곳에 존재할지도 모르는 지적 생명체 역시 이와 같은 불가능에 가까운 확률을 헤쳐 나가야 했는지 그저 추측할 수밖에 없을 뿐이다.

 우주 생명체를 찾아서

지구 밖 생명이 어떤 모습일지 상상하려면 지구에서의 익숙한 방식에 매여 있는 상상력의 틀을 벗어나야 한다. 그러나 이는 결코 쉬운 일이 아니다. 만약 우리가 평생 우리와 같은 존재들만을 보아 왔다면 자연이 지구에서 빚어낸 숨 막힐 만큼 다양한 생명의 형태를 과연 상상할 수 있었을까? 날아오르는 생명체나 심해의 생명체, 정교한 구조의 개미 군집, 미시 세계, 공룡의 거대한 체구를 우리는 상상할 수 있었을까? 지구 생명의 엄청난 다양성 덕분에 우리는 생명에 대한 지평을 크게 넓혔다. 하지만 이 지구에서 형성된 특유의 생물학적 조건이 우리의 상상력을 본질적으로 제한하고 있을지도 모른다.

다른 세계의 생명체

이런 한계를 벗어나기 위해 우리는 지구에 존재하면서도 확실히 '다른 세계의 존재'처럼 보이는 생명체들에 주목하고 있다. 그 중 하나가 바로 문어다. 문어, 오징어, 갑오징어로 이루어진 두족류 **cephalopod**는 우리가 속한 척추동물 계통과는 거의 독립적이라고 할 만큼 다른 진화 경로를 걸어왔다. 우리와 두족류의 마지막 공통 조상은 바다 바닥을 기어다니던 원시 편형동물이었으며, 우리의 진화 계통은 약 7억 5,000만 년 전에 두족류와 갈라졌다. 따라서 문어를 비롯한 두족류의 지능은 우리와는 전혀 다른 경로로 발전해왔다.

문어가 외계 지능에 가장 가까운 지능을 지닌 존재로 여겨지는 이유가 바로 여기에 있다. '지구의 외계 생명체terrestrial alien'라고도 불리는 문어는 우리 행성 밖에 지능이 존재할 수 있다는 생각을 떠올리게 하는 주목할 만한 사례다.

문어는 원래 가지고 있던 단단한 껍데기를 잃은 뒤, 포식자를 피하기 위해 다양한 생존 전략을 진화시켰다. 예를 들어 문어의 피부는 색과 질감을 바꾸어 주변 환경을 정교하게 흉내 낼 수 있다. 문어는 바위든 해조류든 모래 바닥이든 어떤 배경이라도 자연스럽게 모방할 수 있으며, 위협을 받으면 먹물을 뿜어 포식자를 혼란시킨 다음, 그 틈에 빠르게 도망친다. 또한 문어는 근육질의 관을 통해 물을 분출하는 제트 추진 장치를 갖추고 있어 믿기 어려울 만큼 민첩하게 방향을 바꿀 수 있으며, 이 장치를 이용해 어느 정도는 물 밖으로 솟구쳐 오를 수도 있다.

문어는 신체 구조부터 이미 우리와 다르지만 그보다 더 놀라운 것은 그들의 신경 구조다. 문어의 뉴런은 우리의 경우처럼 중앙 뇌에만 집중되어 있지 않고 몸 전체에 분산되어 있다. 무려 5억 개에 이르는 뉴런 가운데 상당수인 3분의 2가 팔을 따라 퍼져 있으며, 이 '미니 뇌'는 팔에 거의 자율적으로 움직일 수 있는 능력을 부여해 중앙 뇌의 개입을 최소화한 채 먹이를 탐색하거나 물체를 조작할 수 있게 한다. 중앙 뇌는 여전히 전체적인 통제권을 유지하지만 이렇게 분산된 신경망 덕분에 문어의 팔은 사실상 스스로 '생각'하며 움직일 수 있다. 다시 말해 문어는 환경과 상호작용하는 방식이나 움직임을 결정할 때 매번 중앙 뇌에 지시를 구할 필요가 없다.

게다가 문어는 다른 문어의 문제 해결 방식을 학습하고 모방하는 놀라운 능력도 보여준다. 문어는 복잡한 미로를 통과하고, 숨겨진 물체를 찾아내며, 도구를 사용할 수 있으며, 심지어 병뚜껑을 돌려 열기도 한다. 이러한 다양한 행동은 문어가 풍부한 내적 세계를 지니고 있음을 시사한다. 바다에서 문어와 눈이 마주친 탐험가들은 문어가 자신을 의식적으로 바라보는 듯한 기묘한 느낌, 즉 문어와 사람이 서로의 존재를 분명히 인식하고 있다는 느낌이 든다고 말한다. 또한, 갇혀 있는 상태에서 문어는 자신이 갇혀 있다는 사실과 주변 환경의 낯섦을 예민하게 인지하는 듯 보인다. 실험실에서 문어의 행동을 연구한 바 있는 철학자 스테판 린퀴스트**Stefan Linquist**는 이렇게 말했다.

"물고기는 자신이 본래의 서식 환경이 아닌 인공적인 공간, 즉 수조 안에 있다는 사실을 전혀 인지하지 못한다. 하지만 문어는 완전히 다르다. 문어는 자신이 어떤 특별한 공간 안에 있고, 사람은 그 공간 밖에 있다는 사실을 안다. 따라서 그 상태에서 문어의 모든 행동은 자신이 갇힌 상태에 있다는 인식에 의해 영향을 받는다."

실제로 문어는 대담하게 수조에서 탈출하는 경우도 많다. 뉴질랜드 네이피어의 국립 수족관에서 지냈던 잉키라는 문어는 어느 밤 수조의 작은 틈으로 몸을 밀어 넣고 바닥을 미끄러져 이동해, 바다로 이어지는 50미터 길이의 배수관을 통과해 도망친 것으로 알려져 있다. 또한, 관찰자가 시선을 돌리는 바로 그 순간을 노려 탈출을 시도하는 문어들의 사례도 보고된 바 있으며, 심지어 그 문어들은 그 직전까지 관찰자와 계속 눈을 맞추고 있었다고 한다.

문어는 개체마다 기질이 다른 것으로도 보인다. 어떤 개체는 수줍고, 어떤 개체는 활달하며 또 어떤 개체는 호기심 많고 장난스러우며, 어떤 개체는 신중하다. 예를 들어, 문어는 수조 위의 밝은 조명에 물을 뿜어 불이 꺼지게 만들거나, 마음에 들지 않는 사람에게 물줄기를 뿜거나, 물에 떠 있는 약병을 향해 물을 발사하면서 놀기도 한다. 예전에는 이렇게 생존에 직접적이거나 즉각적인 이익이 없는 활동을 하는 것이 주로 포유류에게만 나타나는 특징이라고 생각했었다.

다른 생명체가 우리와는 전혀 다른 방식으로 세상을 느끼고 생각하며 경험한다는 사실을 알게 되는 일은 우리를 겸허하게 만든다. 우리의 시각과 청각은 눈부신 색채와 다채로운 소리로 우리가 느끼는 세계를 생동하게 만들고 풍요롭게 한다. 그러나 우리의 감각은 본질적으로 제한돼 있다. 우리는 전자기 스펙트럼의 한 부분만을 볼 수 있고, 특정한 범위의 주파수만을 들을 수 있기 때문에, 우리의 감각 경험 대부분은 이렇게 제한된 단서들에 의해 구성될 수밖에 없다. 다른 동물들은 우리가 지니지 못한 뛰어난 감각 능력을 갖추고 있으며, 우리는 최근 들어서야 그중 일부를 조금씩 이해하고 있다. 예를 들어 어떤 동물은 적외선을 보고, 어떤 동물은 자외선을 보며, 어떤 동물은 지구의 자기장을 감지해 이동 경로를 찾고, 어떤 동물은 주변 생물의 근육 수축이 만들어내는 미세한 전기 신호를 감지한다.

우리가 세계를 바라보는 방식은 우리의 인지적·감각적 능력이 허용하는 범위 안에서 근본적으로 규정된다. 그렇다면 우리는 인간의 관점에 스며 있는 편향을 무엇을 기준으로 가려낼 수 있을까? 현재 세계관에 대한 유일한 선별 과정은 우리가 스스로 축적해온 수많은 관점들 내부에서만 이루어지고 있다. 그 모든 관점은 인간이 만들어낸 것이며 우리의 고유한 감각 체계를 통해 걸러진 것이다. 우리가 공간과 시간 그리고 눈에 보이지 않는 세계를 지각하는 방식에는 인간이 세상을 느끼는 방식이 자연스럽게 배어 있다. 우리가 지금과는 근본적으로 다른 생물학적 토대를 갖추고 있었다면 과연 이와 같은 인식의 틀에 도달할 수 있었을까?

이 행성에는 우리와 견줄 존재도, 참고할 선례도, 우리와 동등한 존재도 없다. 따라서 우주에 대한 다른 역사도, 서로 충돌하는 다른 우주론도 존재하지 않는다. 그런 능력을 갖춘 단 하나의 종이 써내려온 하나의 이야기만이 있을 뿐이다. 그래서 우리는 어느새 다소 고립되고 고독한 위치에 서 있게 됐다. 하늘을 올려다본 우리는 우리 자신의 존재에 대해 난공불락의 질문들을 던져왔으며, 이러한 질문들은 우리 혼자서는 답하기가 너무 어려워 보인다. 우리는 우주 어딘가에 생명체가 존재할 가능성에 관심을 기울여야 할 이유를 충분히 가지고 있다.

10
우리 이웃과 그 너머의 생명

중력의 법칙에 따라 지구는 항성에 묶이고 항성은 은하에 묶인다. 지구의 모든 생명체는 그곳에서 펼쳐지는 운명에 종속된다. 지난 세기까지 인류 역시 이 법칙의 지배를 받았다. 우리는 지구에 붙들린 채 지구와 함께 공진화하며 지구 생물권의 동물과 식물에 적응해왔다. 그러나 지난 세기에 우리는 지구의 중력에서 벗어나 지구와 우리를 이어온 탯줄을 스스로 끊어냈다. 수천 년 동안 밤하늘의 반짝이는 별들을 바라보기만 하던 우리는 20세기에 이르러 인류 역사상 가장 대담한 항해를 시작했고 인류 문명은 공식적으로 우주를 여행하는 문명이 됐다.

1961년 소련의 우주비행사 유리 가가린**Yuri Gagarin**은 지상에서 약 100킬로미터 상공의 카르만 선**Kármán line**(지구 대기와 우주 공간을 구분하는 경계선―옮긴이)을 넘어 인류 최초로 우주에 진입했다. 그로부터 2년 뒤 소련의 우주비행사 발렌티나 테레시코바**Valentina Tereshkova**가 그 뒤를 이어 최초의 여성 우주비행사가 됐다. 1969년 아폴로 11호의 달 착륙은 과학 소설을 과학적 사실로 바꿔놓았고, 닐 암스트롱**Neil Armstrong**과 버즈 올드린**Buzz Aldrin**은 인류 최초로 달 표면에 발자국을 남겼다. 그때까지의 길고 긴 지구의 역사에서 지구를 벗어난 존재는 인류가 처음이었다. 그리고 그 이후 불과 몇십 년 만에 우리는 우주로 손을 뻗어 태양계 이웃으로 나아가기 시작했다. 그 과정에서 가장 현실적인 목표는 지구와 가장 가까운 행성이었다.

화성

밤하늘에서 산화철 특유의 붉은 빛을 띠며 빛나는 화성은 아주 먼 옛날부터 우리를 매혹해왔다. 또한, 붉게 타오르는 듯한 화성은 전쟁과 살육, 공격성 같은 것들을 떠올리게 한다. 고대 메소포타미아인들은 화성을 전쟁의 신 네르갈**Nergal**과 동일시했고, 고대 로

 우주 생명체를 찾아서

마에서는 마르스(화성)를 전쟁의 신이자 농경의 수호자로 섬겼으며, 마르스를 숭배했던 군인들은 군사 원정을 시작하기 좋은 시기로 여긴 3월에 그의 이름을 붙여 마르티우스Martius라고 불렀다. 동아시아 문화권에서 이 별을 부르는 이름인 화성은 '불타는 별'이라는 뜻이다.

태양계에서 태양과 네 번째로 가까운 행성인 화성이 태양을 한 바퀴 도는 데는 지구 시간으로 거의 2년이 걸린다. 또한, 화성은 공전을 하는 동안 지구와의 거리가 계속 달라지기 때문에, 매우 작고 희미한 점처럼 보일 때도 있고 이글거리면서 밝게 불타는 별로 보일 때도 있다. 화성의 자전축은 지구와 거의 똑같은 각도로 기울어 있고, 자전 속도 역시 지구와 비슷하기 때문에 화성의 하루는 지구의 하루와 길이가 거의 같다. 지구와 마찬가지로 화성에도 여름과 겨울이 뚜렷하게 존재하며, 극지방에는 얼음층이 형성된다.

화성은 태양의 열기로부터 지구보다 훨씬 멀리 떨어져 있을 뿐 아니라, 혹독한 외부 환경에 거의 그대로 노출돼 있다. 특히 화성의 대기는 극도로 희박해 외부의 냉기를 제대로 막아내지 못하며, 그 결과 화성 표면의 온도는 평균 영하 65도라는 가혹한 수준에 머문다. (지구 역시 대기권이 제거된다면 평균 온도가 영하 18도까지 떨어질 것이다.) 또한, 화성은 두꺼운 대기권의 보호를 받지 못하기 때문에, 우주에서 쏟아지는 고에너지 입자와 태양이 방출하는 유해한 자외선의 세례를 끊임없이 받는다. 다시 말해, 화성은 인간에게 심각한 위협을 초래하는 방사선에 지구보다 훨씬 많이 노출돼 있는 취약한 행성이다.

19세기 후반, 망원경 관측은 화성 표면에 자리한 기묘한 형상들을 드러내기 시작했다. 관측 해상도가 그 어느 때보다 향상되면서 지형을 정밀하게 지도화할 수 있게 됐고, 그 과정에서 서로 교차하는 선 무늬가 놀라울 만큼 뚜렷하게 나타났는데, 기이하게도 그 모습은 운하를 연상케 했다. 1877년, 이탈리아의 천문학자 지오반니 스키아파렐리Giovanni Schiaparelli는 이 지형들을 체계적으로 관측한 뒤, '카날리canali'라고 명명했다. 카날리는 이탈리아어로 '수로' 혹은 '홈'을 뜻한다. 한편, 미국의 부유한 사업가 퍼시벌 로웰Percival Lowell은 극동에서 사업을 마치고 돌아오는 길에 스키아파렐리의 시력이 나빠져 화성 관측을 중단할 예정이라는 소식을 들었다. 천문학에 강한 흥미를 품고 있었던 그는 이 작업을 자신이 이어가기로 결심했고, 자신의 재력과 영향력을 활용해 애리조나 플래그스태프의 산 정상에 '화성의 언덕Mars Hill'이라는 맞춤형 천문대를 세웠다. 이곳에서 그는 집요하게 화성을 관측하며 복잡한 운하망이 화성 표면에 새겨진 듯한 정교한 지도를 제작했다. 그는 이 운하들이 극지의 빙하에서 물을 끌어와 화성을 살리려는 고등 문명의 절박한 시도라고 믿었다. 로웰은 자신의 이 생각을 담은 저서를 연달아 출간했고 대중은 열광했다. 하지만 과학자들의 반응은 회의적이었다.

그러나 1960년대에 이르러 나사의 선구적 탐사선 마리너 4호Mariner 4가 화성 곁을 스쳐 지나가면서 우리는 마침내 그동안 기다리던 근접 영상을 얻게 됐다. 마리너 4호가 지구로 전송한 22장의

 우주 생명체를 찾아서

사진은 해상도가 낮은 흑백 사진이었지만, 그동안의 논란을 확실히 종식시켰다. 이 사진들은 화성에 문명의 흔적도, 교묘한 운하망도 존재하지 않는다는 것을 분명하게 보여주고 있었기 때문이다. 마리너 4호가 촬영한 화성은 충돌구들로 뒤덮인 생명 없는 세계였고, 그 모습은 누군가가 꿈꾸었던 이국적 제국이라기보다 오히려 우리의 달에 더 가까웠다. 화성인도 없었고 화성 문명의 징후도 없었다. 지구와 가장 가까운 이웃 행성에는 우리가 대화를 나눌 만한 거시적 생명체가 존재하지 않는 듯 보였다.

그 이후 우리는 여러 대의 로버rover(행성 표면 위를 지나다니며 탐사하는 탐사 장비)를 화성에 보냈다. 어떤 탐사선은 희박한 대기를 뚫고 위험한 하강을 감행해 표면에 착륙했고, 어떤 탐사선은 행성 위를 선회하며 화성을 조사했다. 이 로버들이 보내온 사진들을 통해 우리는 붉은 대지와 푸른빛 일몰, 거대한 협곡과 사화산 그리고 한때 생명체가 존재했을지도 모른다는 증거까지 담긴 이웃 행성에 대한 기록을 확실하게 수집할 수 있었다. 화성 궤도를 도는 위성들은 강과 하천과 호수와 삼각주가 남긴 흔적을 찍어냈고, 표면의 로버들은 물에 깎여 둥글어진 자갈과 층을 이룬 암석 그리고 자갈층을 근접 촬영했다. 수천만 년 동안 화성 표면에는 물이 안정적으로 존재했다. 고대의 강줄기는 화성 표면을 흐르며 분지를 만들고, 계곡을 파고들어 구불구불한 물길을 이루었다. 거대한 바다가 화성의 북반구를 뒤덮었을 가능성도 있다. 오늘날 화성의 얇은 대기권은 과거에는 훨씬 두터워 화성을 보호할 수 있었으며, 표면에 액체 상태의 물이 계속 존재하게 만들었을 가능성도 있다. 다시 말해 우리의 이웃 행성은 한때 생태계를 지탱할 수 있었을지도 모른다.

초기 지구와 초기 화성은 서로 가까운 곳에서 형성되어 크게 다르지 않았을 수 있다. 두 행성 모두 용융된 핵을 품고 있었고, 이는 강한 자기장을 만들어 외부의 방사선으로부터 행성을 보호했을 것이다. 그러나 결정적인 차이가 두 젊은 행성을 서로 다른 운명으로 이끌었다. 하나는 생명이 번성하는 오아시스가 됐고, 다른 하나는 적대적이고 불모의 사막으로 퇴화했다. 태양에서 더 멀리 있고 지구보다 작은 화성은 태양으로부터 받는 에너지가 적었고 더 빠르게 식어갔다. 그 결과, 핵이 고체화되며 보호막 역할을 하던 자기장이 꺼졌다. 자기장이라는 방패를 잃은 화성의 대기는 끊임없이 태양풍에 침식됐고, 물을 구성하는 가벼운 원자들은 점차 우주로 탈출해버렸다. 결국 남은 것은 건조하고 황폐하며 독성이 강한 표면뿐이었다. 그렇다면 먼 과거 따뜻하고 습했던 시절의 화성은 생명을 품을 수 있는 세계였을까?

◆ ◆ ◆

2021년 인류가 지금까지 다른 세계로 보낸 탐사선 가운데 가장 정교한 장비가 3억 킬로미터를 여행한 끝에 붉은 행성의 예제로 분화구*Jezero crater*에 착륙했다. 이곳은 한때 거대한 삼각주들이 퇴적암을 호수 바닥으로 실어 나르며 고대의 호수를 품었던 장소다. 나

사가 화성에 보낸 자동차 크기의 원자력 구동 로버 퍼서비어런스
Perseverance는 현재 최첨단 장비들을 이용해 미생물의 흔적을 찾고,
앞으로 인류의 거점이 될 가능성을 조사하고 있다.

혁신적인 시료 채취 시스템을 갖춘 퍼서비어런스는 예제로 분
화구의 바닥을 긁어내고 굴착해 암석과 토양을 채취한 뒤, 후속 탐
사선이 회수해 지구로 가져올 수 있도록 화성 표면에 저장한다. 지
구에서는 정교한 기술을 동원해 이 시료를 면밀히 분석함으로써 과
거 생명의 흔적이 존재하는지 확인할 수 있게 된다. 퍼서비어런스
의 고해상도 줌 카메라와 인간의 시야를 넘어선 파장을 감지하는
장비들은 고대 암석을 조사해 지구 생명체에 필수였던 탄소 기반
분자의 흔적을 찾고 있다. 이 귀중한 데이터는 과거 따뜻하고 습했
던 화성이 미생물 생명의 중요한 인큐베이터였을 것이라는 유력한
가설을 시험할 것이다. 현재 화성 표면에는 액체 상태의 물이 존재
하지 않지만, 태양 방사선의 공격을 피할 수 있는 지하에 물이 숨어
있을 가능성은 여전히 남아 있다.

미래의 화성 거주를 준비하기 위해 퍼서비어런스에는 화성 대
기를 뒤덮은 이산화탄소를 포집해 산소로 전환하는 기술이 탑재되
어 있다. 이는 지구에서 식물이 수행하는 역할을 모방한 것이다. 이
런 실험은 화성에서 인간이 사용할 산소를 자체적으로 생산할 가능
성을 시험하는 중요한 단계로, 연구자들은 이 실험을 통해 미래의
탐사에서 호흡용 공기를 공급하거나 로켓 연료로 사용할 수 있는
산소가 생산되기를 기대하고 있다.

화성 표면에서 활동하는 로버의 수는 점점 많아지고 있다. 이는 인류가 이웃 행성에 대단히 야심 찬 계획을 품고 있다는 점을 분명히 드러낸다. 화성은 놀라울 만큼 지구와 닮아 있으면서도 동시에 두드러지게 다르다. 나사와 유럽우주국의 탐사선에 더해 인도의 망갈얀Mangalyaan(산스크리트어로 '화성 우주선'이라는 뜻)은 2014년에 화성 궤도에 진입해 인도가 아시아 최초로 붉은 행성에 도달했음을 알렸고, 이 나라의 첫 성간 여행을 기록했다. 중국의 텐원天問('하늘에 묻는 질문'이라는 뜻) 1호는 2021년 화성 궤도에 진입한 뒤 북반구의 충돌 분지에 로버를 착륙시키는 데 성공했다. 그해 아랍에미리트는 알아말al-Amal(아랍어로 '희망'이라는 뜻)이라는 탐사선을 화성 궤도에 올려 아랍권 최초로 화성에 착륙시켰다. 이 탐사선의 이름에는 '한때 인류 지식 축적에 기여한 아랍 문명이 다시 그 역할을 하기를 바란다'는 뜻이 담겨 있다. 2020년대 중반 발사 예정인 일본의 MMXMartian Moons eXploration 탐사선은 화성의 위성 포보스Phobos와 데이모스Deimos를 탐사해 인류 최초로 포보스에 착륙하고, 그 시료를 지구로 전송하는 것을 목표로 한다.

고대부터 우리의 신화와 점성술에서 중요한 자리를 차지해온 밤하늘의 희미한 붉은 별은 이제 더 이상 무주공산이 아니다. 이제 과학의 함대가 그 표면을 누비며 철이 풍부한 토양을 채취하고 어둑한 지형 위를 선회하며 기상 체계를 관측하고 거대한 먼지 폭풍을 견디며 실험을 수행하고 자료를 수집하고 있다. 언젠가 이 행성이 인류에 의해 거주될 수 있도록 말이다. 우리는 화성인을 찾으려

했지만, 이제는 오히려 우리가 화성인이 될 가능성이 더 커 보인다. 우리의 하늘과 상상력을 불타오르게 했던 이 '불의 별'은 우리가 성간 문명으로 나아가는 여정에서 첫 발걸음이 될 수도 있다.

화성은 가장 가까우면서 지구와 가장 비슷한 이웃으로 오랫동안 우리의 시야에 있었지만, 우리는 그 너머의 행성들에 대해서는 오랫동안 거의 알지 못했다. 우리는 낮은 해상도의 망원경을 통해 목성이 거대한 가스 행성이며, 커다란 붉은 점을 지니고 있으며, 수많은 위성을 가진다는 사실과 토성이 정교한 고리와 여러 위성으로 장식된 행성이라는 사실을 알게 됐다. 하지만 더 멀리 있는 거대한 얼음 행성인 천왕성과 해왕성은 훨씬 더 수수께끼 같은 존재였다. 우리는 화성 너머의 세계들을 더 깊이 이해하기 위해, 먼저 탐사선을 목성과 토성 곁으로 보낸 뒤 그 탐사가 순조롭게 이루어지면 그 여정을 천왕성과 해왕성까지 확장하려는 계획을 세웠다.

외행성들

1977년 늦여름, 플로리다의 NASA 기지에서 우리는 보이저 1호와 보이저 2호를 우주로 발사했다. 목성과 토성을 탐사하기 위해 설계된 이 탐사선들은 예상 작동 수명이 약 5년이었지만, 우리의 기대를 훌쩍 넘어서, 수십 년 동안 우주의 심연을 가로질러 태양의 영향권을 벗어났고, 이제 성간 공간이라는 미지의 영역으로 진입한 인류 최초의 우주선이 됐다. 보이저 1호가 2012년 이 경계를 넘어섰고, 이어 보이저 2호가 2018년에 뒤따랐다. 이는 별과 별 사이 공간으로 내디딘 인류 최초의 발걸음이었다.

이 비범한 여정을 수행하기 위해 탐사선들은 드물게 발생하는 행성 정렬 현상을 활용했다. 이 탐사선들이 발사되기 10년 전, 연구자들은 176년에 한 번뿐인 특별한 배열로 외행성들outer planet(기준 행성의 공전궤도보다 상대적으로 바깥쪽을 돌고 있는 행성. 지구를 기준으로 하면 수성과 금성이 내행성이며, 화성부터 해왕성까지가 외행성이 된다―옮긴이)이 정렬하는 현상에 주목했다. 이는 외행성계를 이례적인 속도와 효율로 관측할 '그랜드 투어' 임무를 수행할 절호의 기회였다. 연구자들은 드물게 발생하는 이 행성 정렬 현상을 이용해, 탐사선이 외행성 곁을 지날 때 그 행성이 만들어내는 중력을 활용해 속도를 높이고 궤도를 조정하게 만듦으로써 다음 행성까지 여정을 이어가게 한다는 구상(슬링샷slingshot 구상)을 했다. 그 결과, 이 임무에 필요한 연료와 먼 행성으로 가는 비행시간은 극적으로 줄어들었다. 이 두 보이저호는 목성과 토성을 모두 방문한 뒤 서로 다른 경로로 나아갔다. 보이저 1호는 토성의 위성 타이탄과 근접 조우를 하는 과정에서 이동 경로가 짧아지면서 다른 경로로 꺾였고, 보이저 2호는 천왕성과 해왕성까지 진행한 유일한 탐사선이 됐다. 이 슬링샷 기동 덕분에 해왕성까지의 비행시간은 30년에서 12년으로 줄어들었다.

보이저 1호는 1979년에 목성에 접근해 시간 경과 영상을 통해 행성의 격렬한 역동성을 포착했다. 이 탐사선은 수소와 헬륨 대기 속에서 암모니아와 물의 구름이 회오리치는 목성의 난류 대기와 지구에서 발생하는 폭풍보다 훨씬 큰 폭풍이 수 세기 동안 지속된 결과로 생긴 거대한 붉은 점을 촬영해 지구로 그 이미지를 전송했다. 또한, 이 탐사선은 목성이 태양의 역광 속에서만 볼 수 있을 만큼 미세하고 어두운 입자로 이루어진 희미한 고리계를 지니고 있다는 놀라운 사실도 발견했다. 가장 뜻밖의 순간은 목성의 위성 이오와의 조우였다. 그때 이오의 표면에서 입자들이 거대한 기둥 모양으로 솟구치는 장면이 포착됐고, 이는 이오에서 활발한 화산 활동이 일어나고 있다는 뜻이었다.

그로부터 1년 반 후, 보이저 1호는 경이로운 장관을 이루는 토성에 도착해 가장 큰 위성 타이탄 주위를 근접 비행했다. 이 위성은 대기가 두꺼워 표면 관측이 어려웠음에도 보이저 1호는 그 조성, 밀도, 압력에 대한 데이터를 수집했다. 이 데이터는 타이탄에 액체 탄화수소 호수가 존재할 가능성을 제기했고, 이 위성을 반드시 다시 찾아야 할 곳으로 만들었다. 이후 보이저 1호는 황도면 북쪽으로 향해 결국 태양계를 벗어났다.

보이저 2호는 보이저 1호와는 다른 궤도를 따라 일련의 근접 조우를 이어갔다. 발사 후 2년 만에 목성, 4년 뒤 토성, 9년 뒤 천왕성, 12년 뒤 해왕성을 차례로 지나갔다. 이 탐사선은 목성계를 지나면서 10시간 동안 화산을 관찰하는 과정에서 이오의 장대한 화산 분출을 목격했고, 이로써 보이저 1호가 제시한 이오의 활화산 가설을 확증했다. 토성과의 조우에서는 토성의 고리 평면을 통과하며 미세한 먼지 입자의 집중적 폭격을 받았고 안정성을 유지하기 위해 자세 제어 분사기를 반복적으로 작동해야 했다. 천왕성에 접근했을 때는 열 개의 새로운 위성과 두 개의 새로운 고리, 기울어진 자기장 그리고 시속 약 700킬로미터에 이르는 거센 바람을 발견했다. 마침내 해왕성과 조우했을 때 보이저 2호는 거대 행성의 구름 꼭대기로부터 수천 킬로미터까지 접근했고 여섯 개의 새로운 위성과 네 개의 새로운 고리를 발견했으며 시속 약 1,130킬로미터에 달하는 해왕성의 폭풍을 목격했다.

태양계를 통과하는 동안 보이저 1호와 2호는 이웃 행성과 그 주변 위성들의 세계를 향해 놀라운 창을 열어주었을 뿐 아니라, 우리가 지구를 바라보는 방식 자체를 영원히 바꿔놓을 사진들을 촬영했다. 태양에서 약 64억 킬로미터 떨어져 태양계를 벗어나던 보이저 1호는 마지막이 될 촬영을 위해 카메라를 지구 방향으로 돌리라는 지시를 받았다. 이 탐사선은 해왕성, 천왕성, 토성, 목성, 금성, 지구를 차례로 담은 일련의 사진을 찍었고, 이 사진들은 뒤에 태양계의 '가족사진'으로 조합됐다.

1990년 2월 14일에 보이저 1호가 촬영한 지구 사진은 역사상 가장 상징적인 사진 가운데 하나가 됐다. 탐사선은 태양 빛 한 줄기에 잠긴 지구를 포착했는데, 그 모습은 픽셀의 10분의 1 크기에 불과한, 믿기 어려울 만큼 작은 푸른 점이었다. 칼 세이건이 '창백한 푸른 점Pale Blue Dot'이라 명명한 이 사진은 인류를 향한 연서가 됐고, 칼 세이건과 캐럴린 포코Carolyn Porco 등 보이저 팀이 상상했던 것처럼 지구가 우주의 바다 속에서 얼마나 작고 취약한 존재인지를 극적으로 드러냈다. 보이저 호의 먼 우주에서 본 지구는 '햇빛 속의 먼지 티끌'처럼 작은 행성, 무한한 우주 속에 떠있는 보잘것없는 천체였다.

이것은 일종의 궁극적인 '오버뷰 이펙트Overview Effect'였다. 이는 우주비행사들이 보고하는 특별한 의식의 고양 상태로, 우주 공간에서 인간 존재의 의미와 위치를 깊이 성찰하게 만드는 경외감과 명상적 인식을 일컫는다. 1968년, 아폴로 8호의 우주비행사 빌 앤더스Bill Anders는 달 궤도에서 푸른 대리석처럼 보이는 지구가 지평선 위로 떠오르는 모습을 포착했다. 그는 이 유명한 '지구돋이' 사진을 촬영하던 때를 회상하며 이렇게 말했다.

"달까지 이 먼 길을 와놓고도, 우리가 보고 있는 것 중 가장 중요한 게 우리 자신의 고향 행성, 지구라는 사실에 압도됐다."

보이저의 시점에서는 이 감각이 훨씬 더 극적으로 증폭됐다. 수십억 킬로미터를 비행해 도착한 깊은 우주에서 가장 가슴을 울리는 순간도 바로 아득한 우주를 배경으로 고요히 떠 있는 우리의 피난처, 지구를 되돌아본 순간이었기 때문이다. 이 사진들을 촬영한 직후, 보이저 1호는 카메라 전원을 영원히 껐다. 앞으로의 긴 여정을 위해 에너지를 아껴야 했기 때문이다.

그 여정은 탐사선을 별 사이의 심원한 공간으로 이끌 것이며, 성간 잔해와의 치명적 충돌을 피한다면 약 4만 년 뒤 보이저 2호는 안드로메다자리에 놓인 어둡고 작은 별 로스 248 **Ross 248**에서 약 1.7광년 떨어진 지점에 도달할 것이다. 같은 시기 보이저 1호는 작은곰자리에 있는 적색왜성 글리제 445 **Gliese 445**에서 약 1.6광년 떨어진 지점까지 접근할 것이다.

보이저 1호와 2호에는 우주와 그곳의 지적 생명체를 향한 메시지가 실려 있다. 두 탐사선에는 금도금한 구리판으로 만든 독특한 기록물이 실려 있는데, 이는 지구 생명의 타임캡슐이다. 이 구리판에는 우리가 사용하는 다양한 언어, 작곡된 음악, 해안에 부딪히는 파도 소리, 갓난아이의 울음, 웃음소리(세이건의 웃음소리가 녹음됐다), 사람과 식물, 물고기와 낙엽, 해변과 일몰 사진 등 인류 사회와 문화의 단편들이 저장돼 있다. 또한, 모스 부호로 'per aspera ad astra'(라틴어로 '역경을 넘어 별로'라는 뜻)라는 문구가 담겨 있고, 당시 미국 대통령 지미 카터가 우주에 보낸 이런 인사말도 실려 있다.

"이것은 작고 먼 세계로부터의 선물이다. 우리의 소리, 우리의 과학, 우리의 이미지, 우리의 음악, 우리의 생각과 우리의 감정을 담은 징표다. 우리는 우리 자신의 시대를 살아남아, 언젠가 당신들의 시대에 이르기 위해 노력하고 있다."

이 구리판에는 태양계에서 우리 행성의 위치와 태양이 14개의 펄서와 어떤 관계에 놓여 있는지도 표시되어 있어, 지적 존재가 이를 통해 탐사선의 기원을 추적할 수 있다. 또한, 우라늄-238 동위원소의 방사성 시계가 실려 있어 탐사선이 고향별을 떠난 이후 흐른 시간을 추정할 수 있다. 만에 하나 탐사선이 외계 존재의 손에

     우주 생명체를 찾아서

들어간다 해도 이 황금 레코드의 해독만이 우리를 이해하는 유일한 수단이 되지는 않을 것이다. 그들은 탐사선을 분해해 우리가 사용하는 전자기술, 재료, 이진 논리 등을 파악함으로써 우리의 사고와 기술 수준을 엿볼 수 있을 것이다. 그들이 호기심 많은 지적 생명체라면 탐사선을 분해해, 우리가 가진 기술력에 어느 정도 수준인지 알게 될 것이다. 그들에게 탐사선은 전자장치, 구조 재료, 계산을 지탱하는 이진二進 논리까지 ─ 곧 우리의 사고방식과 인지 구조를 들여다볼 수 있는 하나의 창이 되어줄 것이다.

성간 공간을 질주하는 지금도 보이저 1호와 2호는 귀중한 과학 데이터를 전송하고 있다. 이 탐사선들은 고이득 안테나high gain antenna(특정 방향으로 전파를 집중시켜 신호의 강도를 높이는 안테나─옮긴이)를 탑재해 태양계의 경계를 넘어선 거리에서도 지구로 신호를 보낼 수 있다. 탐사선은 방사성 플루토늄으로 구동되며, 플루토늄 붕괴열을 전기로 변환해 장비를 가동한다. 하지만 수십 년의 작동 끝에 탐사선의 전력은 점점 고갈되고 있다. 에너지를 아끼기 위해 거의 모든 과학 장치가 꺼졌고, 만약 탐사선이 성간 통신을 지원하는 지상 관측망인 딥 스페이스 네트워크의 범위 안에 남아 있다면 우리는 2030년대까지 그 신호를 들을 수 있을지도 모른다. 그 이후 탐사선은 영원히 침묵하게 될 것이다. 그러나 보호막 덕분에 황금 레코드는 10억 년 이상 살아남을 수 있으며 보이저는 영원히 최초의 성간 탐사선이라는 영예를 지닌 채 우주를 떠돌 것이다. 이는 우주 문명의 여명을 밝힌 인류의 대담한 꿈과 원대한 포부를 실어

나르는 항해가 될 것이다.

바다를 품은 행성과 위성

보이저 1호와 2호가 수행한 태양계 그랜드 투어는 거대 가스 행성과 그 둘레를 도는 수많은 위성들의 세계를 잠시 들여다보게 해준 탐사였다. 그 뒤로 이어진 후속 탐사선들은 이웃 행성계에서 생명 가능성을 가늠하게 해주는 결정적 실마리들을 차례로 밝혀내고 있다. 목성과 토성은 주로 수소와 헬륨으로 이루어져 있다. 이들의 내부로 더 깊이 내려가 극심한 압력을 어떻게든 견딜 수만 있다면, 수소가 기체와 같은 분자 상태에서 금속 상태로 전환되는 지점에 이르게 된다. 그 과정 어디에도 '표면'이라 부를 만한 뚜렷한 경계는 없다. 두 행성의 가장 안쪽 영역은 밀도가 매우 높은 무거운 원소들로 구성되어 있으며, 그 질량은 지구의 여러 배에 이를 것으로 추정된다. 목성과 토성은 생명에 특별히 우호적인 환경은 아니지만, 우리는 이들을 고리와 수많은 위성들을 멀리까지 거느린 하나의 거대한 세계로 바라보게 됐고, 최근에는 바로 이 위성들이 우리의 관심을 가장 강하게 끌어당기고 있다.

토성의 장엄한 풍모는 강력한 망원경으로 바라볼 때 비로소 숨 막힐 만큼 선명하게 드러난다. 이 '고리의 행성'은 아마도 태양계에서 가장 상징적이며 가장 쉽게 알아볼 수 있는 천체로, 부피는 지구 760개에 맞먹고 밀도는 놀라울 만큼 낮아 이론적으로는 물에 뜰 수도 있다. 약 20년 전까지만 해도 토성을 찾은 탐사 임무는 거의 없었다. 그러나 파이어니어Pioneer 11호와 보이저 탐사선이 잠시 스쳐 지나가며 흥미로운 지역들을 짚어낼 수 있는 멋진 영상과 정찰 자료를 우리에게 전송했다.

2004년, 마침내 전용 우주 탐사선 카시니Cassini가 토성에 도착했다. 7년에 걸친 긴 여정 끝에 토성 궤도에 진입한 카시니는 그곳에서 13년을 머무르며 토성을 거의 300회나 돌았다. 그리고 북반구에서 맹렬히 휘몰아치는 폭풍처럼, 지구에서 본 어떤 허리케인보다 스무 배나 거대한 폭풍을 품은 장관들을 놀라울 만큼 섬세한 세부까지 드러냈다. 그러나 카시니 임무가 남긴 가장 극적인 발견은 토성의 위성인 타이탄Titan과 엔셀라두스Enceladus에 대한 자료가 전송된 뒤에 찾아왔다. 그 자료는 이 두 세계에 관한 놀라운 사실들을 펼쳐 보였고, 생명을 품을 가능성이 있다고 여겨온 장소들에 대한 우리의 선입견을 산산이 무너뜨렸다.

1980년에 보이저 1호가 토성의 위성 타이탄 곁을 스쳐 지나갈 때 탐사선이 본 것은 표면을 완전히 가려버린, 뚫을 수 없을 만큼 두껍고 흐릿한 대기층이었다. 그 대기의 조성은 주목할 만했다. 주성분은 질소였고 메테인methane과 에테인ethane이 미량 섞여 있어 우리 대기와 완전히 다른 것도 아니었다. 이는 그 아래에서 흥미로운 화학작용이 일어나고 있을지 모른다는 암시였으며, 반드시 다시 찾아가야 할 미래 탐사의 최우선 대상지로 타이탄을 부각시켰다.

"별의 탄생과 죽음 속에서

생명의 이야기가 시작된다."

— 위베르 리브스(Hubert Reeves)

20여 년이 지난 뒤, 카시니는 귀중한 화물을 싣고 타이탄에 도착했다. 바로 그 위성의 불투명한 대기를 뚫고 내려가 표면에 낙하하도록 특별히 설계된 하위헌스 탐사선Huygens probe이었다. 카시니에서 분리된 하위헌스 탐사선은 약 3주 동안 홀로 비행해 타이탄에 접근했고, 목적지에 이르자 낙하산을 펼쳐 두 시간 반에 걸친 하강을 시작했다. 대기권을 가로지르는 동안 탐사선은 온도와 화학 조성, 바람의 속도와 압력 등 방대한 데이터를 수집했으며, 시속 400킬로미터의 강풍에 흔들렸음에도 끝내 표면에 착지해 태양계 외곽의 다른 위성에 내려앉은 최초의 탐사선이 됐다. 미지의 지형에 착륙한 뒤 곧 임무가 종료될 것으로 예상됐지만 하위헌스 탐사선은 착지 후에 몇 시간 동안 데이터를 전송하며 활동을 이어갔다.

하위헌스 탐사선이 보내온 영상에는 어딘가 기이하게 익숙한 풍경이 담겨 있었다. 타이탄의 두터운 대기 아래에 펼쳐진 희미한 주황빛 모래벌판에는 둥글게 깎인 자갈들이 흩어져 있었다. 특히 눈에 띈 것은 유체 침식의 명백한 흔적이었다. 깊게 패인 골짜기와 배수망이 표면을 조각해놓았고, 그곳이 흐르는 액체에 의해 형태가 빚어진 세계임을 분명히 보여주었다. 그러나 표면 온도가 영하 180도에 달하는 곳에서 그 액체가 물일 가능성은 전혀 없었다.

카시니는 타이탄을 100회가 넘는 근접 비행으로 조사한 끝에 북극 지역에 거대한 바다가 존재한다는 사실을 확인했다. 그 바다는 물이 아니라 액체 메테인으로 가득 차 있었다. 메테인은 지구에서는 주로 기체 상태로 존재하지만 타이탄의 극도로 낮은 기온에서는 액체로 흐를 수 있다. 타이탄의 호수와 바다에 존재하는 막대한 양의 탄화수소, 특히 메테인과 에테인은 지구 전체의 석유와 가스 매장량을 모두 합친 것보다 최소 100배는 더 많다. 다만 이 물질들은 지구의 화석 연료가 형성되는 과정과는 전혀 다른 과정을 통해 생성된 것으로 보인다.

타이탄에서 메테인은 지구에서의 물과 같은 역할을 한다. 주황빛 하늘 아래 메테인 구름이 모여 메테인 폭우를 쏟아내고, 산꼭대기에서 흘러내린 강은 얼어붙은 지형을 깎아 지나가며 극지방 근처의 거대한 호수와 바다로 모여든다. 표면에 안정적인 액체가 존재하고, 지구와 비슷한 기상 패턴이 나타나며, 유기물이 풍부한 대기까지 갖추고 있는 타이탄은 지금까지 우리가 마주한 천체들 가운데 지구와 가장 기묘하게 닮아 있는 세계이다.

카시니의 레이더는 두께가 수 킬로미터에 이르는 두터운 얼음 껍질 아래에 짠 액체 물로 이루어진 지하 바다가 숨겨져 있을 가능성까지 암시했다. 이렇게 익숙한 특징과 낯선 특징이 뒤섞인 세계는 결국 피할 수 없는 질문을 불러일으켰다. 타이탄에 생명이 존재할 수 있을까? 극도로 낮은 기온과 메테인이 풍부한 환경에서는 우리가 아는 형태의 생명이 거대한 장벽에 부딪힌다. 무엇보다 세포막을 구성하는 데 필수적인 화학 물질들이 모두 얼어붙어 버린다. 그렇다면 생명은 근본적으로 다른 화학 체계를 바탕으로 해야 하며, 어쩌면 물 대신 메테인을 용매로 사용해야 할지도 모른다. 그럼에도 타이탄에서 생명이 발생하기 위한 화학적 환경은 지구에서 생명의 기원을 촉발했다고 여겨지는 조건과 크게 다르지 않다. 이 위성이 우리가 아는 생명의 조건과 우리가 아직 모르는 생명의 조건을 모두 탐구할 수 있는 일종의 실험실로 여겨지는 이유가 바로 여기에 있다. 그 대기의 울창한 장막 아래에서 밝혀진 놀라운 사실들은 태양에서 멀리 떨어진 세계는 생명 탐사에 부적합하다는 우리의 오래된 선입견을 산산이 무너뜨렸다.

엔셀라두스라는 얼음 천체는 또 하나의 충격적인 사실을 드러냈다. 토성의 또 다른 위성인 엔셀라두스는 타이탄의 10분의 1에 불과한 크기지만, 태양 빛을 거의 모두 반사하는 순백의 표면을 지니고 있어 태양계에서 가장 반사율이 높은 천체이다. 엔셀라두스 주위를 근접 비행하라는 임무를 받은 카시니가 첫 사진을 전송한 순간, 이 위성의 남극 지역에서 특별한 지질 활동이 일어나고 있음이 명확하게 드러났다. 이후 더 가까운 근접 비행은 그 현상의 규모와 성격을 낱낱이 드러냈다. 엔셀라두스는 미세한 얼음 입자와 수증기를 수백 킬로미터 상공까지 뿜어 올리고 있었다. 그 입자와 수증기의 일부는 토성 둘레의 궤도에 흩뿌려져 희뿌연 E-고리(토성을 둘러싸는 고리 중 가장 바깥쪽 고리)를 이루고 있었으며, 나머지는 다시 눈처럼 표면으로 떨어져 엔셀라두스를 하얗게 덮음으로써 이 위성이 눈부신 빛을 내도록 만들고 있었다.

이렇게 간헐천처럼 격렬하게 얼음 입자와 수증기가 분출된다는 사실은 엔셀라두스의 두터운 얼음 껍질 아래에 거대한 액체 바다가 존재한다는 사실을 암시한다. 그 깊은 내부에서는 강렬한 열과 에너지가 생성되어 물을 엄청난 힘으로 밀어 올려 이런 장관을 만들어내고 있을 것으로 추정된다. 태양으로부터 이렇게 먼 거리에서는 모든 것이 얼어붙은 왕국일 것이라 예상했지만, 이 기이한 위성은 물을 액체 상태로 유지할 만큼의 열을 만들어내며 동결을 막고 있었다. 어떻게 이런 일이 가능했던 것일까? 카시니가 수집한 방대한 자료는 이 수수께끼에 더 많은 빛을 비추기 시작했다.

거대한 행성을 도는 작은 위성인 엔셀라두스는 토성의 중력으로부터 엄청난 인력을 받는다. 지구의 바닷물에 조석이 일어나듯, 이 중력의 끌림은 엔셀라두스가 공전하는 동안 위성 자체를 늘리고 뒤틀리게 만든다. 이렇게 발생한 조석 마찰은 위성 내부에서 열을 만들어낸다. 이 조석 가열은 토성의 또 다른 위성 디오네와의 중력적 공명으로 더욱 증폭된다. 또한, 엔셀라두스에는 매우 다공성인 중심부가 있을 가능성이 높다는 사실도 밝혀졌다. 이 다공성 구조는 지하 바다의 차가운 물이 위성 깊숙한 내부로 스며들어 암석과 반응하며 열을 흡수하도록 해 엔셀라두스의 열 활동이 지속되도록 돕는다.

이 내부 열은 결국 해저에 열수분출공을 만들어내어 뜨겁고 무기물이 풍부한 물을 방출한다. 지구에서 발견되는 열수분출공처럼 이 분출공들은 가열된 물을 내뿜고, 그 물은 상승하다가 두터운 얼음 지각의 거대한 '호랑이줄무늬' 균열을 통해 폭발적으로 분출되어 카시니가 관측한 거대한 분출 기둥을 만들어냈다. 카시니는 이 분출 기둥을 실제로 통과하며 그 성분을 채집했고, 그 안에서 유

 우주 생명체를 찾아서

기 분자와 염류를 발견했다. 이는 엔셀라두스의 바다가 우리가 아는 생명의 핵심 재료 일부를 품고 있을 가능성을 한층 더 강하게 시사했다. 이 놀라운 발견은 한때 작은 눈덩이 같은 위성으로 여겨졌던 엔셀라두스를 지구 밖 생명체 탐색에서 가장 유력한 후보로 끌어올렸다.

이전에 우리는 생명체가 존재하기에 가장 가능성이 높은 장소로 중년 항성 주변의 이른바 '골디락스 존Goldilocks zone'에만 시야를 제한해왔지만, 이러한 발견들은 그 창을 크게 넓히도록 우리를 이끌었다. 별의 온기로부터 엄청나게 멀리 떨어진 곳에서도 생명의 잠재적 서식지는 존재할 수 있다. 조석력으로 데워진 깊은 지하 바다 속에 숨겨져 있을 수도 있으며, 생명이 깃들 수 있는 장소가 항성을 도는 행성에만 국한되지도 않는다. 그 행성을 도는 위성들 역시 충분히 유력한 후보가 될 수 있다.

토성과 그 위성들의 세계를 13년에 걸쳐 누구도 흉내 낼 수 없는 깊이로 보여준 카시니는 결국 궤도를 조정하는 데 사용되던 연료를 모두 소진했다. 불미스러운 상황을 피하기 위해 임무를 통제된 방식으로 종료하기로 결정됐다. 우주 탐사 역사에서 가장 길고 가장 성공적인 탐사 가운데 하나였던 카시니의 마지막 장면은 그 자체로 장엄한 결말이었다.

카시니는 토성과 가장 안쪽 고리 사이의 좁은 틈을 스무 차례 가까이 가로지르며 돌진했고, 그 과정에서 고리의 물질 조성을 파악하는 데 필수적인 소중한 자료와 경이로운 영상들을 끊임없이 전송해 우리의 기원 연구에 크게 기여했다. 마지막 비행이 끝나자 최종 돌입이 뒤따랐다. 카시니는 거대 기체 행성인 토성을 향해 곧바로 진입하도록 미리 프로그래밍됐고, 의도적으로 그 대기 속으로 몸을 내던졌다.

2017년 9월 15일, 카시니는 마침내 토성 대기 속으로 향하는 마지막이자 결정적인 하강을 수행했다. 행성 깊숙이 추락하는 동안 카시니는 대기 조성을 분석하고 토성의 중력장과 자기장을 전례 없는 정밀도로 측정하며 방대한 데이터를 계속 수집했다. 그러나 대기압이 점점 높아지자 탐사선은 더 이상 안테나를 지구 쪽으로 정확히 유지할 수 없었고, 결국 신호는 끊겼다. 카시니는 토성의 대기 속에서 완전히 기화된 것이다. 이는 극적인 결말이었지만 의도된 선택이었다. 혹시라도 카시니가 토성의 위성들 가운데 하나와 충돌하는 일이 일어나 지구에서 온 미생물이 남아 있을 가능성까지 고려하면, 이 선택은 미래 탐사를 오염시킬 위험을 없애기 위한 필수적인 조치였다. 이 얼음 세계들이 잠재적으로 생명을 품을 수 있다면 더욱 그랬다. 토성계에 평생을 바친 탐사선에게는 서늘하면서도 어울리는 작별이었다.

카시니가 엔셀라두스에서 해낸 혁신적 발견은 이 수수께끼 같은 '해양 세계'에 대한 열광을 불러일으켰다. 목성의 대형 위성 네 개 중 하나인 유로파Europa는 엔셀라두스와 놀라울 만큼 닮아 있다. 유로파의 얼어붙은 외피 아래에는 지구의 모든 바닷물을 합친 것보다 더 많은 액체를 품고 있을 가능성이 있는 전행성적 규모의 짠 바다가 자리한다. 이 거대한 바다는 화강암보다도 더 단단하게 얼어붙은, 두께가 수십 킬로미터에 이를지도 모를 두터운 얼음판에 의해 보호된다. 엔셀라두스와 마찬가지로 유로파 역시 모행성인 목성으로부터 강력한 조석력을 받고 있으며, 이 중력의 줄다리기는 내부 열을 만들어 바다를 액체 상태로 유지하고 해저에서 열수분출공이 작동할 가능성까지 열어놓는다. 이러한 분출공은 생명을 지탱하는 데 필요한 에너지와 화학적 구성 요소를 제공할 수 있어 유로파를 또 하나의 유력한 후보로 떠올리게 한다.

우리의 탐사선들은 우리가 관측할 수 있는 여러 세계를 돌고 그 세계들에 착륙하면서, 겉보기에 고등 생명체도 없고 운하 같은 관개 시설도 없으며 외계 문명의 흔적도 없지만, 그 이면에는 늘 우리가 보지 못한 무엇인가가 존재한다는 사실을 보여주었다. 이제 우리는 태양의 생명력에서 너무 멀리 떨어져 완전히 얼어붙고 적대적인 불모의 구체라고 여겼던 세계들을 황량한 곳으로만 보지 않게 됐다. 그 내부 깊은 곳에는 생명의 발아를 가능하게 하는 조건이 숨어 있을 수 있으며, 그 결과 미생물 생명이 우리의 시야에서 벗어난 채 '어두운 생물권'에서 번성하고 있을지도 모른다.

앞으로의 탐사들은 겉보기에는 이토록 척박해 보이는 세계들에서도 생명이 실제로 길을 찾아냈는지 여부를 밝혀낼 것이다. 우리가 태양계를 향해 손길을 더 멀리 뻗어갈수록 한 가지 질문에 점점 가까이 다가가고 있다. 생명은 우리 우주 이웃 어딘가에 존재하는가, 아니면 태양에서 세 번째 행성인 지구에만 국한된 현상인가?

태양 너머의 세계

우리와 가까운 세계들은 로봇 탐사선을 보내 지형을 직접 살필 수 있다. 그러나 동시에 우리는 광대한 우주에서 태양계가 얼마나 보잘것없는 한 점인지 알고 있으며, 태양 너머에도 생명이 존재하는지 알고 싶어 한다.

수 세기 동안 사람들은 태양계 밖에도 다른 항성 주위를 행성들이 존재할지 모른다고 생각해 왔다. 그러나 이를 실험적으로 확인한 것은 1992년에 이르러서였다. 푸에르토리코의 아레시보 전파 천문대에서 알렉산데르 볼시찬**Aleksander Wolszczan**과 데일 프레일**Dale Frail**은 초신성 폭발로 생겨난 거대한 별의 극도로 밀도 높은 잔해, 일종의 '죽은 별'인 펄서를 관측하고 있었다. 이런 별들은 등대처럼 규칙적으로 방사선을 내보내는데, 두 연구자는 이 펄스의 주기에서 미묘한 불규칙성을 발견했다. 이는 어떤 중력이 별을 잡아당겨 약간씩 흔들리게 하고 있음을 시사하는 신호였다. 정밀 분석 끝에 그들은 별 주변을 적어도 2개의 행성이 돌고 있기 때문에 이런 현상이 나타난다는 결론에 도달했다. 이 발견은 태양계 밖에 존재하는 행성, 즉 '외계행성**exoplanet**'을 인류가 처음으로 확인했다는 사실을 확실하게 입증한 것이었다.

그 뒤로 망원경의 성능이 강화되고 관측 기법이 정교해지면서, 확인된 외계행성의 목록은 놀라울 만큼 빠른 속도로 길어졌다. 2009년부터 2018년까지 운용된 케플러 우주망원경은 백조자리의 특정 구역에서 15만 개가 넘는 별의 밝기를 지속적으로 관측함으로써 외계행성 탐사에서 선구적인 역할을 했다. 케플러는 '트랜싯 방식transit method'을 이용해 외계행성의 존재를 식별했다. 이는 행성이 별 앞을 스쳐 지나갈 때 별빛이 아주 미세하게 어두워지는 변화를 찾아내는 방법이다. 케플러는 이 방법으로 경이로울 만큼 큰 성과를 거두어 수천 개의 외계행성을 확인했고, 그와 비슷한 수의 잠재적 후보까지 발견했다.

케플러의 발견은 우리 은하에 행성이 아주 풍부하다는 사실뿐 아니라 그 다양성이 얼마나 놀라운지도 여실히 보여주었다. 행성들은 크기와 질량이 제각각이고, 암석형부터 가스형까지 연속체를 이루며, 대기의 유무와 특성도 천차만별이며, 모항성을 도는 방식 또한 매우 다양했다. 이 발견은 태양계만이 특별하다는 환상을 여지없이 무너뜨렸다. 이제 우리는 별들 곁을 호위하듯 따라다니는 행성들의 목록을 계속 늘려가고 있었다. 우주에 존재하는 세계들의 압도적인 다수성은 생명을 찾을 확률을 근본적으로 바꾸어놓았고, 심지어 '지구 2.0'을 찾는 탐색까지 촉발했다.

케플러의 후속 위성인 트랜싯 외계행성 탐사 위성Transiting Exoplanet Survey Satellite, TESS은 2018년에 임무를 이어받아 하늘 거의 전 영역을 탐사하도록 설계됐다. 이 위성은 특히 밝고 가까운 별들, 그리고 그 주변을 돌고 있을지 모를 지구형 또는 초지구형 행성들에 초점을 맞추고 있다. TESS의 목표는 외계행성 후보 목록을 작성해 우리가 지금까지 구축한 가장 강력한 우주망원경인 제임스 웹 우주망원경James Webb Space Telescope에 넘겨 더 면밀한 조사가 이루어지도록 하는 데 있다.

2021년에 발사된 제임스 웹 우주망원경은 지구로부터 약 160만 킬로미터 떨어진 안정 지점에 배치됐다. 이 지점에서 망원경은 매우 낮은 작동 온도를 유지할 수 있으며 태양과 지구, 달로부터 충분히 차폐된다. 이 망원경은 극도로 민감한 관측 장비를 갖추고 있으며 적외선 영역을 훨씬 더 깊게 볼 수 있어, 전임 위성인 허블 우주망원경보다 훨씬 희미한 천체는 물론 우주의 훨씬 더 오래된 역사를 들여다볼 수 있다. 특히 외계행성의 대기를 분석하는 데 탁월해, 생명의 징후, 즉 '바이오시그니처biosignature'를 찾아낼 수 있는 능력을 갖추고 있다. 우리가 아는 형태의 생명은 자신이 깃든 행성의 대기를 필연적으로 변화시키기 때문이다. 만약 먼 우주의 어떤 과학자가 충분히 강력한 망원경을 태양계 근처로 향하게 한다면, 그는 어쩌면 별의 온대 지대에 자리한 한 행성을 발견할지 모른다. 그 행성의 대기는 산소, 메테인, 수증기를 품은 채 뚜렷하게 독특한 특성을 드러낼 것이고, 그곳에서 무언가 흥미로운 일이 벌어지고 있음을 알리는 신호가 될 것이다.

제임스 웹 망원경은 이러한 분석을 외계행성에도 동일하게 적용할 수 있으며, 이 능력은 해당 연구 분야에 혁명적 변화를 가져올 것으로 기대된다. 외계행성이 별 앞을 지나갈 때 별빛의 일부는 망원경에 도달하기 전에 그 행성의 대기를 통과한다. 대기 속 분자들은 특정 파장의 빛을 흡수해 관측된 별빛에 고유한 '지문' 같은 흔

     우주 생명체를 찾아서

적을 남긴다. 이 필터링된 빛을 분석하면 행성 대기에 어떤 분자들이 존재하는지 판별할 수 있다. 특히 생물학적 과정이 아니라면 설명하기 어려운 조합의 분자들이 함께 발견된다면, 그것은 외계 생명 가능성을 강하게 시사하는 증거가 될 수 있다. 이런 능력을 고려하면, 지구 너머에서 생명의 흔적을 찾으려는 우리의 탐색이 이제 본격적인 도약을 앞두고 있음이 분명하다.

지상망원경과 우주망원경이 수집한 자료를 종합하면, 현재 확인된 외계행성의 수는 5,000개를 넘어섰고 지금도 꾸준히 증가하고 있다. 이 숫자를 바탕으로 외삽하면 우리의 은하에만도 수십억 개의 외계행성이 존재할 것으로 추정된다. 이 방대한 행성 목록에는 다양한 세계들이 포함된다. 모항성에 매우 가까이 붙어 도는 목성급 가스 행성(핫 주피터), 어떤 별도 돌지 않은 채 우주 공간을 홀로 떠도는 떠돌이 행성, 지구보다 훨씬 큰 암석 행성(초지구형 행성), 죽은 별을 도는 행성, 모항성을 중심으로 극도로 찌그러진 궤도를 그리는 행성, 항성과 강하게 묶여 도는 행성과 항성을 느슨하게 감싸며 도는 행성, 다이아몬드나 녹은 철·액체 루비·사파이어·용융 유리로 이루어진 비가 내리는 행성 그리고 심지어 여러 개의 항성을 동시에 도는 행성까지 있다.

자연은 저 광막한 공간에 서로 놀라울 만큼 다른 세계들을 빚어놓았고, 우리가 한때 터무니없는 상상이라 여겼던 행성들마저 실제로 존재한다는 사실이 드러나고 있다. 예를 들어 케플러-16b는 하늘에 두 개의 태양이 있는 최초의 행성으로 발견됐고, 이는

《스타워즈》에서 루크 스카이워커의 고향이었던 사막 행성 타투인을 자연스럽게 떠올리게 한다. 이 행성은 쌍성을 공전하며, 생명에게 적합할 가능성은 낮지만 같은 항성계에 속한 또 다른 행성 케플러-453b는 생명체가 거주할 수 있는 지대에 자리한다. 만약 그곳에 생명이 존재한다면, 그 세계의 거주자들은 쌍둥이 해가 지는 장관을 바라볼 수 있을 것이다. 케플러-16b의 발견 이후 우리는 세 개, 나아가 네 개의 별을 동시에 도는 행성들처럼 훨씬 더 복잡한 배열까지 관측하게 됐다.

조석력에 의해 항성에 묶여 있는 행성들도 매우 흥미로운 천체들이다. 이런 행성에서는 한쪽 면은 계속 항성을 향해 있어 끝없이 빛을 받고, 반대쪽 면은 항성의 빛이 전혀 닿지 않아 영원한 암흑에 잠겨 있다. 한쪽 반구에서는 해가 결코 지지 않고, 다른 반구에서는 해가 결코 뜨지 않는다. 이러한 극단적 환경은 한 면에는 믿기 어려울 만큼 높은 온도를, 다른 면에는 뼛속까지 스며드는 혹한을 만들어낸다. 그러나 이런 행성에 적절한 대기나 액체 바다 혹은 극초음속으로 흐르는 강풍이 존재한다면 열을 효과적으로 분배해 온도를 조절할 수도 있다. 이런 조건은 생명에게는 큰 도전이 되지만, 낮과 밤의 경계 지대인 이른바 '황혼대twilight zone'에는 온화한 기온이 형성될 수 있어 그곳에서 생명이 존재할 가능성이 제기되고 있다.

지금까지 발견된 외계행성들 가운데 가장 오래된 것은 나이가 무려 127억 년에 이른다. 이는 이 행성이 빅뱅 이후 불과 10억 년 만에 형성된 세계라는 뜻이다. 이런 고대의 행성들에는 엄청난 정보가 담겨 있다. 우리가 그 구성 성분을 분석할 수 있다면, 우주의 초기 단계와 생명에 필수적인 원재료들이 언제부터 널리 퍼지기 시작했는지에 대해 훨씬 깊은 통찰을 얻을 수 있을 것이다.

지구와 가장 가까운 외계행성은 무엇일까? 놀랍게도 그 행성은 우리와 가장 가까운 항성인 프록시마 켄타우리Proxima Centauri 주위를 돈다. 그 행성은 지구에서 4.25광년 떨어진 곳에 위치하며, 우주적 척도에서 보면 바로 이웃이나 다름없다. 2016년에 발견된 프록시마 켄타우리 b는 지구보다 약간 더 무거우며, 생명체가 존재할 가능성이 있는 지대에 자리해 표면에 액체 물이 존재할 수도 있다. 다만 이 행성은 조석력에 의해 항성에 고정되어 있을 가능성이 있어 환경은 매우 극단적일 수 있다. 게다가 그 항성은 작고 질량도 작지만, 상당히 변덕스럽다. 폭발적인 플레어를 자주 분출해 강력한 방사선을 쏟아내며 생명의 발아를 극도로 어렵게 만드는 적대적 환경을 조성할 수 있다. 그럼에도 불구하고, 우리와 가장 가까운 항성 주위를 도는 행성 가운데 이론적으로 생명체 거주 가능성이 있는 후보가 존재한다는 사실은 분명하다. 그리고 우리는 이 세계를 향한 대담한 계획을 품고 있다.

'브레이크스루 스타샷Breakthrough Starshot'은 한 세대 안에 초소형·초경량 탐사선 함대를 프록시마 켄타우리 항성계로 보내겠다는 대담한 구상이다. 빛의 속도의 20퍼센트까지 도달할 수만 있다면 이 탐사선들은 약 20년 만에 그 항성계에 도착할 수 있다. 가장 실현 가능성이 높은 구상은 광돛light sail을 장착한 나노 우주 탐사선들을 지상의 대형 레이저 집합 발진 시스템으로 밀어 올려 빛의 일부 속도에 도달하도록 추진하는 방식이다. 이 미래적 구상은 2010년 금성을 향한 비행에서 태양광 돛 추진을 실제로 성공시킨 일본의 이카로스IKAROS 미션 같은 초기 성공 사례를 기반으로 하고 있다. 이카로스는 폭이 14미터에 이르는 태양광 돛을 이용해 가속했고, 그 힘으로 비행 중 탑재 장비까지 구동했다.

브레이크스루 스타샷은 이 원리를 훨씬 더 극한까지 밀어붙이려 한다. 각각의 나노 탐사선에는 전원 장치와 항법 장치, 카메라, 추진기, 송신기까지 모두 갖춘 우표 크기, 무게 몇 그램 수준의 컴퓨터 칩에 이르는 소형 장비들이 탑재될 예정이다. 현재 나노기술의 발전 속도를 감안하면, 더 효율적인 광돛을 만들 수 있는 재료가 곧 만들어질 것으로 예상된다. 이 돛은 질량이 몇 그램에 불과할 만큼 극도로 가벼워야 하고, 두께는 매우 얇으면서도 길이는 몇 미터 규모에 이르러야 한다. 또한 성간 먼지와의 충돌로 인한 손실을 보완하기 위해서는 이러한 초소형 우주 탐사선들을 최소 1,000개 이상 보내야 할 것으로 보인다. 물론, 이처럼 대담한 계획을 실행하는 일은 우리의 기술적 한계를 극한까지 몰아붙일 것이다. 그러나 이런 난관에도 불구하고 현재 기술과 가까운 미래의 전망을 고려하면 이 프로젝트는 머지않아 실현이 가능해질 것으로 예상된다.

브레이크스루 스타샷의 궁극적 목표는 광속의 몇 분의 1의 속도로 항성 간 비행을 가능하게 해, 먼 우주를 인류의 손이 닿는 범

     우주 생명체를 찾아서

위 안으로 끌어오는 것이다. 만약 이 계획이 실현된다면 중대한 파급력을 지닌 역사적 이정표가 될 것이다. 무엇보다도 이 계획은 '인센티브 함정incentive trap'에 빠지지 않도록 도움을 줄 것이다. 다시 말해, 이 계획은 지금 우주선을 발사해도 기술이 더 발전한 미래에 더 빠른 우주선이 뒤이어 출발해 앞질러버릴 것이니 굳이 지금 발사할 이유가 없다는 생각에 빠지는 것을 막아줄 수 있다. 우리로부터 가장 멀리 여행한 우주선인 보이저 1호는 현재 약 240억 킬로미터 떨어져 있다. 만약 광돛 탐사선이 광속의 5분의 1 속도로 비행한다면 거의 반세기 전에 출발한 보이저 1호를 닷새도 되지 않아 추월할 수 있다. 이렇게 빠른 속도에 도달하게 되면 상황은 근본적으로 달라진다. 미래에 더 발전된 기술로 새로운 탐사선을 발사하더라도, 그 미래의 탐사선이 이전에 발사된 광돛 탐사선보다 먼저 목적지에 도달하는 것이 불가능해진다. 따라서 그 속도로 광돛 탐사선을 발사할 충분한 동기가 유지된다.

다가올 세기들에는 이러한 기술적 발전을 바탕으로 생명 탐색의 손길이 훨씬 넓은 이웃으로 뻗어나갈 것이다. 우리 은하 곳곳에 흩어져 있는 먼 항성과 행성들까지 탐사가 확장될 것이며, 그때가 되면 우리는 우주가 과연 얼마나 많은 세계들로 채워져 있는지 훨씬 더 분명하게 알게 될 것이다.

11
우주로부터의 메시지 해독

우리 은하에만 해도 항성의 수만큼이나 많은 행성들이 존재하는 것으로 추정된다. 은하수에는 최대 4,000억 개의 별이 자리하고 있어 그 규모는 상상을 넘어선다. 케플러 우주망원경으로 수행한 광범위한 관측에 따르면 이 가운데 약 3억 개의 행성은 표면에 액체 물이 존재할 수 있을 만큼 모항성과의 거리가 적절해 잠재적으로 거주 가능할 것으로 보인다. 그리고 이 모든 수치는 오직 우리 은하에 대한 것일 뿐이다. 우리 은하는 우주에 존재할 것으로 추정되는 약 2조 개의 은하 가운데 하나에 불과하다. 예컨대 우리와 가장 가까운 안드로메다은하는 우리 은하보다 훨씬 더 많은 항성과 행성을 품고 있다. 우주가 지닌 행성의 수는 앞으로도 더욱 늘어날 가능성이 크다.

이처럼 우주 곳곳에 행성이 넘쳐나는데도 생명이 다른 어디에서도 나타나지 않았다고 생각하는 것은 통계적으로 거의 불가능해 보인다. 우주에 우리가 홀로 존재한다는 생각은 어딘가 부조리하게 느껴진다. 그런데도 우리는 아직 누구의 목소리도 듣지 못했다. 외계 문명의 메시지로 보이는 어떤 전파도 포착되지 않았고, 다른 항성에서 의도적으로 발신된 신호도 발견되지 않았으며, 성간 탐사의 흔적으로 확실하게 해석될 만한 유물도 관측되지 않았다. 한때 우리의 시적 감성을 흔들어놓던 별들의 침묵은 이제 불안한 정적으로 다가온다. 모두 어디에 있는 것일까? 이 질문이 지닌 울림을 물리학자 엔리코 페르미가 1950년 여름 점심 자리에서 동료들과 나눈 대화 속에서 드러냈고, 훗날 그 울림은 페르미 역설Fermi paradox로 이어진다.

거대한 침묵

이 질문은 겉보기에는 단순해 보이지만 그 바탕에 놓인 논거는 매우 강력하다. 우리 은하는 136억 년에 이르는 나이를 지녔으며, 만약 우주 어딘가에 고등 문명이 존재한다면 그중 일부는 우리보다 뒤처져 있을 것이고 다른 일부는 우리보다 훨씬 앞서 있을 것이다. 우리는 불과 얼마 전에서야 기술 문명으로 자리 잡았고, 그 짧

　　　　　우주 생명체를 찾아서

은 기간 동안 기술은 폭발적으로 성장해 불과 몇십 년 전 우리가 사용하던 도구들조차 이제는 원시적이고 고대적이라 할 만큼 뒤처져 보인다. 이러한 극적인 성장을 고려하면 우리보다 훨씬 앞선 문명은 상상하기 어려울 만큼 고도화되어 있을 것으로 추정할 수 있다. 예를 들어 어떤 외계 문명이 비교적 단순한 로켓 기술만으로 제국적 팽창을 추구한다면 계산상 그 문명은 수천만 년 안에 은하 전역으로 퍼져나갈 수 있을 것이다.

우리는 그들이 거주 가능하도록 다른 행성을 '테라포밍 **terraforming**' 하려는 의도를 품고 우주선을 보내리라 추론할 수 있으며, 그 과정은 자신들에게 가장 가까운 행성들에서 시작해 점차 더 먼 항성계로 확장될 것이다. 그러나 더 그럴듯한 시나리오는 외계 문명이 무인 자기복제 탐사선을 보내는 것이다. 이 탐사선은 이를 이론화한 수학자 존 폰 노이만**John von Neumann**의 이름을 따 '폰 노이만 탐사선'이라 불린다. 이 탐사선은 적합한 착륙 지점, 즉 행성이나 위성 혹은 소행성에 내려 그곳의 원료를 채굴해 자신의 복제본을 만들어내도록 프로그램되어 있으며, 그렇게 생산된 복제 탐사선들은 여러 방향으로 발사되어 은하 전역에 지수적으로 확산될 수 있을 것으로 추정된다.

우리 은하의 길이는 대략 10만 광년으로 추정된다. 빛의 속도의 10퍼센트로 이동할 수 있는 자기복제 탐사선이 있다면 고등한 지적 생명체는 불과 수백만 년 안에 우리 은하의 모든 행성을 식민지화할 수 있을 것이다. 그 탐사선의 속도가 빛의 속도 1퍼센트 수준에 불과하다 해도 은하 전체를 식민지화하는 데 걸리는 시간은 약 2,000만 년 밖에 걸리지 않을 것으로 추정된다. 우주 시간 규모가 워낙 거대하기 때문에 구체적인 수치는 크게 중요하지 않다. 자기 복제 탐사선은 식민화 속도를 압도적으로 높여 페르미의 역설을 한층 더 난해하게 만든다. 그렇지만 이런 탐사선을 전혀 고려하지 않더라도 역설은 여전히 풀리지 않은 채로 남아 있다.

문명이 다른 항성계로 퍼져 나가는 속도가 아무리 느리다 해도, 수백만 년 전에 등장한 문명이라면 자기 행성을 넘어 다른 행성들로 퍼져 나가 은하수를 가로지르기에 충분한 시간을 가졌을 것이다. 우주의 관점에서 보면 그것조차 비교적 짧은 시간이다. 그렇다면 우리 은하가 이렇게 오랫동안 존재해왔고, 어떤 종이 출현해 진화하고 세력을 넓힐 수 있는 수많은 기회를 제공해왔다면, 왜 우리는 그 어떤 흔적도 발견하지 못한 것일까. 그들의 제국이 남긴 잔해는 어디에 있고, 그들의 공학이 남긴 유물은 어디에 있으며, 그들의 탐사 임무가 남긴 발자취는 어디에 있는가. 이 '거대한 침묵'은 단 하나의 외계 문명만 존재했더라도 충분히 깨지고도 남았을 것이다. 그런데도 현재 우리가 마주하고 있는 건 깊고 음산한 적막뿐이다.

대체 모두 어디에 있는 것일까. 점점 더 주목을 받는 가설 가운데 하나는 이른바 '거대 여과기Great Filter' 가설이다. 이 가설은 우주 전역으로 문명을 확장하고 그 존재를 드러내기 위해 반드시 넘어야 하는 결정적 장벽, 즉 극복해야만 하는 장애물(또는 일련의 장애물)이 존재한다고 제안한다. 우리가 아무런 신호도 듣지 못하고

     우주 생명체를 찾아서

그들의 흔적을 전혀 보지 못하는 이유는 대부분의 외계 문명, 설령 전부가 아니더라도 거의 모든 외계 문명이 이 장벽을 넘지 못했기 때문이라는 것이다. 지구 생명체의 단일한 궤적을 살펴보면, 지금에 이르기까지 불가능에 가까운 무수한 확률들을 생명체가 어떻게 넘어섰는지 알 수 있다. 무생물에서 생명으로의 전환, 단순한 생명에서 복잡한 생명으로의 도약, 도구를 다룰 수 있는 지능의 진화 그리고 기술 문명의 출현이 바로 그 도약들이다. 우리는 앞으로 우리가 어떤 도전에 맞닥뜨리게 될지 알지 못한다. 우리는 지금도 여전히 초보 단계에 있는 우주 문명이기 때문이다. 거대 여과기 가설은 은하 식민화로 나아가는 여러 단계 중 최소 하나가 본질적으로 넘을 수 없는 장벽일 수 있다고 본다. 따라서 거의 모든 신생 문명은 그 장벽에 막혀, 서로 접촉하거나 자신을 드러내지 못한 채 사라지게 된다는 것이 이 가설의 핵심이다. 화성에서 매우 원시적인 생명체라도 발견된다면 그 발견은 엄청난 돌파구가 될 것이다. 그 발견은 생명이 무생물에서 태어나는 과정이 그리 드문 일이 아님을 뜻하게 될 것이며, 거대 여과기가 생명체의 진화 과정에서 더 뒤 단계에 놓여 있을 가능성을 시사하게 될 것이다.

이 맥락에서 우리 앞에는 두 가지 가능성이 떠오른다. 하나는 우리가 이미 그 거대한 장애물을 넘어섰고, 거대 여과기가 우리 뒤에 놓여 있다는 관점이다. 다른 하나는 이 여과기가 아직 우리 앞에 놓여 있을지도 모른다는 불안한 전망이다. 우리는 이제 스스로를 파괴할 수 있는 임계 지점을 넘어선 만큼, 이런 질문을 던져야 한다.

모든 문명에는 스스로를 소멸시키는 내재적 메커니즘이 존재하는 것일까? 우리가 그들로부터 아무 신호도 듣지 못하는 이유는 그들이 스스로 파국의 방아쇠를 당겨버렸기 때문일까? 혹은 멸종 규모의 재앙들이 이 침묵의 원인일까. 소행성 충돌, 초화산supervolcano 폭발, 가까운 별의 초신성 폭발 혹은 지적 관찰자로 이어지는 진화 사슬을 끊어버릴 수 있는 다른 이색적 우주 현상들이 그 재앙들이다. 지구에서도 거대한 생명 군집이 이런 재앙들로 사라진 적이 있다. 어쩌면 우리 행성은 유난히 운이 좋았던 것일지도 모른다. 우주의 이런 초기화 사건들은 우리가 지구의 역사로부터 짐작하는 것보다 훨씬 더 빈번하고 훨씬 더 가혹했을 가능성이 있다.

다른 가능성들도 있다. 어쩌면 외계 문명은 애초에 식민화에 관심이 없었을지도 모른다. 외계 문명이 우리를 동물원의 동물 보듯이 은밀히 지켜보며 접촉의 적절한 순간을 기다리고 있을지도 모른다(동물원 가설Zoo hypothesis). 그들의 강력한 자기 보존 본능이 다른 존재에 대한 깊은 불신으로 이어져, 자신을 지키기 위해 접촉하는 모든 생명을 제거하려는 결의를 품었을 가능성도 있다(다크 포레스트 이론Dark Forest theory). 혹은 그들은 아예 우리의 이해 범위를 훨씬 넘어서는 어떤 다른 존재로 변모했을지도 모른다(초월 가설 Transcension hypothesis). 그러나 이러한 설명들은 그 자체만으로 페르미 역설을 해결하는 충분한 해법으로 여겨지지 않는다. 이런 설명들은 외계 문명의 동기나 행동 방식에 대해 여러 가정을 세우고 있지만, 이런 가정이 일부 문명에는 적용될지라도 모든 문명에 보편적으로 적용될 가능성은 낮다. 또한, 단 한 문명만이라도 기존의 틀을 깨고 스스로 존재를 드러낸다면 상황은 완전히 바뀔 수 있다.

외계행성이 발견되기 이전에 제안된 또 다른 설명은 '희귀한 지구 가설Rare Earth hypothesis'이다. 이 가설은 우리의 행성이 우리가 생각하는 것만큼 평범하지 않을 수 있으며, 따라서 지적 생명은 극도로 희귀할 가능성이 있다고 본다. 이 가설은 지구에서 복잡한 생명이 탄생하기 위해 반드시 맞아떨어져야 했던 수많은 요소들을 열거한다. 지나치게 활동적이지도 뜨겁지도 않은 안정적이고 장수하는 별, 그 별이 위치한 은하의 생명체 거주 가능 지대, 액체 상태의 물을 유지할 수 있는 적절한 거리에서 공전하는 행성, 행성의 흔들림을 잡아 기후를 완화시키는 큰 위성, 캄브리아기 대폭발처럼 다양한 생명체의 번성을 이끈 전 지구적 기후 사건들 등이 바로 그것이다. 그러나 이 가설은 생명이 출현하기 위해서는 지구에서 벌어진 것과 똑같은 조건과 똑같은 사건 순서가 필요하다는 전제를 지나치게 강조한다는 점에서 매우 '지구 중심적인' 접근으로 간주된다.

문명의 규모

만약 지적 문명이 별들이 소용돌이치는 곳 어딘가에 존재한다면, 그 문명은 어떤 모습일 것이며, 우리는 어떻게 그 존재를 알아볼 수 있을까. 우리보다 수천 년 혹은 수백만 년 앞선 문명을 상상하려면 과학소설에나 어울릴 법한 상상력의 비약이 필요하다. 우리가 우주로 첫걸음을 내디딘 것은 고작 한 세기 전이다. 우리는 여전히 매우 어린 우주 문명이며 앞날 또한 극도로 불확실하다. 기술의 발전이 기하급수적으로 가속된 탓에 수천 년은커녕 몇 백 년 뒤의 모습조차 자신 있게 예측할 수 없다. 저명한 과학소설가 아서 C. 클라크**Arthur C. Clarke**는 "충분히 발달한 기술은 마법과 구별되지 않는다"라고 말했다. 정말로 더 우월한 지적 생명체가 우리가 아직 발견하지 못한 원리에 기반한 기술을 다루고 있다면, 그 기술은 우리의 이해 범위를 아득히 벗어나 있을지 모른다. 우리는 그 기술을 눈앞에서 바라보면서도 그것이 무엇인지조차 알아보지 못할 수도 있다.

따라서 이런 초지능을 어떻게 식별할 수 있을지 생각할 때 우리는 꽤 과감해져야 한다. 가장 널리 알려진 최초의 시나리오는 1964년에 소련의 천문학자 니콜라이 카르다셰프**Nikolai Kardashev**가 제안한 것이다. 카르다셰프는 고도로 발달한 문명이 우주에서 먼 거리를 두고 정보를 송신하는 데 필요한 에너지의 규모와 우리가 그 통신을 포착할 수 있을지에 주목했다. 그는 문명이 얼마나 많은 에너지를 다룰 수 있는지를 기준으로 그 문명을 분류하는 틀을 고안했다. 이 사다리의 첫 번째 단은 타입 I 문명으로 자국 행성에서 이용 가능한 에너지를 활용할 줄 아는 행성 문명을 뜻한다. 여기에는 항성으로부터 얻는 에너지와 행성 내부의 열에너지 등이 포함된다. 우리는 아직 지구의 에너지를 완전히 활용하지 못하고 있기 때문에 타입 I 문명에 도달하지 못한 상태이며, 카르다셰프 척도에서 약 0.73 수준으로 평가된다.

그다음 단계는 타입 II, 즉 문명 발달에 따른 급격한 에너지 수요 증가에 대처하기 위해 항성 전체의 에너지 출력을 활용할 줄 아는 문명을 뜻한다. 항성에서 행성으로 도달하는 에너지는 전체 에너지의 극히 일부분에 불과하며, 그 자원이 고갈되고 나면 다음 단계는 근원으로 직접 올라가 항성 그 자체의 에너지를 추출하는 일이다. 이런 문명은 물리학자 프리먼 다이슨Freeman Dyson이 제안한 가설적 메가스트럭처megastructure, 이른바 다이슨 스피어Dyson sphere를 이용할지도 모른다. 이는 항성을 부분적으로 혹은 완전히 둘러싸 그 에너지를 포획하는 구조물로, 항성 주위를 공전하는 위성 무리가 항성 에너지를 가로채 수집하는 방식일 수도 있다. 이 구조물로 둘러싸인 항성은 겉보기 밝기가 떨어져, 자연적 과정으로는 설명되지 않는 비정상적 광도 감소가 관측될 수 있다. 이는 행성이 항성 주위를 지나가며 보이는 트랜싯 현상이나 다른 자연적 요인으로 설명하기 힘든 특징이다. 따라서 항성에서 나오는 비정상 신호를 탐색하면 알려진 어떤 현상에도 귀속시키기 어려운 이례적 패턴을 포착하거나, 그 안에서 무언가 흥미로운 일이 벌어지고 있음을 암시하는 단서를 얻을 수 있을지도 모른다.

에너지 사용의 이 사다리를 더 올라가면 우리는 타입 III 문명, 즉 은하 전체 규모의 에너지를 다룰 수 있는 은하 문명과 마주하게 된다. 이런 문명은 여러 항성의 에너지를 끌어 쓰고 어쩌면 블랙홀의 힘까지 활용할 수 있는, 지금 우리의 이해를 훨씬 넘어서는 기술을 필요로 한다. 그들은 우주의 팽창에 맞서 은하들을 더 가까운 영역에 묶어두고 그 에너지를 보다 효율적으로 활용할 수 있는 능력까지 지녔을지도 모른다.

그들의 지배력이 이렇게 광대한 규모에 걸쳐 있다면 타입 II와 타입 III 문명은 막대한 양의 정보를 끊임없이 송신하고 있을 것이다. 카르다셰프는 이런 규모의 신호를 내보내는 거대 문명이라면 우리가 그 문명의 존재를 더 잘 추론해낼 수 있을 것이라고 봤다.

지금까지 우리는 매우 큰 규모의 문명을 상상해왔다. 그리고 그런 문명이 에너지나 다른 자원을 찾는 과정에서 앞으로 수백만 년의 기술 발전이 어떤 미래를 열어줄지 추측해왔다.

그러나 규모의 또 다른 극단에서도 '숙달의 단계'를 향한 전망이 제시된다. 존 배로John Barrow는 외계 문명의 가능성을 검토할 때 그들이 물질을 다루는 능력, 특히 가장 미세한 규모에서의 조작 능력에 주목해야 한다고 제안했다. 그는 바깥을 향해 확장하는 대신 우주의 바탕을 이루는 작동 원리를 파악해 그 가장 근본적인 차원을 통제하고 조작하려는 시도를 할 수도 있다고 봤다. 이 카르다셰프 척도의 역전된 형태에서는 문명을 우리 존재 규모의 사물을 통제하고 조작할 수 있는 타입 I-마이너스 문명에서부터 시작해 아래로 내려간다. 그다음 단계인 타입 II-마이너스는 유전자를 다룰 수 있고, 타입 III-마이너스는 분자를 조작하며, 타입 IV-마이너스는 원자를 설계하거나 조작하고, 타입 V-마이너스는 원자핵을 통제하며, 타입 Ⅵ-마이너스는 소립자를 다룰 수 있다. 그리고 타입 오메가-마이너스는 시공간 자체를 수정할 수 있는 능력을 지닌다.

이 모델에서 이렇게 낮은 단계의 문명들은 그 존재가 자연의 작동과 구분되지 않을 가능성이 있다. 예를 들어, 어떤 문명이 타입 오메가-마이너스 단계에 도달해 시공간 자체를 조작하는 능력을 갖추었다면 그들은 사실상 우리 현실의 구조 속에 완전히 통합되어 있는 셈이다.

이러한 추정들 대부분은 지나치게 이례적이고 터무니없어 보일 수도 있다. 그러나 이 추정들은 최소한 우리의 상상 범위를 넓혀 준다는 점에서 의미가 있다. 우리가 해야 할 일은 지적 생명체가 우주 어딘가에서 어떻게 전개됐을지 그려보고, 우리보다 수백만 년 앞선 문명이 어떤 방식으로 스스로를 드러낼지 상상하는 것이다. 그리고 이는 분명 쉽지 않은 일이다.

외계 생명체 탐색 그리고 그들과의 교신

이 가설들은 우리가 어떤 종류의 신호나 기술적 징표를 찾아야 할지를 제시함으로써 외계 지적 생명체 탐색의 길잡이가 된다. 그렇다면 우리는 어떻게 시작할 수 있을까? 1960년대에 프랭크 드레이크Frank Drake는 진지한 외계 지적 생명체 탐색Search for Extra-Terrestrial Intelligence, SETI(세티)의 첫걸음을 내디뎠다. 그는 '세티의 아

"우주는 우리가 상상하는 것보다 훨씬 더 이상하고,

우리가 상상할 수 있는 것보다 훨씬 더 기이하다."

— 아서 에딩턴(Arthur Eddington)

버지'로 불리며 현대적 의미의 최초 세티 실험인 '오즈마 프로젝트 Project Ozma'를 수행했다. 그는 지상 전파망원경을 이용해 가까운 두 개의 별에서 오는 신호를 탐색했고, 우리 은하에서 탐지 가능한 문명 수를 추정하는 공식인 드레이크 방정식을 고안한 것으로도 잘 알려져 있다. 이 방정식은 지금도 세티 연구의 기본적 틀을 제공한다. 1959년에는 주세페 코코니Giuseppe Cocconi와 필립 모리슨Philip Morrison이 성간 통신의 탐색 방법을 제안한 기념비적 논문을 발표했다. 이들은 외계 신호를 찾기 위한 수단으로 전파의 사용을 제시했고, 이 논문은 현대 SETI의 과학적 기반을 다졌다. 그 이후 세티는 다양한 방식으로 확장되면서, 전파나 광학 신호를 탐색하는 전통적 방법뿐 아니라, 외계 지적 생명체가 자신의 항성에서 에너지를 끌어내기 위해 사용했을지도 모를 다이슨 구체 같은 거대 우주 공학 구조물 등 다양한 기술적 징표를 포착하려는 탐색까지 아우르게 됐다.

별들 사이의 거대한 공간을 가로질러 정보를 전달하기에 이상적인 매질은 전파다. 전파는 빛의 속도로 이동하며 성간 가스나 먼지의 방해를 받지 않기 때문이다. 따라서 반세기가 넘는 기간 동안 인류의 주요 탐색 방식은 우주 어딘가에서 누군가가 보낼지도 모를 전파 신호를 거대한 안테나를 이용해 엿듣는 것이었다. 우리가 특히 주목하는 것은 그 기원이 자연적 우주 잡음이 아니라 특정 목적을 위해 만들어진 송신기로부터 비롯됐을지도 모른다는 단서를 지닌 신호들이다. 우리가 찾고 있는 전파는 '협대역 신호narrow-band signal'다. 이 신호는 전파 스펙트럼에서 몇 헤르츠 남짓한 아주 좁은 구간에 걸쳐 존재하지만, 그 좁은 대역에 많은 에너지를 집중시키기 때문에 눈에 띄기 쉽다. 이는 라디오 주파수를 맞출 때 대부분은 잡음만 들리다가 어느 순간 갑자기 날카로운 음이 들려오는 상황과 비슷하다. 협대역 신호는 일반적으로 가장 발견하기 쉬운 유형이기 때문에, 우주 어딘가에서 다른 지적 생명체의 주의를 끌고자 하는 외계 문명이라면 이러한 형태의 신호를 사용할 가능성이 크다. 맥동하는 항성이나 성간 가스 같은 자연적 전파원電波源도 전파를 방출하지만, 그 신호는 대개 전파 스펙트럼 전반에 넓게 퍼져 있다.

열성적인 외계 전파천문학자들이 정말로 우주 어딘가에서 관측 활동을 하고 있다면 그들 역시 자연적으로 발생하는 협대역 전파 신호들이 존재한다는 사실을 당연히 알고 있을 것이다. 그런 신호들 중에는 우주 전역에서 보편적으로 흐르며 누구나 맞춰 들을 수 있을 것으로 여겨지는 신호도 있다. 전자기파 스펙트럼 중 마이크로파 영역에는 수소가 자연적으로 방출하는 특히 주목할 만한 신호가 자리하고 있다. 1,420메가헤르츠MHz에서 공명하며 파장이 21센티미터인 이 전파는 천문학계에서 '21센티미터 선'으로 널리 알려져 있다(이는 수소 원자 내부에서 전자가 더 낮은 에너지 상태로 이동할 때 1,420메가헤르츠 주파수의 전파 광자를 방출하는 양자적 성질에 기인한다). 수소는 우주에서 가장 풍부한 원자이기 때문에 이 전파 신호는 과학적으로도 매우 중요한 의미를 지니며 고도로 발달한 문명이라면 누구나 알고 있을 법한 신호이기도 하다.

　우주 생명체를 찾아서

수소 원자 하나와 산소 원자 하나가 결합하면 하이드록실 분자가 형성되는데, 이 분자는 성간 물질 속에도 존재하며 1,666메가헤르츠의 주파수, 즉 18센티미터 파장의 전파를 방출한다. 수소와 하이드록실이 방출하는 이 두 전파는 거대한 성간 가스 구름의 조성과 구조를 파악하는 데 중요한 단서를 제공하며, 우주 어딘가에서 활동하는 진취적인 전파천문학자들에게도 흥미로운 대상이 될 가능성이 있다. 지구에서는 이 두 방출선이 위치한 주파수 대역(구체적으로 1,400~1,427메가헤르츠와 1,660.6~1,670.0메가헤르츠)이 '보호 스펙트럼'으로 지정되어 있으며, 천문학적 중요성이 워낙 커 이 구간에서 지상의 전파 송신은 금지되어 있다. 우리는 외계 전파천문학자들 역시 이러한 기준을 채택했을 가능성을 상상할 수 있다. 어쩌면 그들은 과학적으로 귀중한 정보를 담고 있는 이 채널을 오염시키지 않기 위해 의도적으로 이 주파수 대역에서는 송신을 피하고 있을지도 모른다.

하지만 과학적으로 중요한 이 두 전파 대역 사이에 끼어 있는 주파수 구간은 놀라울 만큼 고요하며, 그렇기 때문에 통신을 시도하기에 매우 좋은 기회를 제공한다. 스펙트럼의 이 고요한 틈은 어떤 문명이 이 주파수 대역에서 신호를 송신한다면 상대적으로 쉽게 식별될 수 있음을 의미한다. 세티 프로그램을 이끌었던 버나드 올리버Bernard Oliver는 21센티미터 수소선과 18센티미터 하이드록실선 사이에 놓인 이 주파수 구간을 '워터홀waterhole'이라 불렀다. 물과 관련된 두 방출선이 양쪽을 이루고 그 사이가 유난히 고요하기 때문에 우주 문명들이 서로를 찾고 신호를 맞출 만한 지점이라는 뜻에서였다. 세티의 전파 탐색 가운데 상당수가 이 워터홀 대역을 중점적으로 겨냥해왔으며 연구자들은 수소선 주파수의 두 배에 해당하는 값이나 수소선 주파수에 파이(π)를 곱해 얻은 이른바 '마법의 주파수'에도 관심을 기울여왔다.

◆ ◆ ◆

1977년, 오하이오에 위치한 빅 이어**Big Ear** 전파망원경이 매우 흥미로운 신호 하나를 포착했다. 독특한 구조로 설계된 이 전파망원경은 당시 외계 지적 생명체를 찾기 위한 탐사 장비 중에서 가장 오랫동안 가동되고 있던 장비였다. 당시 이 프로젝트의 자원봉사 전파천문학자였던 제리 이먼**Jerry Ehman**은 망원경이 특정한 방향을 향해 있던 정확히 72초 동안 배경 잡음을 훨씬 능가할 만큼 강한 세기의 협대역 전파 신호가 수소선에 아슬아슬하게 가까운 주파수에서 검출되자 큰 충격을 받았다. 신호의 특성이 너무도 놀라워 이먼은 컴퓨터 출력지에서 해당 값을 동그라미로 표시한 뒤 붉은 펜으로 '와우**Wow!**'라고 적어 두었고, 이 신호는 이후 '와우 신호**Wow! Signal**'라는 이름을 갖게 됐다. 신호는 궁수자리 방향에서 온 것으로 보였다. 이 신호는 외계 지적 생명체가 의도적으로 전송한 신호라는 생각이 들게 할 만큼 여러 조건을 충족하는 듯했지만, 신뢰할 만한 증거로 간주되기 위해서는 무엇보다 재현이 필요했다. 그 이후 수많은 시도가 이루어졌지만 동일한 신호는 다시 관측되지 않았다. 이 신호를 설명하기 위해 다양한 가설이 제시됐으며, 그 목록에는 수많은 우주 현상이 포함된다. 최근에는 별에서 방출된 복사선이 차가운 가스 구름을 자극해 밝기가 갑작스레 치솟았다는 설명도 제기됐다. 그러나 이 신호의 근원은 아직까지 결정적으로 확인되지 않았다. 또한, 이 신호는 다시 관측된 적이 없었기 때문에 여전히 미스터리한 이상 현상으로 남아 있다.

우리가 수행해온 이상 전파 신호 탐색은 앨런 망원경 간섭계 **Allen Telescope Array, ATA**로 계속 이어지고 있다. ATA는 샌프란시스코에서 북쪽으로 약 500킬로미터 떨어진 캐스캐이드 산맥의 1킬로미터 구역에 걸쳐 배치된 42기의 소형 전파망원경으로 구성돼 있다. 이 망원경들은 서로 연결돼 하늘의 넓은 영역을 조사하며 폭넓은 주파수 대역을 수신함으로써 잠재적인 외계 신호를 더 넓은 범위에서 포착할 수 있는 탐색망을 펼친다. ATA는 생명체가 존재할 가능성이 있다고 여겨지는 가까운 항성들을 면밀히 관측해왔을 뿐 아니라, 항성 밀도가 높고 더 오래된 고도 문명이 존재할 가능성이 있는 은하 중심부를 향해서도 관측을 수행해왔다. 거의 하루 종일 가동되며 이전보다 훨씬 많은 주파수 채널을 동시에 수신하고 다양한 하늘 영역을 한꺼번에 감시할 수 있는 ATA는 외계 생명체 탐색 방식을 근본적으로 바꾸고 있다. 최근 우리는 ATA를 활용해, 지구에서 가까운 외계행성들의 전파 방출 가능성을 정밀하게 추적하고 있다. 예컨대 지구에서 약 41광년 떨어진 작은 항성인 TRAPPIST-

1계는 일곱 개의 암석형 행성이 그 주변을 돌고 있으며, 이들 가운데에는 생명체 거주 가능성이 높을 것으로 예상되는 구역에 자리한 행성들도 있다.

우리 행성 너머의 지적 생명체 탐색을 위한 프로젝트 가운데 가장 철저하고 광범위한 프로그램은 브레이크스루 리슨**Breakthrough Listen** 재단이 추진하고 있는 같은 이름의 프로젝트다. 이 프로그램은 우리 은하의 항성들 대부분이 모여 있는 은하수 평면 전체를 체계적으로 스캔하고, 지구에서 가장 가까운 항성 100만 개를 정밀하게 조사하면서, 동시에 우리 은하 바깥의 이웃 은하들에서 들려올지 모를 신호에도 귀를 기울인다. 이를 위해 이 프로그램은 서로 보완적인 정보를 제공하는 최고 성능의 전파망원경들을 활용하고, 방대한 데이터의 바다를 헤집어 인공적 기원을 가질 가능성이 있는 흥미로운 신호를 가려내기 위해 최첨단 알고리즘들을 정교하게 결합한다.

우주 전파에 귀를 기울이고 다른 존재가 신호를 보낼지도 모를 셀 수 없이 많은 주파수대를 스캔하는 일을 넘어 우리는 과연 어떤 방식으로 그들의 존재를 알아낼 수 있을까? 최근까지 외계 지적 생명체로부터의 신호를 찾기 위한 우리의 노력은 거의 전적으로 전파에 집중되어 있었다. 그러나 이제 고도로 발달한 외계 문명이 강력한 레이저를 통신 수단으로 사용할지도 모른다는 오랜 추정을 바탕으로 한 새로운 시도가 탐색의 지평을 넓히고 있다. 레이저 세티**Laser SETI** 프로젝트는 다른 항성계에서 번쩍이며 스치는 짧은 레이저 광섬광을 찾아내기 위한 프로그램이다. 극도로 강력하고 예리하게 집속되는 레이저는 신호 손실을 거의 일으키지 않은 채 광대한 거리를 가로질러 이동할 수 있어 성간 통신에 매력적인 선택지다. 레이저 통신이 전파보다 초당 훨씬 많은 정보를 전송할 수 있다는 사실, 다시 말해 약 50만 배에 이르는 압도적 우위는 이러한 방식에 결정적인 장점을 부여한다. 레이저는 방대한 양의 정보를 실어 나르도록 변조할 수 있으며, 단순한 메시지부터 복잡한 데이터까지 암호화할 수 있다. 이렇게 확보되는 대역폭은 광범위하게 퍼져 있는 외계 문명이 흩어진 식민지들과 교신하려 할 때 큰 가치를 지닐 수 있다.

기존 망원경이 하늘의 좁은 영역만을 겨냥해 관측하는 것과 달리, 레이저 세티는 광시야 광학계를 활용해 하늘의 넓은 구역을 동시에 관측할 수 있으며, 민감도가 매우 높아 먼 항성들에서 날아오는 희미한 레이저 펄스까지 포착할 수 있다. 레이저 세티의 궁극적인 목표는 전 세계 곳곳에 관측소 네트워크를 구축해 항상 하늘의 광대한 영역을 감시하고, 전자기 스펙트럼의 또 다른 구간을 탐사함으로써 기존의 전파 탐색을 보완하는 데 있다.

그러나 이러한 방식들은 여전히 인간 중심적이다. 우리는 외계 문명도 우리와 유사한 기술, 이를테면 전파나 레이저 같은 방식을 사용해 통신할 것이라고 가정하는 경향이 있다. 하지만 특히 우리보다 훨씬 앞선 문명은 우리의 이런 가정을 벗어날 수 있다. 이러한 인간 중심적 시각에서 벗어나기 위해, 이제는 의도적으로 '이상

하거나 예상 밖인 무언가'를 찾는 데 초점을 둔 다른 접근 방식들이 등장하고 있다. 물론 이 방식들에도 난제가 수반된다. 우주 탐사에서 아직 태동기 수준에 불과한 문명이 어떻게 우리보다 훨씬 앞선 지적 존재가 무엇을 할지, 또 어떤 방식으로 자신들의 존재를 드러낼지 상상할 수 있을까? 바로 이 지점에서 과거에 제안된 여러 틀, 이를테면 카르다셰프 지수 같은 개념이 우리의 제한된 경계를 넘어서는 데 가치 있는 길잡이가 된다. 바로 이것이 다이슨식 세티 **Dysonian SETI**의 접근 방식이다. 이 방식은 특정 기술을 전제로 하지 않고 순수한 관측과 이상 현상의 분석을 강조한다. 따라서 다이슨 구체 같은 초대형 구조물이나 자연적 과정으로 설명할 수 없는 정체불명의 이상 징후를 찾아 그 배후에 인공적 기원이 있을 가능성을 탐색하는 데 집중한다.

또 다른 선택지도 있다. 우리가 '그들'의 메시지를 포착하려고 노력하는 대신, 신호를 보낼 능력에 한계가 있음에도 불구하고 우리보다 훨씬 발전한 문명이 그것을 포착해주기를 기대하며 메시지를 우주 저편의 빈 공간으로 보내는 것이다. 이것이 바로 메티 **Messaging Extra-Terrestrial Intelligence, METI**라는 접근 방식이다. 예측할 수 있듯 이 방식에도 지지와 반대가 엇갈린다. '메티'라는 개념은 러시아 과학자 알렉산드르 자이체프**Alexander Zaitsev**가 제안한 것으로, 그는 아무도 아직 '거대한 침묵'을 깨뜨리지 못했다면 우리가 먼저 그 침묵을 가르는 편이 낫다고 봤다. 다시 말해, 그는 우리 근처의 외계 이웃들에게 "당신은 혼자가 아니다!"라는, 그들이 오랫동안 기다려

왔을지도 모르는 선언을 전해야 한다고 생각했다.

메티의 목표는 별들 사이로 보낼 메시지를 만들고 이를 실제로 전송하는 일이며, 초기 목표지는 지구와 비교적 가까운 항성들이다. 이 작업은 1974년, 아레시보Arecibo 전파망원경에서 주파수 변조 전파 방식으로 우주 공간을 향해 송출된 메시지Arecibo message로 시작됐다. 그 메시지에는 인류에 관한 기초 정보(우리 DNA를 구성하는 원소들의 원자번호, 인류의 평균 크기와 외형, 인구 수), 태양계와 지구의 위치를 나타낸 도식이 담겨 있었다. 그러나 그 목적은 본격적인 교신을 시도하려는 데 있었다기보다 우리가 그런 메시지를 보낼 기술을 갖추고 있다는 사실을 입증하는 데 더 가까웠다. 외계 문명이 그 내용을 해독하거나 의미를 파악해 주기를 기대한 것은 아니었다. 이 메시지는 헤르쿨레스자리의 구상성단, 즉 수십만 개의 별이 밀집한 성단을 향해 발송됐으며 지구에서 약 2만 5,000광년 떨어져 있기 때문에 지금도 여정의 극히 일부분만을 지난 상태에 불과하다. 이후 우리는 훨씬 더 가까운 항성계를 목표로 삼기 시작했다. 2017년에는 서른세 곡의 음악을 담은 메시지를 지구보다 거의 세 배나 큰 초지구형 외계행성, 즉 지구에서 약 12광년 거리에 있는 적색왜성인 루이텐의 별Luyten's Star 주위 잠재적 생물권 가능 행성으로 보냈다. 또한, 우주 전파를 통해 신호를 보내는 것과 더불어, 우리는 보이저 1호와 2호에 실린 골든 레코드 같은 물리적 메시지도 전했으며, 그보다 앞서 발사된 파이어니어 1호와 2호에도 이와 유사한 정보가 실려 있었다.

일부 연구자들은 우리의 위치나 정체와 같은 민감한 정보를 노출하는 일이 현존하는 우리 문명을 위험에 빠뜨릴 수 있다고 보며, 악의적 의도를 지닌 외계 문명의 손에 그 정보가 들어갈 경우 그 위험은 더욱 커질 수 있다고 우려한다. 대표적인 비판자 가운데 한 사람은 고故 스티븐 호킹Stephen Hawking이었다. 그는 우리의 위치를 우주로 송신하는 행위를 무모하다고 판단했고, 차라리 조용하게 몸을 낮추는 편이 더 현명하다고 여겼다. 그는 기술 수준이 크게 다른 문명들 사이에 접촉이 일어났을 때 인류 역사 곳곳에 나타난 파국적 결과들을 상기시켰다. 그러나 일부가 지적했듯, 우리는 이미 라디오가 등장한 이래 한 세기가 넘도록 우리의 존재를 의도치 않게 우주로 송신해왔다. 충분히 강력한 장비를 갖춘 지적 존재가 있다면 누구든 이 신호를 포착할 수 있는 셈이다. 또 다른 이들은 '동물원 가설' 같은 특정 가설을 언급하면서, 만약 우리가 실제로 동물원의 동물들처럼 누군가에게 관찰되고 있는 존재라면 오히려 그 비밀스러운 관찰자들에게 초대장을 건네고 반응을 이끌어내어 가설을 검증해보는 편이 낫다고 주장하기도 한다.

◆ ◆ ◆

언젠가 인공적 기원의 모든 특징을 지닌 신호를 우리가 관측하게 된다면 어떨까? 가장 먼저 해야 할 일은 자연적 우주 현상이나 지구 기원의 가능성을 모두 배제함으로써 그 신호가 외계에서

 우주 생명체를 찾아서

온 것임을 명확히 확인하는 일일 것이다. 국제 규약에 따르면, 유엔 같은 국제 대표 기구와의 논의 없이 그 신호에 응답해서는 안 된다. 그런 발견은 우리가 우주를 바라보는 시각을 근본적으로 뒤바꿀 것이다. 사회적으로는 흥분과 호기심에서부터 경계와 실존적 불안에 이르기까지 다양한 반응을 불러일으킬 것이다. 과학적으로는 폭풍처럼 질문이 쏟아질 것이다. 그 외계 생명은 탄소 기반이 아닐 수도 있으며, RNA나 DNA를 청사진으로 사용하지 않을 수도 있고, 우리가 전혀 이해하지 못하는 새로운 감각 체계를 통해 세계를 인식할지도 모른다. 우리와 전혀 다른 존재와 과학 정보를 주고받기 위해 우리는 어떤 방식으로든 서로가 이해할 수 있는 공통 체계를 마련할 수 있을까? 그들이 서술하는 우주의 역사는 우리의 이야기와 얼마나 다를까? 그들은 우주의 근본 구성 요소를 어떻게 이해할까? 그들도 우주가 양자역학의 지배를 받는다고 생각할까? 자연이라는 책이 정말 수학이라는 언어로 쓰여 있을까? 아니면 수학은 자연의 기묘한 양상을 해독하기 위해 우리가 고안한 언어에 불과한 걸까?

어쩌면 엄청난 거리와 생명과 의식의 발생 그리고 성간 여행을 가로막는 수많은 장벽들 때문에, 설령 우주 어딘가에 생명체가 존재한다 해도 우리가 그들과 만날 기회를 영영 없을 수도 있다. 현실적인 조건들을 모두 고려할 때, 우주에서 앞으로도 우리가 혼자일 가능성은 여전히 존재한다. 다른 세계에서 생명체가 발생하지 않았기 때문이 아니라, 우리가 그들과 조우할 확률이 거의 영zero에 가깝기 때문이다. 그런 조우가 이루어지기 위해서는 수많은 우주적 조건이 동시에 맞아떨어져야 할지도 모른다.

그렇다면 우리는 이 사실을 어떻게 받아들여야 할까? 아서 C. 클라크는 이렇게 말했다.

"두 가지 가능성이 존재한다. 우리가 우주에서 홀로이거나 혹은 그렇지 않거나. 둘 다 똑같이 두렵다."

본능적으로 관계를 갈망하는 사회적 종인 우리에게 이 거대한 우주에서 홀로 존재할지도 모른다는 전망은 더욱 불안하게 다가올 수 있다. 또한, 이런 가능성은 우리 존재의 의미를 한층 더 심오하게 만든다. 생명이라는 실험이 우주 어딘가에서 다시 반복되지 않았다면(현재 우리가 아는 한 그렇다), 지구에서 벌어진 사건들은 그 자체로 지대한 의미를 지니게 된다. 설령 우리가 혼자가 아니더라도 이 창백한 푸른 점 위에서 전개되는 이야기는 거의 틀림없이 어디에도 견줄 만한 사례가 없을 것이다.

우주에서 마주할 인류의 미래

12
새로운 시대

우리의 조상들이 밤하늘을 가로지르는 반짝이는 별빛의 궤적을 따라가던 그때부터, 인류의 시선은 언제나 하늘을 향해 있었다. 우리는 우주의 경이로움과 그 이면에서 작동하는 듯한 법칙들을 추론해내는 인간의 지성에 깊은 경탄을 느껴왔다. 우리의 망원경은 우주의 심연을 들여다보며 압도적인 규모와 그 안에 존재하는 거대한 구조들을 밝혀냈고, 탐사 로버는 낯선 세계의 지형을 누비며 그 풍경을 전해주었다. 입자 충돌기는 우리가 인식하는 현실을 구성하는 아원자 입자들과 그것들을 결속시키는 힘이 숨겨놓은 양자 세계의 신비로움을 엿볼 수 있게 해주었다.

인간의 관점에서 볼 때 우주의 역사는 우리의 세계관을 송두리째 흔들며 우주 안에서 우리가 차지하는 자리를 더욱 미미하게 만드는 극적인 사건들의 연속이었다. 우주의 드라마가 지구라는 확고부동한 무대를 중심으로 펼쳐진다고 생각했을 때부터 이미 우리는 우주가 얼마나 광대한 곳인지, 그 우주 안에서 우리가 얼마나 미미한 위치를 차지하고 있는지 생각하면서 우주에 대한 이야기를 계속 고쳐 써왔다. 그렇게 지구가 우주의 주변부에 위치한다는 생각에 익숙해진 우리는 이런 의문을 품게 됐다. 우주에는 생명이 얼마나 흔할까? 지구에서 생명이 태어나기까지 엄청난 장벽들을 넘어야 했음에도, 우주의 광대함과 생명의 구성 요소가 도처에 널려 있다는 사실을 고려하면 생명은 이 행성에만 국한된 현상이 아닐지도 모른다. 어쩌면 우주 전역에 폭넓게 퍼져 있을 가능성이 있다. 우리가 열정을 다해 이어온 외계 생명체 탐색은 머지않아 우주 생명의 질서 안에서 우리가 차지하는 자리를 다시 뒤흔들지도 모를 새로운 돌파구로 이어질 수 있다.

그 돌파구에 이르기 전까지 인류의 앞길은 어떤 궤적을 그리게 될까? 우리는 어떤 방식으로 우주 속에서 더 많은 역할을 하게 될까? 지금까지 이 행성에서 태어난 모든 생명체는 이곳에서 생을 시작했고 또 이곳에서 생을 마쳤다. 지구에 등장했다 소멸한 수많은 생명체들 그리고 우리 이전의 무수한 세대의 인간들 모두가 이 세계에서 마지막 숨을 내쉬었다. 그러나 현재 우리는 역사상 처음으로, 태어난 곳에서 죽지 않을 수도 있는 미래를 진지하게 상상하기 시작했다. 우리가 고향이라고 불러 온 이 행성이 더 이상 유일한 보금자리가 아닐 수도 있는 미래, 먼 훗날의 세대가 이 푸른 구슬과는 전혀 다른 세계에서 눈을 뜨게 될지도 모르는 미래를 생각하기 시작한 것이다.

우리가 다행성 종으로 거듭나 은하 곳곳으로 이주해 영역을 넓히고자 한다면, 문명이 스스로를 파괴할 수 있는 기술을 손에 넣었을 때 어떤 고등 문명이라도 마주하게 되는 실존적 위험들을 반드시 헤쳐 나가야 한다. 우주적 관점에서 보면 지구에서 탄생한 생명과 지성이 바로 우리로 정점에 이른다고 여기는 일은 지나친 오만일지도 모른다. 우리는 스스로를 지상의 지능이 도달한 최고점으로 여기지만, 지구의 미래가 인간에게만 달려 있는 것은 아니다. 더 넓은 관점에서 보면 우리는 의식의 미래가 맞이하게 될 중요한 전환을 이끌기 위해 이 자리에 놓여 있는지도 모른다. 그 전환은 지금까지 유한한 수명과 이 행성의 운명에 묶여 있던 의식을 풀어놓는 변화가 될지도 모른다.

우주적 관점

이렇게 광범위한 우주적 관점을 가지려면, 우리는 상상조차 닿기 어려운 시간의 심원한 무대로 시야를 열고 이렇게 물어야 한다. 우리 태양, 다른 항성들, 우리 은하, 다른 은하들 그리고 궁극적으로는 우주 자체의 운명은 앞으로 어떻게 펼쳐질까?

우주의 아득한 미래를 바라보면 우리 태양은 약 50억 년 뒤 수소 연료를 모두 소모한 뒤 내부 핵이 수축하면서 바깥층이 부풀어 올라 적색거성으로 팽창해 수성, 금성 그리고 아마도 지구까지 집어삼킬 것이다. 그러나 그보다 앞서 지금으로부터 약 35억 년 후 태양의 광도 증가는 지구 대기권에서 온실효과 폭주runaway greenhouse effect를 일으켜 지구 생물권을 거의 확실하게 멸균 상태로 만들 것이며 모든 생명은 그 시점에 종말을 맞게 된다. 복잡한 생명체는 이보다 훨씬 더 이른 시기에 점진적인 태양 광도의 증가로 인해 사라질 것으로 예상되는데, 그 시기는 지금으로부터 약 10억 ~15억 년 사이로 추정된다. 그때까지 살아남은 어떤 생명체든 탈출 경로가 필요할 것이다. 다른 행성에 정착지를 마련하지 못한다면 종말을 피할 수 없을 것이다.

지극히 가능성이 낮긴 하지만, 자연적인 우주적 개입이 태양의 최종 운명으로부터 지구를 구해낼 가능성도 전혀 없는 것은 아니다. 실제로 우리는 어떤 항성계가 지나가면서 지구를 태양의 중력권 밖으로 튕겨내어 결국 삼켜지지 않도록 만들 확률을 계산하기 위해 시뮬레이션을 수행한 적이 있다. 그러나 그런 일이 일어날 가능성은 대략 5만 분의 1에 불과하다. 만약 그런 일이 일어난다면 지구는 더 이상 어떤 별에도 속하지 않은 채 공허 속을 홀로 떠도는 암석 행성이 될 것이다. 우리가 아는 생명체는 살아남지 못할 것이며, 지구 생물권은 여전히 파멸을 피하지 못할 것이다. 지구가 받는 태양에너지와 비교하면 극도로 미미하지만, 우리 행성에는 불안정한 원자핵의 방사성 붕괴에서 비롯되는 내부 열원이 존재한다. 이 열은 매우 깊은 지하에서 액체 상태의 물이 유지될 만큼의 열을 제공할 수 있을지 모른다.

또 하나의, 그러나 훨씬 더 가능성 낮은 시나리오는 지나가는 어떤 항성계가 지구를 태양으로부터 떼어내어 별 없는 공간으로 내던지는 대신, 지구를 포획해 우리 행성이 새로운 별을 도는 궤도에 진입하게 만드는 경우다. 우주에 존재하는 항성들 가운데 가장 흔한 부류는 태양보다 훨씬 작고 연료를 훨씬 느리게 태운다. 따라서 지구는 그런 항성 주위를 돌면서 훨씬 더 오래 살아남을 수 있을지 모른다. 하지만 지구가 실제로 그런 항성 주위를 공전하게 된다고 해도, 그 과정에서 지구 생물권이 온전히 유지될 가능성은 여전히 낮다.

따라서 어떤 의도적 개입도 일어나지 않고 자연의 흐름이 그대로 이어진다면, 복잡한 생명체는 이 행성에서 앞으로도 약 10억 년은 더 존속할 수 있을 것이다.

그렇다면 우주의 한 모퉁이에 위치한 우리 은하의 미래는 어떤 모습일까? 우리 은하는 국부은하군Local Group(우리 은하를 포함한 최소 54개 이상의 은하가 직경 대략 1,000만 광년 정도의 영역 안에 모여 있는 은하군—옮긴이)의 일원이다. 이 집단에는 우리 이웃인 안드로메다와 여러 개의 왜소은하dwarf galaxy가 포함되어 있다. 약 60억 년 후 우리 은하는 안드로메다와 충돌해 병합될 것으로 예측된다. 이 병합은 긴 시간에 걸쳐 진행되며, 두 은하는 서로의 중력을 주고

받으면서 서로를 잡아당기고 비틀고 늘어뜨릴 것이다. 그 과정에서 각 은하를 특징지어 온 나선 팔은 벗겨져나가고, 두 은하는 새로운 형태로 재구성될 것이다. 그러나 이렇게 거대한 규모의 은하 충돌이 벌어진다 해도, 각 은하 내부에서 파국적인 결과가 빚어질 가능성은 거의 없다. 별들 사이의 거리가 워낙 멀어 항성들이 실제로 충돌할 가능성이 극도로 낮기 때문이다. 충돌의 결과는 그저 훨씬 많은 별을 품은 더 거대한 은하와 지금보다 두 배가량 밝은 밤하늘일 것이다. 또한, 은하 충돌은 거대한 수소 가스 구름들의 병합을 동반하는 경우가 많다. 그 상황에서 중력은 가스 구름들을 압축해 강렬한 항성 형성 폭발을 촉발하곤 한다.

이제 우주의 훨씬 더 먼 시간대로 눈을 돌려보자. 현재의 팽창이 계속될 경우 각각의 은하와 은하단은 서로로부터 점점 더 멀어져 마침내는 서로의 시야에서 사라질 것이다. 약 1,000억 년이 지나면 각 은하단은 외딴 섬처럼 고립되어 그 자체로 하나의 작은 우주가 될 것이다. 또 100조 년이 더 흐르면 마지막 별들이 빛을 잃을 것이며, 우리 은하에 속한 모든 별은 완전히 꺼지게 된다. 더더욱 먼 미래에는 물질마저도 그 기본 구성 요소로 해체될 것이다. 그리고 현재의 우주론 모델에 따르면, 우주는 결국 아무 일도 일어나지 않는 상태로 서서히 변해가게 된다. 그때의 우주는 지금 이곳을 채우는 모든 활동과 모든 흥미로운 구조가 사라진, 차갑고 어둡고 황량한 공간일 것으로 예측된다.

우리는 우주에서 벌어질 거대한 격변 속에서도 생명체가 어떻

     우주에서 마주할 인류의 미래

게 존속할 수 있을지에 관해 여러 가능성을 가정해 왔다. 프리먼 다이슨이 제안한 생명관에 따라 생명체를 정보 처리 체계로 일반화해 바라보면, 우주에서 이용 가능한 에너지가 상대적으로 희소해지는 상황에서도 생명체가 어떤 방식으로 생존을 도모할 수 있을지 가늠할 수 있다. 그는 생명체가 더 높은 효율로 작동함으로써 체온을 낮추는 방법을 찾아야 한다고 봤고, 그 방법은 생명체가 동면과 유사한 상태를 취하거나 긴 휴면기를 반복해 에너지를 절약함으로써 감소한 에너지 자원을 더 오래 유지하는 것이 되리라고 주장했다.

이제 이렇게 먼 미래를 바라보는 시각으로 우리 행성의 생명체가 어떤 미래를 맞게 될지 생각해보자. 지구의 생명체는 어떻게 지속되어 왔으며 앞으로 어떻게 번성할 수 있을까? 우리는 어떤 실존적 위험에 직면할 수 있으며 그 위험을 피하거나 완화하기 위해 어떤 전략을 마련할 수 있을까?

실존적 위험

지구에 존재했던 모든 종 가운데 적어도 99.9퍼센트는 이제 멸종했으며, 그 안에는 다른 인류 종들도 포함된다. 지질 기록에 남아 있는 흔적을 보면 지난 5억 년 동안 대략 열다섯 차례의 대멸종이 있었고, 그 가운데 다섯 번은 당시 지구에 살던 종의 절반 이상을 쓸어갔다. 거대한 규모로 작동하는 자연의 힘은 이런 사건들 대부분에 관여해 왔다. 혜성 충돌, 산 하나와 맞먹는 거대 소행성의 낙하, 초화산의 분출 같은 사건들이다.

약 6,600만 년 전 일어난 이러한 우주적 개입 중 하나 덕분에 우리가 존재하게 됐을 가능성도 있다. 그 사건은 지구 생명체의 거의 4분의 3을 사라지게 만든 대멸종의 주된 촉매로 여겨진다. 산 하나에 맞먹는 거대 소행성이 엄청난 속도로 지구와 충돌한 것으로 보이며, 그 충격은 거대한 가스와 먼지 기둥을 분출시켜 태양 빛을 가리고 지구 기후를 극적으로 바꾸어, 지구의 생명 목록을 다시 써 내려갔다. 생명은 그 재앙이 남긴 틈을 곧바로 파고들어 그 빈자리를 채웠다. 이 우주적 충돌의 연쇄 효과는 1억 6,500만 년 동안 번성했던 공룡 왕조에 치명적이었고, 공룡이 비워둔 생태적 지위 ecological niche에서 우리의 포유류 조상들은 번성하며 지배적인 존재가 됐고, 이로써 포유류의 시대가 열렸다. 이 운석이 지구를 비껴갔다면 이곳에서 생명의 궤적은 크게 달라졌을 것이다. 그러면 공룡이 지금까지도 지구에서 군림하고 있었을지도 모른다.

우주는 끊임없이 감시되고 있고 그 과정에서 향후 대멸종급 위협이 될 만한 거대 운석들은 이미 확인된 상태다. 그 가운데 어느 것도 현재 지구와 충돌 궤도에 오른 것으로 보이지 않는다. 그러나 우리의 탐지망을 교묘히 빠져나가 레이더 아래에 숨어 있는 더 작은 천체들은 여전히 있을 수 있다. 이들은 전 지구적 재앙을 일으키지는 않겠지만 여전히 막대한 피해를 초래할 가능성이 있다. 그렇다면 이런 충돌로부터 우리의 행성을 어떻게 지킬 수 있을까? 나사

　우주에서 마주할 인류의 미래

가 검토해온 한 가지 방법은 우주선을 운석에 직접 충돌시켜 그 진로를 아주 미세하게라도 바꾸는 것이다. 충분히 이른 시점에 시행한다면 암석의 속도를 극히 조금만 조정해도 된다. 2022년에 나사는 이 전략을 검증하기 위한 개념 입증 실험, 즉 사상 최초의 행성 방어 임무인 이중 소행성 궤도 변경 시험Double Asteroid Redirection Test, DART을 수행했다.

이 놀라운 방어 실험은 지구에서 약 1,100만 킬로미터 떨어진 곳에서 이루어졌다. 그곳에서는 지름 150미터가량의 작은 소행성 디모르포스Dimorphos가 지름 760미터의 더 큰 소행성 디디모스Didymos를 공전하고 있다. 이 임무를 위해 특별히 설계된 DART 우주선은 이 소행성 계로 보내졌고, 임무 목표는 작은 소행성에 충돌하는 것이었다. 이 우주선은 충돌 50분 전에야 두 소행성을 구분할 수 있었고, 정교한 항법 소프트웨어의 안내를 받아 추진기를 세밀하게 작동시키며 비행경로를 정확히 조정했다. 결국 우주선은 시속 2만 킬로미터가 넘는 속도로 디모르포스에 충돌했다. 이 충돌의 힘은 100만 킬로그램이 넘는 파편을 우주로 튀어 오르게 했고, 그로 인해 약 1만 킬로미터에 이르는, 혜성의 꼬리와 비슷한 꼬리가 형성됐다. 이 꼬리는 수개월 동안 그대로 남아 있었으며, 허블우주망원경에 포착됐다. 충돌한 우주선이 가한 충격과 파편이 튀어나오며 생긴 반작용은 디모르포스가 디디모스를 공전하는 궤도를 하루 기준 몇 분가량 변화시켰고, 공전 주기는 33분 단축됐다. 초기 단계에서 이런 정도의 미세한 '밀어주기'만으로도 지구 충돌 궤도에 오른

"우리는 생명이 우주에 얼마나 흔한지

이제 막 이해하기 시작했다."

— 사라 시거(Sara Seager)

소행성을 비껴가게 하거나 그 영향을 줄이기에 충분하다.

하지만 충돌까지 몇 달밖에 남지 않은 시점에서 운석을 발견하게 된다면 어떻게 될까? 이런 상황에서는 핵폭발 장치를 사용하는 극단적인 선택지가 남게 된다. 어떤 규모의 핵 장치가 필요한지 알아보기 위해 우리는 다양한 시뮬레이션을 수행했다. 그 결과, 지름 100미터 규모의 암석은 1메가톤급 핵 장치로 분해할 수 있으며, 두 달 이상 앞서 실행한다면 그 대부분의 질량을 지구로부터 완전히 벗어나게 날려 보낼 수 있다는 계산이 나왔다. 이는 최후의 수단이지만, 소행성 궤도 변경 전략을 펼칠 시간이 충분하지 않을 경우 불가피할 수도 있다.

또 다른 거대한 자연현상 가운데 생명에 중대한 영향을 끼친 것은 초화산 활동이다. 과거의 대규모 분출은 생명의 대대적인 파괴를 여러 차례 초래했다. 지질 기록에서 가장 거대한 화산 사건 가운데 하나로 꼽히는 것은 약 7만 5,000년 전 인도네시아 수마트라의 토바 화산 분출이다. 이 폭발은 미세한 화산재와 에어로졸aerosol(공기 중에서 부유하는 고체 또는 액체상의 작은 입자—옮긴이)을 대기권으로 분출해 핵겨울과 유사한 연쇄 효과를 촉발했다. 대기 중으로 치솟은 파편 구름은 태양 빛을 우주로 반사시켰고, 그 결과 육지의 지역 기온이 5~15도나 떨어지며 '화산 겨울'이 찾아왔다. 장기적인 기후 영향은 아마 수십 년 동안 이어졌을 것이다. 얼음 덩어리들이 끝없이 확산되면서 태양 빛을 다시 우주로 반사하는 비율을 높이는 등 여러 피드백 효과가 나타났을 것이기 때문이다. 논쟁은 있지만 '토바 대재앙 가설'에 따르면, 이 시기를 전후해 인류 개체수는 거의 파국적인 수준으로 급감했을 가능성이 있으며, 인간의 관점에서 이 사건은 아마도 가장 격변적인 사건이었을 것이다.

초화산 분출은 운석 충돌보다 훨씬 더 대처하기 힘들다. 분출의 시기와 규모를 예측하기가 여전히 어렵고, 운석에 적용할 수 있는 '진로 변경 혹은 파괴' 전략과 달리, 이를 가로막을 확실한 수단이 전혀 없기 때문이다. 다만 장기적 영향을 완화하기 위한 시도는 가능하다. 예컨대 대규모 기아와 사회적 혼란으로 이어질 농업 생산 붕괴에 대비해 곡물과 각종 식량을 충분히 비축하는 식의 계획을 세울 수 있다.

우리가 원자를 이루는 구성 요소를 이해하고 그 잠재력을 무기화하는 법을 익힌 이후, 핵전쟁의 망령은 인류의 실존적 위협 가운데 하나로 커다랗게 드리워져 왔다. 냉전 종식 이후 아주 최근까지 대중의 의식 속에서는 그 공포가 점점 희미해졌지만, 그 가능성 자체는 여전히 위협적이다. 전면적 핵 대결이 벌어질 경우 예상 피해 규모는 참혹한 수준에 이를 것이다. 그러나 즉각적인 파괴를 넘어 더 우려되는 것은 수많은 핵 장치가 동시에 폭발하면서 핵겨울을 촉발할 가능성이다. 거대한 연기와 그을음이 하늘을 뒤덮어 햇빛을 차단하고 날씨 패턴을 근본적으로 바꿔 놓을 수 있다. 소규모 핵 충돌만으로도 전 지구적 냉각이 시작될 수 있지만, 그 냉각의 정도는 방출되는 에어로졸의 종류와 양에 따라 달라지며 여전히 불확실하다. 역사적으로는 방사능과 오염으로 인한 인류 멸절은 가장 큰 공포였지만, 최근의 연구들은 과거에 우려했던 것만큼 그 가능성이 높지 않다는 점을 보여주고 있다. 가장 파국적인 핵겨울 시나리오조차도 인류의 종말을 의미하지는 않을 가능성이 크다.

거대 운석의 충돌이나 초강력 화산 분출은 자연의 힘에 맞선 다윗과 골리앗의 싸움을 떠올리게 하지만 인류를 수없이 무릎 꿇린 적은 훨씬 덜 위압적인 적수였다. 바로 미생물이다. 이 행성을 함께 쓰는 미생물들은 우리의 가장 오래된 숙적 가운데 하나다. 흑사병은 동아시아에서 발생해 중앙아시아를 거쳐 중세 비단길 교역망을 따라 유럽으로 퍼졌고, 유럽에서는 19세기 초까지 이어지며 약 2억 명의 목숨을 앗아갔다. 14세기에는 유럽 인구의 최대 30퍼센트를 몰살시켰고 17세기와 18세기에는 밀라노와 런던, 마르세유를 차례로 강타한 연속적 유행을 일으켰다. 1918~1919년의 스페인 독감은 2,000만에서 5,000만 명의 목숨을 앗아갔지만, 제1차 세계대전의 막대한 전쟁 사상자에 가려 대중의 기억에서는 희미해졌다. 인류가 지금까지 발견한 미생물은 방대한 미생물 세계의 1퍼센트에도 미치지 못한다. 인류가 위험한 병원체와 마주칠 가능성은 앞으로 더 높아질 것이다. 인간과 동물의 접촉이 점점 빈번해지고 있으며, 우리가 동물들의 서식지로 점차 파고들고 있으며, 기후변화로 인해 동물 서식지 붕괴가 가속되고 있기 때문이다. 게다가 인류는 점점 더 서로 연결되고 있기 때문에 하나의 병원체가 지구 전체를 단시간에 뒤덮을 가능성은 코로나19 팬데믹이 보여준 것처럼 더욱 커지고 있다.

설상가상으로, 생물학 기술의 발전은 '맞춤형 병원체'를 만들어내는 일을 점점 더 손쉽게 만들고 있다. 우리는 이미 소아마비 바이러스를 완전히 처음부터 합성하는 데 성공했고, 멸종했던 1918년 스페인 독감 바이러스까지 되살렸다. 수백 종에 이르는 바이러스와 박테리아의 전체 유전체가 해독되었고, 심지어 이런 자료는 누구나 접근할 수 있게 공개되어 있다. 기술적 장벽이 낮아질수록 초병원성 미생물을 소규모이면서 은폐하기 쉬운 시설에서 제조해 대규모 파괴에 악용할 가능성은 더 커지고 있다. 또한, 위험한 병원체를 다루는 연구실이 늘어날수록 우발적 유출이 일어날 위험도 함께 높아진다.

실존적 위험 목록에서 상위에 자리한 또 하나의 위협은 기후의 점진적 온난화다. 지난 100만 년 동안 지구 기후는 약 10만 년 주기로 빙하기와 간빙기를 오가며 자연스럽게 요동쳤다. 그러나 현재의 온난화 추세는 주로 인간 활동에서 비롯된다. 기후가 안정되려면 유입되는 에너지와 방출되는 에너지 사이에 균형이 유지돼야 한다. 이 체계는 극도로 미묘하게 균형을 이루고 있어서 그 조화가 조금만 흐트러져도 전 지구적 기후변화를 일으켜, 생태계 전반에 심대한 영향을 미칠 수 있다. 과거에는 태양 활동의 변동과 화산 활동이 기후변화를 이끄는 주요 요인이었다. 그러나 지금의 핵심 동인은 인간이 배출하는 탄소 기반 온실가스로 보인다. 기후 모델링은 복잡한 체계이며 우리는 이를 이해하는 데 큰 진전을 이루었지만 미래의 온난화 전망에는 여전히 어느 정도 불확실성이 따른다.

　　　　우주에서 마주할 인류의 미래

그럼에도 기후변화가 이 행성에서 우리의 장기적 미래를 지키기 위해 반드시 해결해야 할 과제라는 사실은 명백하다.

별들이 침묵하고 다른 문명들이 보이지 않는 현실을 고려할 때 우리가 특히 경계하는 것은 이른바 '거대 여과기'가 아직 우리 앞에 놓여 있을지도 모른다는 가능성이다. 이는 다른 문명들이 우리와 접촉하지 못하도록 만든 어떤 사건을 뜻한다. 따라서 단기적 생존과 장기적 존속을 위협하는 모든 요소에 세심하게 주의를 기울이는 일은 현명한 전략이다. 인류 역사 전반을 돌아보면 인간의 미래를 예측하는 일은 본질적으로 신뢰하기 어려운 작업이었다. 우리의 조상들이 지금 우리가 사는 세상을 전혀 상상할 수 없었던 것처럼, 현재 우리가 가진 지식도 미래의 발견들 앞에서 왜소해질 것이며 그 과정에서 우리의 예측은 폐기되고 가장 그럴듯한 추정들은 뒤집어질 것이다. 특히 우리는 '블랙 스완**Black Swan**'이라 불리는 사건들, 즉 과거의 데이터로는 전혀 예상할 수 없지만 극도로 드물고 불균형적으로 큰 영향을 미치는 사건들(예컨대 9·11 테러)에 대응하기가 더욱 어렵다. 미래에 대한 전망은 본질적으로 편향과 한계를 지니며, 우리가 속한 문화적 시대의 흔적과 우리 집단의식에 깊은 울림을 준 존재적 위험의 자취를 고스란히 안고 있다. 디지털 시대에 사는 지금 대중의 의식 속에서 급속히 부상한 가능성 가운데 하나는 기계가 주도권을 쥐는 미래가 도래할 가능성이다.

지능의 미래

우리의 독특한 인지 능력, 특히 추상적인 사고에 뛰어난 능력 덕분에 우리는 위압적일 정도로 복잡한 우주의 이치를 우아한 수학 방정식으로 표현할 수 있게 됐다. 이러한 지능을 집단적으로 활용하면서, 우리는 우리가 살아가는 세계에 대해 놀라울 만큼 많은 것을 알아냈다. 하지만 정말로 인간이 지구상에서 가장 정교한 지능의 정점에 있는 존재일까? 만약 우리가 생물학적이든 인공지능이든, 스스로를 업그레이드할 수 있는 지능—다시 말해, 수천 년에 걸쳐 축적된 지혜에 의존하지 않고도 전례 없는 속도로 진화할 수 있는 지능—을 만들어낸다면 어떨까? 이제 이런 생각은 더 이상 막연한 가정의 영역에 머물지 않을 듯하다. 단 한 세대라는 짧은 시간 동안 이루어진 이례적인 기술 혁신이 한때 공상과학에 머물던 상상들을 현실의 경계 안으로 끌어들였기 때문이다.

60년 전, 파키스탄 북부의 푸르른 구릉지대에 자리한 외딴 마을에서, 우리 할아버지는 신문 기사 하나를 접했다. 그 기사에는 머지않은 미래에 전화로 상대방의 목소리뿐 아니라 얼굴까지 볼 수 있게 될 것이라는 예측이 담겨 있었다. 아버지는 그때 가족 모두가 그런 미래적 시나리오를 믿을 수 없어 했다고 회상한다. 줄에 연결된 회전식 다이얼 전화기가 전부였던 그 시절, 그런 발상은 그야말로 황당한 이야기처럼 들렸던 것이다. 하지만 몇십 년도 채 지나지 않아 영상통화 기술이 등장했고, 그 믿기 힘들던 상상은 어느새 우

 우주에서 마주할 인류의 미래

리의 일상이 됐다. 이제 나는 그 마을의 맑은 밤하늘 아래 앉아, 머리 위를 가로지르는 밝은 빛의 행렬—스타링크 위성—을 바라본다. 회전식 전화기에서 전 지구적 위성 네트워크에 이르기까지, 기술은 빠르게 그리고 아마도 되돌릴 수 없을 정도로 우리의 삶을 바꿔놓았다. 하지만 오늘날 우리가 다루는 기술들 그리고 이제 막 다가오고 있는 기술들은 단순히 우리의 삶의 방식만이 아니라, 우리가 '누구인지' 그리고 앞으로 '누구' 또는 '무엇'이 될지를 근본적으로 뒤바꿀 힘을 가지고 있다.

많은 이들이 언젠가는 기계가 인간을 능가하게 될 것이라고 생각한다. 어떤 이들은 인류 역사가 '기술적 특이점technological singularity'에 빠르게 다가가고 있다고 본다. 기술적 특이점이란 기술 발전이 너무 빠르게 진행되어 인간 사회에 거대한 변화를 일으키고, 그 결과 우리가 아는 삶이 근본적으로 변하게 되는 시점을 말한다. 물리학에서 특이점은 시간과 공간의 법칙이 무너지고, 이후의 현상을 예측할 수 없는 지점을 뜻하는데, 이는 예컨대 블랙홀의 중심이나 빅뱅 순간과 같은 곳에서 일어난다. 이와 마찬가지로, 기술적 특이점 이후의 세계는 우리 예측 능력 밖에 놓이게 된다.

이 가상의 시점으로 향하는 여정에는 하나의 이정표가 있다. 인간의 지성과 능력에 필적하는 인공지능의 탄생이다. 단순히 체스를 두는 것과 같은 좁은 분야에 국한되지 않고, 다양한 영역에 걸쳐 인간과 동등한 수준의 지능을 갖춘 존재 말이다. 만약 그 인공지능이 스스로를 향상시키는 능력을 갖게 된다면, 우리는 '지능 폭발intelligence explosion'에 직면할 수도 있다. 이 경우, 그 인공지능은 자기 자신을 계속해서 개선하며 가속적으로 재설계하게 되고, 결국 우리의 이해 능력을 아득히 뛰어넘게 될지도 모른다. 그렇게 되면 우리는 초지능의 영역에 들어서게 될 것이다. 인간의 두뇌가 수백만 년의 진화를 통해 얻은 지적 능력은 순식간에 초월당할 수 있고, 그 초지능의 행동과 결정은 인간에게는 도저히 이해할 수 없는 것이 될 것이다. 간단히 말해서, 그 초지능은 우리가 지금까지 만들어낸 모든 기술을 마치 유치한 장난처럼 만들어버릴 힘을 가지게 될 것이다.

만약 우리가 인간 지능을 능가하는 존재를 설계하는 데 성공한다면, 우리는 역사적 전례가 전혀 없는 또 다른 미래로 향하게 될 것이다. 초지능은 혁신을 폭발적으로 가속하고, 인간에게는 세대를 거쳐도 풀기 어려운 복잡한 문제들을 몇 분 만에 해결해버릴지도 모른다. 초지능은 인간 존재의 거의 모든 영역에서 규칙을 다시 쓰는 동시에, 우리를 수많은 윤리적·철학적 딜레마 속으로 밀어 넣을 것이다. 과연 우리는 우리보다 훨씬 뛰어난 지능을 어떻게 통제하고, 그 지능이 언제나 인류의 이익에 부합하도록 만들 수 있을까? 우리는 그런 존재에게 어떤 도덕적 의무를 갖게 될까? 그리고 그 존재가 정말로 지각(의식)을 지닌 존재인지 어떻게 판단할 수 있을까? 사회적 파급력 또한 엄청날 수 있다. 많은 직업이 사라지면서 우리는 더 여유로운 활동에 시간을 쓸 수 있게 되겠지만, 일 없이 살아가는 삶이 정체성과 목적, 가치에 대한 새로운 존재적 위기를 초래하는 아이러니한 상황에 직면할 수도 있을 것이다.

우주에서 우리가 어떤 존재인지에 대한 인식을 근본적으로 바꿔놓을 수도 있는 여러 미래의 가능성들 중에서도, 지금 우리가 가장 신중하게 따져봐야 할 것은 바로 이 선택지다. 만약 우리가 이 문턱을 넘게 된다면, 인간 수준의 생물학적 지능의 시대는 단지 초지능 기계의 등장을 위한 서막에 불과했다고 보게 될까? 생물학적 제약에서 자유로운 기계 지능은 수많은 시대를 지나 인간보다 오래 지속될 수 있을지도 모른다. 한편 로보틱스 분야의 병행 발전은 이런 지능이 물리적 형태를 갖추도록 만들 것이며, 그 결과 초지능은 지구 너머의 다양한 환경에서도 우리보다 훨씬 더 강인하고 유연한 존재가 될 수 있을 것이다. 동시에 우리는 크리스퍼-캐스9 CRISPR-Cas9 같은 도구로 DNA를 편집해 우리의 인지 능력과 신체 능력을 강화하고 지적 역량을 높이며 심지어 수명까지 연장할 수 있게 될지도 모른다.

인간과 기계의 긴밀한 융합은 우리의 생물학적 한계를 극복하는 방식이 될지도 모른다. 뇌가 어떻게 작동하는지, 다양한 인지 기능을 담당하는 부분이 무엇인지 더 많이 알게 될수록, 우리는 뇌를 더 정교하게 조작할 수 있다. 뇌-컴퓨터 인터페이스 분야에서는 뇌의 복잡한 신경망과 외부 장치를 직접 연결하는 기술이 큰 발전을 이루고 있다. 현재의 기술은 마비 환자가 컴퓨터 커서, 로봇 팔, 심지어 자신의 보조 장비를 '생각만으로' 조작할 수 있도록 돕고 있다. 체내에 삽입되는 형태의 인터페이스는 척수 손상 환자들이 자신의 환경을 다시 통제하도록 돕는 데 사용되고 있다.

기계와 우리가 어떤 방식으로 결합할 수 있을지 그 가능성의 스펙트럼에서 아마 가장 급진적인 개념은 마음을 기계로 옮겨 담는 '마인드 업로딩mind uploading'일 것이다. 이는 우리가 '생물학적 껍데기'를 벗고 유기체의 제약에서 벗어난 기반 위에서 디지털 존재로 이행함으로써 일종의 '디지털 불멸성'을 얻고자 하는 방식이다. 물론 이 개념은 여전히 고도의 가설에 머물러 있다. 설령 그 기술을 실제로 구현한다 해도 의식의 본질을 둘러싼 유명할 만큼 어렵고 중요한 철학적 난제가 우리 앞에 놓여 있다. 물리적 존재가 우리가 의식이라고 부르는 풍부한 주관적 경험을 어떻게 만들어내는가? 그리고 그 경험이 완전히 다른 계산적 기반 위에서도 포착되고 복제될 수 있을까? 업로드된 마음이 실제로 의식을 지녔는지 아니면 단지 인간처럼 '행동'하고 있을 뿐인지 우리는 어떻게 판별할 수 있을까? 의식이 본래 주관적 경험인 만큼 다른 존재가 정말로 의식을 지니고 있는지를 절대적 확신으로 단언하는 일이 애초에 불가능한 것일까? 마인드 업로딩의 기술적 실현 가능성과 그 철학적 함의에 대해서는 지금도 치열한 논쟁이 이어지고 있다. 어떤 이들은 성간 여행을 위한 우리의 유일한 선택지가 마인드 업로딩이라고 보기도 한다. 광대한 거리를 고려할 때 생물학적 인간이 지닌 한계를 우회하기 위해 '전자 승무원e-crews' 혹은 마음을 업로드한 우주비행사를 보낸다는 구상이다.

우리가 맞이하게 될 미래에서 기계가 두드러진 역할을 맡게 되리라는 점은 의심의 여지가 없다. 그렇다면 우리는 기계에게 완전히 자리를 내주고, 다른 동물과 다를 바 없는 잊힌 존재가 될까? 아니면 우리의 신체적·정신적 능력을 확장해 그들과 보조를 맞추려 할까? 인간과 기계의 밀접한 융합이 우리의 운명이 될까? 지능형 기계가 지닌 거대한 잠재력을 이미 목격한 우리가 과연 그 유혹을 뿌리칠 수 있을까, 아니 애초에 뿌리치기를 바라기나 할까? 지극히 강력한 모든 기술이 그렇듯 유토피아를 향한 가능성이 커질수록 디스토피아적 위험도 함께 커진다. 우리는 존재의 이 변곡점을 받아들일 준비가 되어 있을까? 과연 우리는 우리의 정체성과 유산과 미래, 더 나아가 지구 생명 전체의 미래까지도 위태롭게 만들 수 있는 기술을 만들어낼 지혜를 갖추고 있는가?

최소한이라도 이 과정을 늦추어야 한다는 목소리들이 있다. 그래야 그 결과가 무엇을 의미하는지 그리고 어디로 향할 수 있는지를 충분히 이해할 수 있기 때문이다. 우리가 어떤 미래 속에 놓이게 될지는 알 수 없지만, 잠재적 위험을 고려한다면 그 파장을 제대로 인식할 수 있도록 스스로 절제하는 편이 현명해 보인다. 시간이 지나면 우리가 스스로에게 호모 사피엔스라는 이름을 붙인 일이 과연 타당했는지, 아니면 우리가 그 선택을 한 것을 미래의 세대가 아이러니로 여기게 될지가 드러날 것이다.

13

우리가 우주에 남길 유산

우리 역사에서 다음에 이어질 획기적인 도약은 생물학적 제약에서 벗어나 우주 속에서 디지털 존재로 이행하는 일일까? 호모 사피엔스의 본질은 탄소 기반의 육체가 아니라, 생물학적 한계를 지니지 않으면서 인간 고유의 특징을 간직한 디지털 아바타 속에서 이어지게 될까? 우리가 지구와 그 위의 모든 생명체에 영향을 미칠 변화의 문턱에 서 있다면, 우주에 어떤 유산을 남기고 싶은지 자문해야 한다. 우리에겐 생명을 보존하고 그 연속성을 지구 너머로까지 확장해야 할 책임이 있는가? 설령 우주 곳곳에 생명이 풍부하다 해도, 지구에서 생명이 빚어낸 그 고유한 모습이 우주의 다른 어디에서 다시 나타났을 가능성은 극도로 낮다. 바다를 누비는 거대한 대왕고래는 아마도 우주 전체에서 단 하나뿐인 존재일 것이고, 군락을 위해 분주히 움직이는 개미 행렬도 그럴 것이다. 모든 지구 생명체가 그럴 것이다.

지구에 맞춰진 생명체

앞으로 약 10억 년 동안은 복잡한 생명체가 지구에서 계속 존속할 것이다. 사실 이들은 다른 어떤 행성보다 지구에 훨씬 더 정교하게 맞추어져 있다. 우리가 우주의 깊은 곳까지 샅샅이 탐사한다 해도 우리에게 이곳만큼 잘 맞는 세계를 찾지 못할 가능성이 크다. 우주적 시간척도에서 보면 우리 종의 출현, 거대 영장류와의 분기, 언어 능력과 상징적 사고 능력의 형성, 문화 진화를 통한 사상의 전승, 거대한 문명의 형성, 기술에 대한 통찰과 우주에 대한 탐구는 모두 그야말로 한순간에 펼쳐진 사건들이다. 그러나 우리의 등장을 이끈 씨앗은 지구가 형성된 직후, 수십억 년 전 이미 뿌려져 있었다. 이 행성의 다른 모든 종들과 마찬가지로 우리는 지구와 더불어 진화해왔다. 우리는 골디락스 존에 자리한 이 푸른 암석과 깊이 얽혀 있으며, 이 행성과 떼려야 뗄 수 없는 존재다. 우리의 감각과 신체 구조, 심리 구조는 이 행성이 지닌 환경의 범위 안에서 번성하도록 정교하게 다듬어져왔다.

지구 대기를 통과하며 걸러진 햇빛의 스펙트럼에 맞추어 적응한 우리의 눈은 세상을 생생한 색의 프리즘을 통해 본다. 망막의 특수한 세포들은 우리에게 삼색성 시각trichromatic vision(세 가지 종류의 원뿔세포를 가진 시각 시스템—옮긴이)을 부여했으며, 이는 울창한 숲 속에서 익은 열매를 찾아내고 피부에 비치는 미묘한 홍조를 감지해 서로의 감정 변화를 읽어내도록 도운 적응일지도 모른다. 앞을 향한 양안 시각은 나무에서 생활하던 조상들이 거리를 정밀하게 판단하도록 깊이 감각depth perception을 제공했고, 우리의 동공은 끊임없이 지름을 조절함으로써 다양한 빛 환경에 적응한다.

우리의 피부는 뜨거운 태양열에 민감하며, 신체 내부 구조들을 보호하고 조절하도록 진화해 왔다. 땀샘은 더위 속에서 우리를 식혀 주고, 수축하는 혈관은 추위 속에서 열을 보존하며, 멜라닌은 자연적 자외선 차단제 역할을 한다. 멜라닌의 양은 다양한 인구 집단이 각각 마주하는 햇빛의 양에 맞추어 다양하게 변화해왔다.

우리의 소화계는 지구의 동식물이 제공하는 자원을 흡수하도록 정교하게 조율돼왔다. 효소들은 이 행성이 마련해 준 양분 속 복잡한 분자들을 분해하는데, 식물 세포에 저장된 전분에서부터 동물 조직을 지탱하는 단백질에 이르기까지 다양한 물질을 해체한다. 우리의 장을 채우고 있는 수조 개의 미생물 또한 우리와 함께 진화해 왔으며, 우리는 이 방대한 박테리아 군집에 의존해 우리 효소가 소화하지 못하는 식이섬유를 발효하고 병원성 세균을 억제하며 면역계를 조절한다. 이 박테리아들은 심지어 우리의 정신적 행복 수준을 높이기도 한다.

우리의 생체 시계를 비롯해 식물과 동물, 미생물의 생체 시계는 지구의 자전 주기와 동기화돼 있다. 낮과 밤이 교차하는 지구의 24시간 주기에 조율된 우리의 일주기 리듬은 다양한 생리 기능을 조율한다. 그 결과, 우리 몸은 해가 뜨면 활력이 생기고, 해가 지면 이완된다.

우리의 뼈와 근육은 지구 중력의 영향을 받으며 점점 강화돼 왔다. 우리의 신체 구조, 즉 골격과 근육의 배열은 지구 중력이 부과하는 제약 속에서 움직이고 기능하도록 적응해왔다. 우리의 단단한 뼈와 근육은 우리의 직립 이족 보행 자세를 떠받치고, 우리는 그 자세로 아프리카 사바나의 평원에서부터 히말라야의 험준한 고지대에 이르기까지 지구 곳곳을 누비며 살아왔다.

우리가 별들로 향해 다른 천체에 전초기지를 세운다면, 진화가 우리에게 설정한 적응 범위를 완전히 벗어나는 환경을 견딜 수 있도록 우리 몸의 생물학적 구조를 변화시켜야 할 것이다. 지구의 중력이 사라진 우주 공간의 미세중력 환경에서는 우리의 근육과 골격이 지닌 견고성이 위협받는다. 따라서 우주 공간에서 일하는 우주비행사들은 혹독한 운동으로 이에 대처한다. 우주는 방사선으로 가득 차 있다. 세포를 꿰뚫을 만큼 강력한 은하 우주선에서부터 태양에서 간헐적으로 분출되는 방사선까지 그 종류도 다양하다. 지구 자기장과 대기권이라는 보호막 덕분에 우리는 우주의 이런 공격을 대부분 피할 수 있다. 하지만 이런 보호막이 없는 우주에서 우리는 DNA를 심각하게 손상시킬 수 있는 수준의 방사선에 노출된다. 장

    우주에서 마주할 인류의 미래

기적인 우주 거주와 성간 항해가 특히 위험한 이유가 바로 여기에 있다.

우리의 정신은 사회 구조가 요구하는 조건에 맞추어 발달해왔다. 우리는 오랜 고립을 견디는 고독한 존재가 아니라 극도로 사회적인 존재다. 우리의 정신적 능력은 복잡한 사회 조직의 역학을 헤쳐 나가도록 수천 년에 걸쳐 정교하게 다듬어져 왔다. 우리는 외로움에 제대로 대응하지 못한다. 현실에서 다른 이들과의 접촉이 끊길 때 우리는 비현실적인 사회적 세계를 스스로 만들어낸다. 이를테면, 우리는 반려동물에 인간적 속성을 부여하고, 스크린 속 허구의 인물에 집착적으로 매달리며, 과거의 사회적 경험이 남긴 감상적 향수에 빠지곤 한다.

우주를 향한 선구적 탐사에 나서려면 낯선 환경에서 몇 안 되는 동료들과 함께 장기간 머물러야 하는 부담을 감수해야 한다. 짧은 임무를 수행할 때조차 우주비행사들은 고립과 폐쇄가 초래할 심리적 충격에 대비하기 위해 혹독한 심리 훈련을 거친다. 그럼에도 불구하고, 광막한 우주와 마주하는 순간 우주비행사들 대부분은 깊디깊은 고독감과 무력감에 사로잡힌다. 타인들과 더불어 살아가도록 발달해온 우리의 정신에게 우주는 그야말로 가장 부자연스러운 환경에 가깝다.

우리가 만든 기계 지능은 공기나 물, 온기가 필요하지 않을 뿐 아니라, 타인의 신체적 접촉이나 사회적 동반자도 요구하지 않는다. 기계 지능은 연약한 우리의 몸보다 훨씬 적대적인 환경도 견뎌

낼 수 있으며, 약간의 조절만으로도 우주와 다른 행성 환경이 요구하는 조건에 맞출 수 있다. 기계 지능이 우주에서 넘어야 할 난관은 지구에서 진화한 우리의 생물학적 한계를 넘어서기 위해 우리가 직면해야 하는 난관에 비하면 훨씬 적다. 또한, 기계는 우주 탐사가 요구하는 조건에 훨씬 더 잘 부응하며 그 환경 속에서도 훨씬 덜 취약하다.

지구에서 통제되는 우리의 기계들은 우리의 손길이 아직 닿지 못한 우주의 넓은 영역을 우리를 대신해 탐사해 왔다. 예를 들어, 우리는 지금까지 수많은 궤도선**orbiter**(행성이나 천체의 주위를 도는 우주선—옮긴이)과 로봇 착륙선을 보냈다. 지구와 이웃한 화성에서는 여러 대의 로버가 붉은 지형을 가로지르며 지도를 그리고 있고 궤도선들이 상공에서 표면을 정밀하게 관측하고 있다. 독성의 구름에 둘러싸여 지옥 같은 온도와 압력에 시달리는 금성 또한 여러 차례 기계에 의해 탐사됐다. 대기가 희박하고 극단적인 온도 변화와 맹렬한 태양풍의 폭격에 노출된 수성 역시 궤도선이 그 주위를 돌며 조사를 이어갔다. 거대한 가스 행성 목성은 갈릴레오 탐사선과 주노 탐사선에 의해 세밀하게 촬영됐다. 카시니 탐사선의 렌즈를 통해 우리는 토성의 장엄한 고리와 생명체가 존재할 가능성이 있는 그 신비로운 위성들을 놀라울 만큼 상세하게 목격했다. 거대 얼음 행성인 천왕성과 해왕성은 태양계의 경계를 질주하던 보이저 2호에 의해 그 구체적인 모습이 촬영됐다. 우리가 만든 기계들은 또한 우주의 침묵 속을 떠도는 방랑자, 곧 소행성과 혜성과 조우해 표면에 착륙하고 시료를 채취해 별들 사이 우리 이웃의 태고의 비밀을 밝혀냈다. 지구에서 출발한 이 기계 사절들은 이미 태양계 곳곳으로 퍼져 나갔고 보이저 1호와 2호는 마침내 항성과 항성 사이의 공간으로까지 발걸음을 내디뎠다.

지금까지 이런 기계들은 우리 조상들이 지상의 영역을 개척할 때 손에 쥐고 쓰던 원시적 도구의 연장선에 있는 존재로서 우리를 보조해왔다. 다시 말해 그 기계들은 우주 탐사에서 우리의 요구에 성실히 응해온 도구였다. 그 기계들의 여정은 실로 인상적인 것이었다. 하지만 결국 그 기계들은 본질적으로 우리의 판단과 의도를 구현하는 수단일 뿐이며, 우리를 대신해 우주로 향해도 우리의 과학적 판단에 따라 움직인다. 그러나 앞으로 등장할 기계들이 지금과 같으리라고 확신할 수는 없다. 미래의 기계들은 그것들을 설계한 우리의 정신보다 훨씬 더 강력하고 훨씬 더 자율적이며 훨씬 더 지능적인 존재가 될 가능성을 지니기 때문이다. 우리는 우리가 그 기계들을 끝까지 통제할 수 있을지조차 알 수 없고, 그 기계들이 스스로 새롭게 떠올린 충동과 욕망에 따라 움직이게 될지도 알 수 없다. 사실 우리는 그 기계들의 목표가 무엇이 될지조차 가늠할 수 없다. 더 높은 지능을 지닌 존재의 의도와 목적을 추측하는 일은 우리의 이해 범위를 넘어서는 일이기 때문이다. 지구에서의 지능의 미래가 우리로 끝나지 않을 수도 있다는 가능성, 새로운 형태의 생명과 의식이 우리의 자리를 대신할 수도 있다는 가능성은 우리가 마주해야 할 여러 미래의 시나리오 가운데 하나다. 우리가 탄생시킨 이러한 새로운 존재들은 우주를 이해하고 그 속으로 뻗어 나가는 일에서 우리보다 훨씬 더 뛰어난 능력을 지닐지도 모른다.

하지만 별빛을 바라보며 우리가 느끼는 환희를 그 기계들이 과연 똑같이 느낄 수 있을까? 우주의 광대함이 기계들의 내면에서도 우리의 내면에서처럼 강렬하게 감정을 흔들어 놓을까? 하늘과 우리를 갈라놓는 그 아득한 경계를 향해 오르고자 하는 갈망이 그 기계들 안에서도 피어날까? 존재의 근간이 될 만큼 광대하고 정교하면서도 아직 우리의 존재를 알아차리지 못하는 그 우주를 이해하게 되는 그 숭고한 황홀감을 그 기계들이 경험할 수 있을까? 우리는 먼 미래가 어떻게 전개될지 알지 못한다. 그러나 곧 다가올 미래에서만큼은 우리와 우리가 구현하는 지능과 의식이 그 흐름 속에서 의미 있는 목소리를 낼 수 있어야 한다.

 우주에서 마주할 인류의 미래

“우주는 시작도 끝도 없는 끝없는 탐구의 장이다.”

— 조르다노 브루노(Giordano Bruno)

우리가 세계를 자각하기 시작한 먼 옛날부터, 이 세계의 황홀하고 경이로운 면모는 줄곧 우리의 집단적 상상력을 사로잡아왔다. 그 이후로 우리는 우리가 누구이며 더 거대한 질서 속에서 어떤 자리를 차지하는지를 알아내기 위해 끊임없이 노력해왔다. 모든 문화는 더 깊은 의미, 더 높은 목적, 영원한 진리에 대한 갈망, 궁극적 실재와 이어지려는 욕망을 품어왔다. 세계에 대한 이해가 깊어졌다고 해서 이 의미 탐색이 사라진 것은 아니다. 단지 새로운 철학과 새로운 형태를 띠고, 변화가 너무나 빠르게 일어나는 세상 속에서 새로운 서사를 찾아 나설 뿐이다. 그리고 그 변화의 속도는 우리 내면 깊은 곳에 자리한 겁 많고 연약한 유인원을 기억에서 밀어내고 있다. 우리는 기계의 시대에 태어난 존재도 아니고, 이성의 시대만이 빚어낸 산물도 아니다. 우리의 존재는 수십억 년에 걸친 진화에 의해 서서히 빚어졌고, 그 방대한 계보는 여전히 우리의 정신 깊숙한 곳과 감정의 심연 속에 살아 있다.

우리는 지금도 의미를 찾고 있다. 이성은 그 탐색이 허망하다고 말하지만, 그럼에도 우리는 멈추지 않는다. 우리는 어떤 계획도 목적도 없이 이루어진, 무심한 진화의 산물이며, 그로부터 비롯된 우연의 수혜자다. 우리의 존재는 극히 불가능에 가까웠지만, 필연적인 것은 아니었다. 그럼에도 우리는 그 이야기를 더 크고 장엄한 서사에 연결하고자 갈망한다. 우리는 고유한 소속감을 갈망하고 있으며, 우리보다 훨씬 오래되고 더 풍부한 역사의 일부가 되기를 원한다. 결국, 한 개인이 결코 이룰 수 없었을 놀라운 성취들을 우리가 해낼 수 있었던 것은 고대의 신화들과 신화적 세계관, 위대한 종교들과 이념들이 지닌 강력한 사회적 결속력 덕분이었다.

우리의 조상들은 한때 밤하늘의 빛나는 별들을 경외심 가득한 눈으로 바라보며 신화와 전설을 만들어냈다. 그것은 자연의 변덕스럽고 무자비한 폭발들을 조금이라도 통제하려는 시도였고, 어처구니없는 공포로 가득한 세상을 달래기 위한 노력이었으며, 언젠가 떠나야 할 이 세계 속에서 의미를 찾으려는 갈망이었다. 그리고 그렇게 짧은 생을 무한히 펼쳐진 미래와, 그들보다 오래 존재해왔고 다시 그들을 넘어 계속될 영원 속에 자리매김하려 했던 것이다.

이제 우리는 별이 신이 아니라는 사실을 알고 있다. 별은 위대한 신들의 전령도 아니며, 분노나 욕망의 표현 수단도 아니다. 별은 왕의 죽음이나 태어나지 않은 아이의 운명을 예고하지 않는다. 별은 상상조차 할 수 없는 먼 거리에서 어둠을 뚫고 도달하는, 광활한 불덩이이자 태양이다. 그 별들은 제각기 고유한 세계를 거느리고 있으며, 어쩌면 그 세계들은 별의 따뜻한 빛에 의존해 우리가 아직 알지 못하는 형태들을 빚어내고 있을지도 모른다. 어쩌면 그 세계들은 찬란한 일출을 새들의 환희 어린 노래로 맞이하고, 일몰을 서정시의 운율로 배웅하고 있을지도 모른다.

우리는 이성의 한계에 다다르는 탐구를 통해 이 세계에 대한 엄청난 지식을 얻었고, 한때는 상상조차 할 수 없었던 방식으로 그것을 통제할 수 있게 됐다. 그럼에도 우리는 여전히 본질적으로 철학적인 종이다. 우리는 이야기꾼이며, 가장 위대한 이야기를 찾고 있는 존재다. 비록 그 이야기 속에서 우리가 고작 한 줄의 각주에 불과할지라도, 우리는 그 탐색을 멈추지 않는다. 우리의 우주 탐사는 단지 과학의 최전선으로 향하는 행진이 아니라, 불가능한 질문들에 끊임없이 시달리는 이 종이 수행하는 영혼의 여정이기도 하다. 우리는 오랫동안 밤하늘의 불빛에 매혹되어왔고, 한때 신으로 섬기던 바로 그 별들로 향하도록 운명 지어졌다. 남은 질문은, 우리가 어떤 방식으로 그곳에 도달할 것인가다.

이 변화의 소용돌이 속에서 우리가 잊지 말아야 할 것은 우리가 누구이며 어디에서 왔는지다. 우리의 시작을 가능케 한 수십억 년의 진화, 우리와 긴밀한 연대를 이루며 살아온 무수한 생명들 그리고 우리의 성장을 위해 자원을 내어주며 여정을 가능케 한 이 행성을 기억해야 한다. 미지의 미래를 향해 나아가는 지금 우리는 여전히 의미를 찾는 연약한 종이며, 전혀 새로운 세계와 마주하고 있다는 사실을 되새긴다.

참고 문헌

1 고대의 우주

Alhazen (Ibn al-Haytham), *Shukūk ʿalā Baṭlamyūs* (Doubts on Ptolemy). Eleventh century.

Jim Al-Khalili, *The House of Wisdom: How Arabic Science Saved Ancient Knowledge and Gave Us the Renaissance* (London: Penguin Books, 2011).

Jonathan Barnes, *Aristotle: A Very Short Introduction*. Very Short Introductions (Oxford: Oxford University Press, 2000; online edn, Oxford Academic, 26 Nov. 2015), https://doi.org/10.1093/actrade/9780192854087.001.0001

T. Freeth, D. Higgon, A. Dacanalis et al., 'A Model of the Cosmos in the ancient Greek Antikythera Mechanism', *Sci Rep* 11, 5821 (2021), https://doi.org/10.1038/s41598-021-84310-w

Michael Hoskin, 'Astronomy in antiquity', *The History of Astronomy: A Very Short Introduction*. Very Short Introductions (Oxford: Oxford University Press, 2003; online edn, Oxford Academic, 24 Sept. 2013), https://doi.org/10.1093/actrade/9780192803061.003.0002

https://ocw.mit.edu/courses/sts-003-the-rise-of-modern-science-fall-2010/43a13512dedcf-66253d1d6f240bf9631_MITSTS_003F10_lec17.pdf

Ptolemy, *Almagest*, trans. G. J. Toomer (Princeton, NJ: Princeton University Press, 1998).

A. I. Sabra, ed., *The Optics of Ibn al-Haytham*, Books I–II–III: On Direct Vision. English translation and commentary, 2 vols. Studies of the Warburg Institute 40, trans. A. I. Sabra (London: The Warburg Institute, University of London, 1989).

Abraham J. Sachs and Hermann Hunger, *Astronomical Diaries and Related Texts from Babylonia*, 3 vols (Vienna: Verlag der Österreichischen Akademie der Wissenschaften, 1988–1996).

George Saliba, *A History of Arabic Astronomy: Planetary Theories During the Golden Age of Islam* (New York: New York University Press, 1994).

Katharina Volk, 'Chapter 2 Portrait of the Universe', in *Manilius and His Intellectual Background* (Oxford: Oxford University Press, 2009), pp. 31–68. Accessed 1 May 2009. Oxford Academic.

2 코페르니쿠스 혁명

Karen Armstrong, *A History of God* (New York: Alfred A. Knopf, 1993).

W. Bogdanowicz, M. Allen, W. Branicki, M. Lembring, M. Gajewska and T. Kupiec, 'Genetic identification of putative remains of the famous astronomer Nicolaus Copernicus', *Proc. Natl. Acad. Sci. U.S.A.* 106 (30), 12279–82, (2009) ttps://doi.org/10.1073/pnas.0901848106

Galileo Galilei, *Discoveries and Opinions of Galileo*, trans. Stillman Drake (Garden City, NY: Doubleday Anchor Books, 1957).

Galileo Galilei, *Sidereus Nuncius, or The Sidereal Messenger*, trans. Albert Van Helden (Chicago: University of Chicago Press, 1989).

Owen Gingerich, *Copernicus: A Very Short Introduction*. Very Short Introductions (Oxford: Oxford University Press, 2005). Owen Gingerich, *The Eye of Heaven: Ptolemy, Copernicus, Kepler* (New York: American Institute of Physics, 1993).

Thomas L. Heath, *Aristarchus of Samos: The Ancient Copernicus*. Reprint (Mineola, NY: Dover, 2004).

3 경계를 넘어

J. C. Adams, 'Explanation of the Observed Irregularities in the Motion of Uranus, on the Hypothesis of Disturbance by a More Distant Planet; with a Determination of the Mass, Orbit, and Position of the Disturbing Body', *Monthly Notices of the Royal Astronomical Society* 7 (1846), pp. 149–52, https://doi.org/10.1093/mnras/7.9.149.

David Brewster, *Memoirs of the Life: Writings, and Discoveries of Sir Isaac Newton*, 2 vols (Edinburgh: Thomas Constable and Co., 1855).

C. A. Chant, 'Johann Gottfried Galle', *Journal of the Royal Astronomical Society of Canada*, vol. 4 (1910), p. 379.

Louis A. Girifalco, *'The seeker'*, *The Universal Force: Gravity – Creator of Worlds* (Oxford, 2007; online edn, Oxford Academic, 1 Jan. 2008), https://doi.org/10.1093/acprof:oso/9780199228966.003.0001

Edmond Halley, *A synopsis of the astronomy of comets* (printed for John Senex, 1705), doi: https://doi.org/10.5479/sil.271675.39088015653660

Rob Iliffe, *Newton: A Very Short Introduction*. Very Short Introductions (Oxford: Oxford University Press, 2007. Online edition, Oxford Academic, 24 Sept. 2013), https://doi.org/10.1093/actrade/9780199298037.001.0001.

C. Kowal and S. Drake, 'Galileo's observations of Neptune', *Nature* 287 (1980), pp. 311–313, https://doi.org/10.1038/287311a0

Urbain Jean Joseph Le Verrier, 1846. 'Sur la planète qui produit les anomalies observées dans le mouvement d'Uranus', *Comptes rendus* 23, pp. 428–38, doi:10.1002/asna.18460230303

Simon Schaffer, 'Uranus and the Establishment of Herschel's Astronomy', *Journal for the History of Astronomy* 12, no. 1 (1981).

Matthew Turner, in 'The Theological and Miscellaneous Works of Joseph Priestley', J. T. Rutt, ed., vol. 1, London, 1817), pp. 76.

4 공간과 시간 ‖ 5 중력 개념을 뒤엎다

Timothy Clifton, *Gravity: A Very Short Introduction*. Very Short Introductions (Oxford: Oxford

University Press, 2017).

Olivier Darrigol, *Relativity: Principles and Theories from Galileo to Einstein* (New York: Belin, 2005).

Bryan Magee, *Confessions of a Philosopher: A Personal Journey Through Western Thought* (New Haven: Yale University Press, 1997).

John Stachel, *Einstein from 'B' to 'Z* (Boston: Birkhäuser, 2002).

Russell Stannard, *Relativity: A Very Short Introduction*. Very Short Introductions (Oxford: Oxford University Press, 2008).

6 물질의 법칙 ‖ 7 아원자 세계

Carl D. Anderson, https://calteches.library.caltech.edu/526/2/Anderson.pdf

Frank Close, *'How empty is an atom?'*, *Nothing: A Very Short Introduction*. Very Short Introductions (Oxford: Oxford University Press, 2009; online edn, Oxford Academic, 24 Sept. 2013), https://doi.org/10.1093/actrade/9780199225866.003.0002

Frank Close, *Particle Physics: A Very Short Introduction*. Very Short Introductions (Oxford: Oxford University Press, 2023).

Geoff Cottrell, *Matter: A Very Short Introduction*. Very Short Introductions (Oxford: Oxford University Press, 2019).

Samir Okasha, *Philosophy of Science: A Very Short Introduction*. Very Short Introductions (Oxford: Oxford University Press, 2002).

Ernest Rutherford, 'The Scattering of α and β Particles by Matter and the Structure of the Atom', *Philosophical Magazine* 6, no. 21 (1911), pp. 669–88.

2018 documentary movie *Salam: the First ****** Nobel Laureate*. http://kailoola.com/salam/

Eric Scerri, *The Periodic Table: Its Story and Its Significance* (New York, 2019; online edn, Oxford Academic, 12 Nov. 2020), https://doi.org/10.1093/oso/9780190914363.003.0012

H. K. M. Tanaka, K. Sumiya, and L. Oláh, 'Muography as a new tool to study the historic earthquakes recorded in ancient burial mounds', *Geosci. Instrum. Method. Data Syst.* 9, 357–364, https://doi.org/10.5194/gi-9-357-2020, 2020.

G. P. Thomson, 'JUBILEE OF THE DISCOVERY OF THE ELECTRON', *Nature* 160 (1947), no. 4058, p. 176.

8 암흑 우주

R. A. Alpher, H. Bethe and G. Gamow, 'The Origin of Chemical Elements', *Physical Review* 73 (1948), pp. 803–4, https://doi.org/10.1103/PhysRev.73.803

R. A. Alpher and R. Herman, 'Evolution of the Universe', *Nature* 162 (November 1948), pp. 774–5, https://doi.org/10.1038/162774b0

R. H. Dicke, P. J., E. Peebles, P. G. Roll and D. T. Wilkinson, 'Cosmic Black-Body Radiation', *Astrophysical Journal* 142 (1965), pp. 414–19.

Kathyn Jepsen, 'Vera Rubin: Giant of Astronomy', *Symmetry Magazine*, https://www.symmetry-magazine.org/article/vera-rubin-giant-of-astronomy

John Johnson, Jr, *Zwicky: The Outcast Genius Who Unmasked the Universe* (Washington DC: National Academies Press, 2019)

Carl Lankowski, Pam Lankowski and Vera Rubin, 'Oral Histories', Historic Chevy Chase DC, 05 November 2011

https://www.historicchevychasedc.org/oral-histories/vera-rubin/#:~:text=do%20and%20I%20said%20I,Believe%20me%2C%20I%20felt

Arno A. Penzias and Robert W. Wilson, 'Measurement of Excess Antenna Temperature at 4080 Mc/s', *Astrophysical Journal* 142 (1965), pp. 419–21.

Vera C. Rubin, and W. Kent Ford Jr, 'Rotation of the Andromeda Nebula from a Spectroscopic Survey of Emission Regions', *Astrophysical Journal* 159 (1970), pp. 379–403.

Walter Sullivan, 'Signals Imply a "Big Bang" Universe', *New York Times*, 21 May 1965. https://www.nytimes.com/1965/05/21/archives/signals-imply-a-big-bang-universe-signals-imply-a-big-bang-universe.html

David Wallace, *Philosophy of Physics: A Very Short Introduction.* Very Short Introductions (Oxford: Oxford University Press, 2021).

R W Wilson, History of the Discovery of the Cosmic Microwave Background Radiation, *Physica Scripta*, 21, no. 5 (1980), pp. 599.

9 우리가 아는 생명

S. F. Cabreira, C . L. Schultz, L. R. da Silva, L. H. P. Lora, C. Pakulski, R. C. B do Rêgo et al., 'Diphyodont tooth replacement of Brasilodon – A Late Triassic eucynodont that challenges the time of origin of mammals', *Journal of Anatomy,* vol. 241,6 1–17 (2022). Available from: https://doi.org/10.1111/joa.13756

A. S. Eddington, *The Nature of the Physical World* (1928).

J. L. England 'Dissipative adaptation in driven self-assembly', *Nature Nanotechnoly* 10 (11), 919-23 (November 2015). doi: 10.1038/nnano.2015.250. PMID: 26530021.

J. L. England, *Every Life Is On Fire: How Thermodynamics Explains the Origins of Living Things* (New York: Basic Books, 2020).

Peter Goddard, *Other Minds: The Octopus, the Sea, and the Deep Origins of Consciousness* (New York: Farrar, Straus and Giroux, 2016).

Lucretius. *On the Nature of Things*, trans. Anthony M. Esolen (Baltimore: Johns Hopkins University Press, 1995).

E. R. R. Moody, S. Álvarez-Carretero, T. A. Mahendrarajah et al., 'The nature of the last universal common ancestor and its impact on the early Earth system' *Nat Ecol Evol* 8, 1654–1666 (2024), https://doi.org/10.1038/s41559-024-02461-1

Erwin Schrödinger, *What Is Life?: The Physical Aspect of the Living Cell* (Cambridge: Cambridge University Press, 1944).

John Maynard Smith and Eors Szathmary, *The Major Transitions in Evolution* (Oxford: Oxford University Press, 1997).

10 우리 이웃과 그 너머의 생명

Jim Al-Khalili, ed., *Aliens* (London: Bantam Press, 2023).

Nathalie Cabrol, T*he Secret Life of the Universe: Exploring the Cosmic Origins of Life* (New York: St Martin's Press, 2023).

https://science.nasa.gov/resource/solar-system-temperatures/

https://gulfnews.com/uae/government/uae-unveils-details-of-uae-mars-mission-1.1505710

https://www.mmx.jaxa.jp/en/

https://www.isro.gov.in/MarsOrbiterMissionSpacecraft.html

https://www.emiratesmarsmission.ae

https://science.nasa.gov/mission/voyager/interstellar-mission/

https://lasp.colorado.edu/mop/files/2018/07/Chapter-2.pdf

https://www.space.com/42848-earthrise-photo-apollo-8-legacy-bill-anders.html

https://www.theatlantic.com/technology/archive/2017/06/solving-the-mystery-of-whose-laughter-is-on-the-golden-record/532197/

https://science.nasa.gov/mission/kepler/

https://www.isas.jaxa.jp/en/missions/spacecraft/past/ikaros.html

https://breakthroughinitiatives.org

Kepler and its extended mission, K2, surveyed half a million stars.

Robert B. Leighton, Bruce C. Murray, Robert P. Sharp, J. Denton Allen and Richard K. Sloan, 'Mariner IV Photography of Mars: Initial Results', *Science* 149, no. 3684 (6 August 1965), pp. 627–30.

R. J. McKim, 'Astronomy on Mars Hill', *Journal of the British Astronomical Association* 105 (1995), pp. 69–74.

Quote from Ruler of United Arab Emirates Shaikh Mohammad bin Rashid: 'Arab civilisation once played a great role in contributing to human knowledge and will play that role again.'

Robert Poole, *Earthrise: How Man First Saw the Earth* (New Haven: Yale University Press, 2008).

'Schiaparelli's Observations of Mars', *The Observatory* 5 (1882), pp. 138–143.

'Solar Radiation and the Earth's Energy Balance'. The Climate System – EESC 2100 Spring 2007. Columbia University.

The *Cassini–Huygens* mission is a cooperative project of NASA, ESA and the Italian Space Agency (ASI).

A. Wolszczan and D. Frail, 'A planetary system around the millisecond pulsar PSR1257 + 12',

Nature 355, 145–147 (1992), https://doi.org/10.1038/355145a0

11 우주로부터의 메시지 해독

J. A. Ball, 'The Zoo Hypothesis', *Icarus* 19, no. 3, pp. 347–9 (1973). doi:10.1016/0019-1035(73)90111-5

John D. Barrow, *Impossibility: The Limits of Science and the Science of Limits* (New York: Oxford University Press, 1998).

Davide Castelvecchi, 'Universe Has Ten Times More Galaxies than Researchers Thought', *Nature*, 14 October 2016, https://doi.org/10.1038/nature.2016.20809 Freeman J. Dyson, 'Search for Artificial Stellar Sources of Infrared Radiation', *Science* 131, 1667–8 (1960). DOI:10.1126/science.131.3414.1667, https://www.nasa.gov/missions/kepler/about-half-of-sun-like-stars-could-host-rocky-potentially-habitable-planets/

A. S. Eddington, The Nature of the Physical World (1928).

https://www.nasa.gov/missions/kepler/about-half-of-sun-like-stars-could-host-rocky-potentially-habitable-planets/

https://www.seti.org/protocols-eti-signal-detection-0

https://www.sonarcalling.com/en/

https://astronomynow.com/news/n1004/26seti5/

Nikolai S. Kardashev, 'Transmission of Information by Extraterrestrial Civilizations', Soviet Astronomy, vol. 8 (1964), p. 217.

Abel Méndez, Kevin Ortiz Ceballos and Jorge I. Zuluaga, 'Arecibo Wow! I: An Astrophysical Explanation for the Wow! Signal', arXiv:2408.08513v2 [astro-ph.HE], 2024 National Telecommunications and Information Administration, Federal Government Spectrum Compendium: 1400.00-1427.00, 1 March 2014

Stephen Hawking's Favorite Places. Directed by Stephen Mizelas. 2016. Streaming video. CuriosityStream https://app.curiositystream.com/video/1697

Nick Tusay, Sofia Z. Sheikh, Evan L. Sneed, Wael Farah, Alexander W. Pollak, Luigi F. Cruz, Andrew Siemion, David R. DeBoer and Jason T. Wright, 'A Radio Technosignature Search of TRAPPIST-1 with the Allen Telescope Array', *Astronomical Journal* 168, no. 6 (2024), p. 283.

Alexander Zaitsev, 'Messaging to Extra-Terrestrial Intelligence', arXiv preprint [physics/0610031], 3 Oct. 2006.

12 새로운 시대

F. C. Adams and G. Laughlin, *Five Ages of the Universe: Inside the Physics of Eternity* (New York: The Free Press, 1999).

Nick Bostrom and Milan M. Ćirković, eds, *Global Catastrophic Risks* (Oxford: Oxford University Press, 2008).

Ken Caldeira and James F. Kasting, 'The life span of the biosphere revisited', *Nature* 360, no. 6406 (1992), pp. 721–3.

F. J. Dyson, 'Time without end: physics and biology in an open universe', *Rev. Mod. Phys.* 51 (1979), pp. 447–60.

https://dart.jhuapl.edu

https://www.newscientist.com/article/2340837-photo-shows-10000-km-debris-tail-caused-by-dart-asteroid-smash/

James F. Kasting, 'Runaway and Moist Greenhouse Atmospheres and the Evolution of Earth and Venus', *Icarus* 74, no. 3 (June 1988), pp. 472–94, https://doi.org/10.1016/0019-1035(88)90116-9

Patrick K. King, Megan Bruck Syal, David S. P. Dearborn, Robert Managan, J. Michael Owen and Cody Raskin, 'Late-Time Small Body Disruptions for Planetary Defense', *Acta Astronautica* 188 (2021), pp. 367–86, https://doi.org/10.1016/j.actaastro.2021.07.034

D. G. Korycansky, G. Laughlin and F. C. Adams (2001), 'Astronomical Engineering: a strategy for modifying planetary orbits', *Astrophys. Space Sci.*, 275, pp. 349–66.

Gregory Laughlin and Fred C. Adams, 'The frozen Earth: Binary scattering events and the fate of the solar system', *Icarus* 145, no. 2 (2000), pp. 614–27.

P. J. E. Peebles, Orbits of the nearby galaxies, *Astrophys. J.* 429 (1994), pp. 43–65. Jocelyne Piret and Guy Boivin, 'Pandemics Throughout History', *Frontiers in Microbiology* 11 (2021), https://doi.org/10.3389/fmicb.2020.631736

Planetary Science Journal, 5(11), 255. [Authors suggest that complex land plants may survive for longer than previously estimated, up to 1.86 billion years.]

Martin Rees, *On the Future: Prospects for Humanity* (Princeton, NJ: Princeton University Press, 2018).

Murray Shanahan, *The Technological Singularity* (Cambridge, MA: MIT Press, 2015). Substantial Extension of the Lifetime of the Terrestrial Biosphere.

Mustafa Suleyman, *The Coming Wave: Technology, Power, and the Twenty-First Century's Greatest Dilemma* (New York: Crown, 2023).

13 우리가 우주에 남길 유산

Ebrahim Afshinnekoo et al., 'Fundamental Biological Features of Spaceflight: Advancing the Field to Enable Deep-Space Exploration', *Cell*, vol. 184, 24 (2021), p. 6002. doi:10.1016/j.cell.2021.11.008

https://messenger.jhuapl.edu

https://www.jpl.nasa.gov/missions/juno/

https://science.nasa.gov/mission/galileo/https://www.isas.jaxa.jp/en/missions/spacecraft/current/hayabusa2.htmlhttps://science.nasa.gov/mission/osiris-rex/

코스모스를 넘어

초판 1쇄 인쇄 2026년 3월 23일
초판 1쇄 발행 2026년 4월 10일

지은이 세라 알람 말릭
옮긴이 고현석
펴낸이 유정연

이사 김귀분
책임편집 조현주 **기획편집** 신성식 이지은 유리슬아 황서연 유자영 정유진 **디자인** 안수진
마케팅 반지영 박중혁 하유정 **제작** 임정호 **경영지원** 박소영 고도혜

펴낸곳 흐름출판(주) **출판등록** 제313-2003-199호(2003년 5월 28일)
주소 서울시 마포구 월드컵북로5길 48-9(서교동)
전화 (02)325-4944 **팩스** (02)325-4945 **이메일** book@hbooks.co.kr
홈페이지 hbooks.co.kr **인스타그램** instagram.com/nextwave_pub
출력·인쇄·제본 (주)삼광프린팅 **용지** 월드페이퍼(주) **후가공** (주)이지앤비(특허 제10-1081185호)

ISBN 978-89-6596-810-8 03400